建筑专业"十四五"精品教材

建筑工程测量

主　编　孔繁慧　蒋康宁　胡晓雯
副主编　赵发军　李珊珊　周　蓉
　　　　胡小勇　张艳丽　许　琴

哈尔滨工程大学出版社
Harbin Engineering University Press

内容简介

建筑工程测量是建筑工程在设计、施工阶段和竣工使用期间的测量工作。本书依据《工程测量规范》《城市测量规范》和《建筑变形测量规范》，结合建筑工程工地施工测量所需要的知识体系编写。全书共 11 章，主要包括建筑工程测量概述、水准测量、角度测量、距离测量与直线定向、全站仪、全球卫星定位系统、小地区控制测量、大比例尺地形图测绘及应用、建筑工程施工测量、民用建筑施工测量和工业建筑施工测量等知识。

本书既可作为应用型本科院校、职业院校土木建筑工程专业的教材，也可供建筑工程专业技术人员阅读参考。

图书在版编目（CIP）数据

建筑工程测量 / 孔繁慧，蒋康宁，胡晓雯主编. —
哈尔滨：哈尔滨工程大学出版社，2021.1（2023.8 重印）
　ISBN 978-7-5661-2954-3

　Ⅰ.①建… Ⅱ.①孔… ②蒋… ③胡… Ⅲ.①建筑测
量 Ⅳ.①TU198

中国版本图书馆 CIP 数据核字（2021）第 015030 号

责任编辑　张　曦
封面设计　赵俊红

出版发行	哈尔滨工程大学出版社
社　　址	哈尔滨市南岗区南通大街 145 号
邮政编码	150001
发行电话	0451-82519328
传　　真	0451-82519699
经　　销	新华书店
印　　刷	玖龙（天津）印刷有限公司
开　　本	787 mm×1 092 mm　　1/16
印　　张	17.5
字　　数	397 千字
版　　次	2021 年 1 月第 1 版
印　　次	2023 年 8 月第 2 次印刷
定　　价	49.80 元

http：//www.hrbeupress.com
E-mail：heupress@hrbeu.edu.cn

前　言

"建筑工程测量"是建筑工程技术、工程管理等专业的一门主要的专业基础课。该课程重点介绍建筑工程测量基本知识、测量仪器的使用方法、建筑施工测量和线路施工测量等内容，目的是以培养学生的建筑工程测量技能，满足提高建筑工程施工及管理能力的需求。为了落实教育规划纲要，深化高等教育和职业教育的课程改革，使大学生具备社会所需要的就业能力，特组织专家和一线骨干教师编写了《建筑工程测量》。本书编写具有如下特色：

（1）紧紧结合行业、专业发展前沿技术，尤其重点介绍了目前各国的卫星定位系统（GNSS）和电子地图测绘应用技术等。

（2）紧扣工程建设状况，选取典型工程案例，与工程测量生产实际紧密结合，强化训练学生的测量技能。

（3）结合应用型本科、职业教育特色，本着"必需、适度、够用"的原则编写而成，将理论教学和实践教学融为一体，有利于全面提高学生的实践能力。

本书共 11 章，主要包括建筑工程测量概述、水准测量、角度测量、距离测量与直线定向、全站仪、全球卫星定位系、小地区控制测量、大比例尺地形图测绘及应用、、建筑工程施工测量、民用建筑施工测量、工业建筑施工测量。本书文字通俗易懂，言简意赅，注重实用，内容一目了然，没有复杂测量理论的阐述，有利于教师教学和学生自学。

本书由孔繁慧（四川天一学院）、蒋康宁（达州职业技术学院）和胡晓雯（南通理工学院）担任主编，由赵发军（河南农业职业学院）、李珊珊（商洛职业技术学院）、周蓉和胡小勇（西安职业技术学院）、张艳丽（菏泽市建筑技工学校）、许琴（贵州食品工程职业技术学院）担任副主编。本书的相关资料可扫封底微信二维码或登录www.bjzzwh.com 获得。

本书在编写过程中难免有疏漏和不当之处，敬请各位专家及读者不吝赐教。

编　者

目 录

第1章 建筑工程测量概述

【本章导读】

建筑工程测量的任务主要包括测绘和测设两部分。测绘是指使用测量仪器和工具，通过实地测量和计算得到一系列测量信息，把地球表面的地形绘成地形图或编制成数据资料，供经济建设、规划设计、科学研究和国防建设使用。测设是把图纸上规划设计好的建筑物、构筑物的位置在地面上用特定的方式标定出来，作为施工的依据，又称施工放样。

【学习目标】

➤ 了解建筑工程测量的基本知识；
➤ 掌握地面点位的表示方法；
➤ 理解水平面代替水准面的适用条件；
➤ 掌握测量误差的分类，产生原因及衡量精度的指标。

1.1 建筑工程测量的基本知识

测量学（Surveying）是研究如何确定地球表面上点的位置，如何将地球表面的地物、地貌、行政和权属界限测绘成图，如何确定地球形状和大小，以及将规划设计的点和线在实地上定位的科学。

1.1.1 建筑工程测量的作用

建筑工程测量包括建筑工程在规划设计、施工建筑和运营管理阶段所进行的各种测量工作。在不同的领域中，测量工作的内容和步骤也是不同的。

（1）规划设计阶段。运用各种测量仪器和工具，通过实地测量和计算，把小范围内地面上的地物、地貌按一定的比例尺测绘出地形图，为规划设计提供各种比例尺的地形图和测绘资料；在工程设计中，从地形图上获取设计所需要的资料，例如，点的坐标和高程、两点间的水平距离、地块的面积、地面的坡度、地形的断面并进行地形分析等。

（2）施工建筑阶段。将图纸上设计好的建筑物或构筑物的平面位置和高程，按设计要求在实地上用桩点或线条标定出来，作为施工的依据；在施工过程中，要进行各种施工测量工作，以保证所建工程符合设计要求。

（3）运营管理阶段。工程完工后，要测绘竣工图，供日后扩建、改建、维修和城市管理使用。对重要建筑物或构筑物，在建设中和建成以后都需要定期进行变形观测，监测建筑物或构筑物的水平位移和垂直沉降，了解建筑物或构筑物的变形规律，以便采取措施，保证建筑物的安全。

由此可见，测量工作贯穿于工程建设的始终。作为一名工程技术人员，既要熟练掌握传统的测绘理论与方法，也要努力学习和掌握成熟的测绘新技术，例如，数字测图、全站仪和 GPS 测量及计算机数据处理等，并能将它们应用到土木工程建设的生产实践中，只有这样，才能担负起工程规划设计、施工建筑和运营管理等各个阶段的任务，才能使自己在激烈的市场竞争中立于不败之地。

1.1.2　测量工作的基本内容

测量工作的基本任务就是确定地面点的空间三维坐标，即地面点投影到大地水准面或某一平面得到点的二维坐标(水平距离、水平角)和该点到大地水准面的铅垂距离(高程)。因此，角度测量、距离测量、高差测量是地面点定位的基本测量技术工作。测量得到的水平角度 (β)、水平距离 (D)、高差 (h) 是地面点定位的基本元素，称为定位元素。这些定位元素具有独立性(即某一元素与其他同类元素之间不存在函数关系)和直接可量性(即可利用测量仪器直接测量其大小)，故称为直接观测量，或称为直接定位元素。地面点的定位参数 x、y、H 不能直接测量得到，但可以利用地面点的直接定位元素按某种规定的法则推算得到，故又称地面点的定位参数 x、y、H 为间接观测量，或称为间接定位元素。

1.1.3　测量工作的基本原则

地球表面复杂多样的形态，可分为地物和地貌两大类。地面上的固定性物体称为地物，如河流、湖泊、道路和房屋等。地面上的高低起伏形态称为地貌，如山岭、谷地和陡崖等。不论地物或地貌，它们的形状和大小都是由一些特征点的位置所决定。这些特征点也称碎部点。测量时，主要就是测定这些碎部点的平面位置和高程。碎部点的测定通常分为两步：

第一步为控制测量，以较精确的仪器和方法测定各控制点之间的距离、各控制边之间的水平夹角，某一条边的方位角，如图 1-1 (a) 所示。设某点的坐标为已知，则可计算出其他控制点的坐标，以确定其平面位置。同时还要测出各控制点之间的高差，设某点的高程为已知，求出其他控制点的高程。

第二步为碎部测量，即根据控制点测定碎部点的位置，如图 1-1 (b) 所示。这种"从整体到局部""先控制后碎部"的方法是组织测量工作应遵循的原则，它不仅可以减少误差累积，保证测图精度，而且可以分幅测绘，加快测量进度。

另外，从上述可知，当测定控制点的相对位置有错误时，以其为基础所测定的碎部点位也就有错误；碎部测量中有错误时，以此资料绘制的地形图也就有错误。因此，测量工作必须严格进行检核工作，故"前一步测量工作未作检核不进行下一步测量工作"是组织测量工作应遵循的又一个原则，它可以防止错漏发生，保证测量成果的正确性。

（a）

（b）

图 1-1　某测区的控制测量与碎部测量

1.2　地面点定位

1.2.1　地球的形状和大小

　　测量工作是在地球表面进行的，而地球自然表面很不规则，有高山、丘陵、平原和海洋。其中最高的珠穆朗玛峰高程为 8 844.43 m，最低的马里亚纳海沟低于海平面达 11 022 m。

但是这样的高低起伏，相对于地球半径 6 371 km 来说还是很小的。

由于地球的自转运动，地球上任意一点都要受到离心力和地球引力的双重作用，这两个力的合力称为重力，重力的方向线称铅垂线。铅垂线是测量工作的基准线。静止的水面称为水准面，水准面是受地球重力影响而形成的，是一个处处与重力方向垂直的连续曲面，并且是一个重力场的等位面。与水准面相切的平面称为水平面。水面可高可低，因此符合上述特点的水准面有无数多个，其中与平均海水面吻合并向大陆、岛屿内延伸而形成的闭合曲面，称为大地水准面，如图 1-2 所示。大地水准面是测量工作的基准面。由大地水准面所包围的地球形体，称为大地体，如图 1-3 所示。

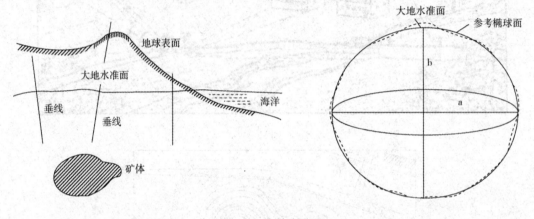

图 1-2　大地水准面

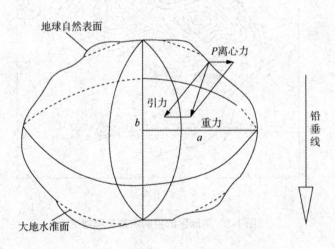

图 1-3　地球上各种面线之间的关系（大地体）

用大地体表示地球体形是恰当的，但由于地球内部质量分布不均匀，引起铅垂线的方向产生不规则的变化，致使大地水准面成为一个复杂的曲面，无法在这曲面上进行测量数据处理。为了使用方便，通常用一个非常接近于大地水准面，并可用数学式表示的几何形体（即地球椭球）来代替地球的形状作为测量计算工作的基准面，称为参考椭球面。由于椭球是一个椭圆绕其短轴旋转而成的形体，故地球椭球又称旋转椭球，可以用数学公式表示为：

$$\frac{x^2}{a^2} + \frac{y^2}{a^2} + \frac{z^2}{b^2} = 1 \qquad (1\text{-}1)$$

旋转椭球体由长半径 a（短半径 b）和扁率 α 所决定，扁率 α 由式（1-2）计算：

$$\alpha = \frac{a-b}{a} \qquad (1\text{-}2)$$

目前使用的 1980 年国家大地坐标系，采用 1975 年 16 届国际大地测量与地球物理联合会 IUGG 推荐参数（IAG-75：元素值为长半径 $a = 6\,378\,140$ m，短半径 $b = 6\,356\,755.288$ m，扁率 $\alpha = 1/298.257$），并选择陕西泾阳县永乐镇某点为大地原点，进行了大地定位。由于地球椭球的扁率很小，因此，当测区范围不大时，可近似地把地球椭球作为圆球，其半径为 6 371 km。

1.2.2 地面点位的表示方法

测量工作的基本任务就是确定地面点的空间三维坐标，即地面点投影到大地水准面或某一平面得到点的二维坐标和该点到大地水准面的铅垂距离（高程）。

1. 确定地面点位的坐标系

（1）地心坐标系。地心坐标系属于空间三维直角坐标系，用于卫星大地测量，如图 1-4 所示。地心坐标系取地球质心为坐标原点 O，x、y 轴在地球赤道平面内，首子午面与赤道平面的交线为 x 轴，z 轴与地球自转轴相重合。地面点 A 的空间位置用三维直角坐标 X_A、Y_A 和 Z_A 表示。

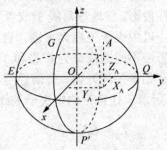

图 1-4　地心坐标系

（2）大地（地理）坐标系。大地（地理）坐标系是建立在地球椭球面上的坐标系，地球椭球面和法线是大地地理坐标系的主要面和线，地面点的大地坐标是它沿法线在地球椭球面上投影点的经度 L 和纬度 B。

如图 1-5 所示，O 为参考椭球的球心，NS 为椭球的旋转轴，通过该轴的平面称为子午面（图 1-5 中的 $NPCS$ 面）。子午面与椭球面的交线称为子午线，又称为经线，其中通过英国伦敦原格林尼治天文台的子午面和子午线分别称为起始子午面（图 1-5 中的 $NGDS$ 面）和起始子午线。通过球心 O 且垂直于 NS 轴的平面称为赤道面（图 1-5 中的 $WDCE$），赤道面与参考椭球面的交线称为赤道。

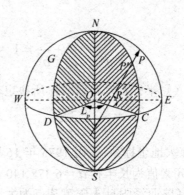

图 1-5　大地坐标系

从地面上任意一点都可以向参考椭球面作一条法线，地面点在参考椭球面上的投影，即通过该点的法线与参考椭球面的交点。地面点的大地经度 L，即通过参考椭球面上某点的子午面与起始子午面的夹角。由起始子午面起，向东 $0° \sim 180°$ 称为东经；向西 $0° \sim 180°$ 称为西经。同一子午线上各点的大地经度相同。

大地纬度 B，即参考椭球面上某点的法线与赤道面的夹角。从赤道面起，向北 $0° \sim 90°$ 称为北纬；向南 $0° \sim 90°$ 称为南纬。纬度相同的点的连线称为纬线，它平行于赤道。地面点的大地经度和大地纬度可以通过大地测量的方法确定。

中国位于地球的东北半球，因此，所有地面点的经度和纬度均为东经和北纬，例如河南某点的大地坐标为东经 $114°19'$，北纬 $34°48'$。

（3）高斯平面直角坐标系。工程建设在地球曲面上完成，工程设计均在平面上进行。"平面"与"曲面"必然有矛盾。高斯平面直角坐标系是一种应用广泛的坐标系统，可以解决这类问题。为了简化计算，要将（椭）球面上的元素归算（投影）到平面上。

高斯投影是等角横切椭圆柱投影。将地球每隔 $3°$ 或者 $6°$ 分成若干投影带进行高斯投影，以赤道为 y 轴，自西向东为正；以中央子午线为 x 轴，自南向北为正；四象限按顺时针顺序 Ⅰ、Ⅱ、Ⅲ、Ⅳ 排列。按投影带不同通常分为 $6°$ 带和 $3°$ 带。

按 $6°$ 分带时，投影带是从起始子午线开始，每隔经度 $6°$ 划分为一带，自西向东将整个地球划分为 60 个带，如图 1-6 所示。任意带的中央子午线经度 L_0 可按式（1-3）计算：

$$L_0 = 6N - 3 \qquad\qquad (1-3)$$

式中，N 为投影带的号数。

当采用 $3°$ 分带投影法时，从东经 $1°30'$ 起，自西向东每隔经差 $3°$ 划分一带，将整个地球划分为 120 个带，如图 1-6 所示，每带中央子午线的经度 L_0' 可按式（1-4）计算

$$L_0' = 3 \times n \qquad\qquad (1-4)$$

式中，n 为三度带的号数。

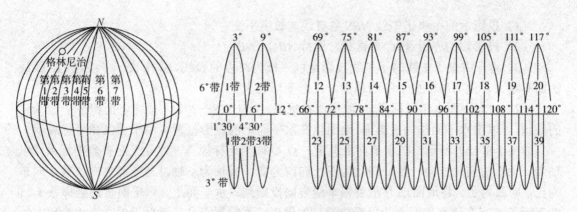

图 1-6　6°带和 3°带的投影

点在高斯平面直角坐标系中的坐标值，X 坐标是点至赤道的距离，Y 坐标是点至中央子午线的距离，设为 y'。我国位于北半球，X 坐标均为正值，而 Y 坐标有正有负。为避免横坐标 Y 出现负值，故规定将 x 轴向左（西）平移 500 km，在 Y 坐标之前加上带号而得到坐标值。即：$Y = N \times 1\,000\,000 + 500\,000 + y'$。$Y_A = 20\,225\,760$ m，表示 A 点位于第 20 带内，其真正的横坐标值为：225 760 m－500 000 m＝－27 4240 m。

高斯投影带的展开步骤如图 1-7 所示。

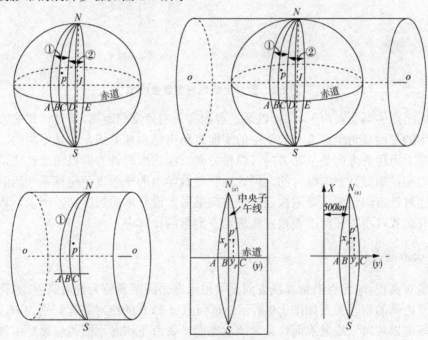

图 1-7　高斯投影带的展开步骤

①沿 N、S 两极在参考椭球面均匀标出子午线（经线）和分带；

②假想一个横椭圆柱面套在参考椭球面上；

③地球表面投影到横椭圆柱面上，取出地球的投影后剪开压平形成高斯平面投影带。

这样建立的高斯平面坐标具有以下特点：

（1）投影后的中央子午线 NBS 是直线，长度不变；

（2）投影后的赤道 ABC 是直线，保持 ABC⊥NBS；

（3）离开中央子午线的子午线投影是以二极为终点的弧线，离中央子午线越远，弧线的曲率越大，说明离中央子午线越远，投影变形越大。

（2）独立平面直角坐标系。《城市测量规范》（CJJ/T8—2011）规定，面积小于 25 km² 的城镇，可以将水平面作为投影面，地面点在水平面上的投影位置可用平面直角坐标表示。

如图 1-8（b）所示，在水平面上选定一点 O 作为坐标原点，建立平面直角坐标系。纵轴为 x 轴，与南北方向一致，向北为正，向南为负；横轴为 y 轴，与东西方向一致，向东为正，向西为负。将地面点 P 沿着铅垂线方向投影到该水平面上，则平面直角坐标系 x，y 就表示了 P 点在该水平面上的投影位置。如果坐标系的原点是任意假设的，则称为独立的平面直角坐标系。为了使坐标不出现负值，对于独立测区，往往把坐标原点选在西南角以外的适当位置。

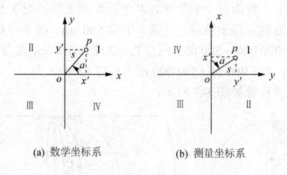

(a) 数学坐标系　　　　(b) 测量坐标系

图 1-8　数学坐标系与测量坐标系

对于地面点的平面直角坐标，可以通过观测有关的角度和距离，通过计算的方法确定。测量上采用的平面直角坐标系与数学中的平面直角坐标系从形式上看是不同的。这是由于中国在测量上所用的方向是从北方向（纵轴方向）起按顺时针方向以角度计值，同时它的象限划分也是按顺时针方向编号的，因此，它与数学上的平面直角坐标系（角值从横轴正方向起按逆时针方向记值，象限按逆时针方向编号）没有本质的区别，所以，数学上的三角函数计算公式可不加任何改变地直接应用在测量的计算中。

2. 地面点的高程

（1）绝对高程。地面点沿铅垂线方向至大地水准面的距离称为绝对高程，亦称为海拔。高程和高差之间的相互关系如图 1-9 所示，地面点 A 和 B 的绝对高程分别为 H_A 和 H_B。

中国规定以黄海平均海水面作为大地水准面。黄海平均海水面的位置是由青岛验潮站对潮汐观测井的水位进行长期观测而确定的。由于平均海水面不便随时联测使用，故在青岛观象山上建立了"中华人民共和国水准原点"，作为全国推算高程的依据。1956 年，验潮站根据连续 7 年（1950—1956 年）的潮汐水位观测资料，第一次确定黄海平均海水面的位置，测得水准原点的高程为 72.289 m。按这个原点高程为基准去推算全国的高程，称为"1956 年黄海高程系"。由于该高程系存在验潮时间过短、准确性较差的问题，后来验潮站又根据连续 28 年（1952—1979 年）的潮汐水位观测资料，进一步确定了黄海平均海水面的精确位置，再次测得水准原点的高程为 72.260 4 m。1985 年决定启用这一新的原点高程作为全国推算高程的基础，称为"1985 国家高程基准"。

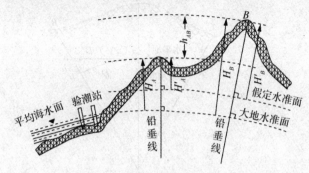

图 1-9　高程和高差之间的相互关系

（2）相对高程。地面点沿铅垂线方向到假定水准面的距离称为该点的相对高程，也称为假定高程。在图 1-9 中，地面点 A 和 B 的相对高程分别为 H_A' 和 H_B'。

（3）两点间的高差。两点间的高程之差称为高差，用符号 h 表示。由图 1-9 可以看出，A 和 B 两点的高差与高程起算面无关。所有 A 和 B 两点的高差为

$$h_{AB} = H_B - H_A = H_B' - H_A' \qquad （1-5）$$

高差的方向相反时，其绝对值相等而符号相反，即

$$h_{AB} = -h_{BA} \qquad （1-6）$$

测量工作中，一般采用绝对高程，只有在偏僻地区没有已知绝对高程引测点时，才采用相对高程。

综上所述，地面点位的确定需进行角度测量、距离测量和高程测量三项基本测量工作。

1.3　水平面代替水准面的限度

当测区范围较小时，可以用水平面代替水准面，即以平面代替曲面。这样的替代可以使测量的计算和绘图工作大为简化。但当测区范围较大时，就必须顾及地球曲率的影响。那么，多大范围内才允许用水平面代替水准面呢？下面就来讨论这个问题。

1.3.1　对距离的影响

图 1-10 所示为水平面代替水准面的影响。设地球是半径为 R 的圆球，地面上 A、B 两点投影到大地水准面上的距离为弧长 D，投影到水平面上的距离为 D'，显然两者之差即

$$\Delta D = D' - D = R\tan\theta - R\theta = R(\tan\theta - \theta) \qquad （1-7）$$

式中，θ——弧长 D 所对应的圆心角。

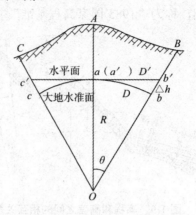

图 1-10　水平面代替水准面的影响

将 $\tan\theta$ 用级数展开并忽略高阶无穷小，得

$$\tan\theta = \theta + \frac{1}{3}\theta^3 + \cdots = \theta + \frac{1}{3}\theta^3$$

又因为 $\theta = \dfrac{D}{R}$

则

$$\Delta D = \frac{D^3}{3R^2} \qquad (1\text{-}8)$$

距离相对误差为

$$\frac{\Delta D}{D} = \frac{D^2}{3R^2} \qquad (1\text{-}9)$$

将 $R = 6\ 371$ km 和不同的 D 值分别代入公式（1-8）和公式（1-9），得出地球曲率对水平距离误差以及对距离相对误差的影响结果见表 1-1。

表 1-1　地球曲率对水平距离的影响

距离 D/km	距离误差 ΔD/mm	相对误差 $\Delta D/D$
10	8	1：1 250 000
25	128	1：200 000
50	1 026	1：49 000
100	8 212	1：12 000

从表 1-1 可以看出，当 $D = 10$ km 时，所产生的相对误差为 1：1 250 000，这样小的误差，对精密量距来说也是允许的。因此，在 10 km 为半径的圆面积之内进行距离测量时，可以把水准面当作水平面看待，即可不考虑地球曲率对距离的影响。

1.3.2　对高程的影响

在图 1-10 中，地面上点 B 的高程应是铅垂距离 bB，如果用水平面作基准面，则 B 点的高程为 $b'B$，两者之差 Δh 即为对高程的影响。从图 1-10 中可得

$$\Delta h = bB - b'B = Ob' - Ob = R\sec\theta - R = R(\sec\theta - 1) \tag{1-10}$$

将 $\sec\theta$ 展开成级数：$\sec\theta = 1 + \frac{1}{2}\theta^2 + \frac{5}{24}\theta^4 + \cdots$；因 θ 角很小，因此只取其前两项代入式（1-10），又因 $\theta = \dfrac{D}{R}$，则得

$$\Delta h = R(1 + \frac{1}{2}\theta^2 - 1) = R \times \frac{1}{2}\theta^2 = \frac{D^2}{2R} \tag{1-11}$$

取 $R = 6371$ km，用不同的距离 D 代入式（1-14），便得表 1-2 所列的结果。

表 1-2　地球曲率对高差的影响

距离 D/km	0.1	0.2	0.3	0.4	0.5	1	2	5	10
$\triangle h$/mm	0.8	3	7	13	20	78	314	1 962	7 848

由表 1-2 可知，以水平面代替水准面，在 0.2 km 的距离内高差误差就有 3 mm。因此，在进行高程测量时，即使距离很短，也应顾及地球曲率对高程的影响。对高程的影响采用"中间法"消除。

1.3.3　对水平角的影响

从球面三角学可知，同一空间多边形在球面上投影的各内角和，比在平面上投影的各内角和大一个球面角超值 ε。

$$\varepsilon = \rho \frac{P}{R^2} \tag{1-12}$$

式中，ε——球面角超值（″）；

P——球面多边形的面积（km^2）；

R——地球半径（km）；

ρ——弧度的秒值，$\rho = 206\ 265''$。

取 $R = 6\ 371$ km，用不同的面积 P 代入式（1-12），便得表 1-3 所列的结果。

表 1-3　地球曲率对水平角的影响

球面多边形面积 P/km²	球面角超值 ε/（″）
10	0.05
50	0.25

（续表）

100	0.51
300	1.52

从表1-3可知，当球面多边形面积P为100 km^{2}时，用水平面代替水准面所产生的角度误差仅为0.51″，所以，在一般的测量工作中，地球曲率对水平角的影响可以忽略不计。

1.4　测量误差

要准确认识事物，必须对事物进行定量分析；要进行定量分析，必须要先对认识对象进行观测并取得数据。由于受到多种因素的影响，在对同一对象进行多次观测时，每次的观测结果总是不完全一致或与预期目标（真值）不一致。之所以产生这种现象，是因为在观测结果中始终存在测量误差。这种观测量之间的差值或观测值与真值之间的差值，称为测量误差（也称观测误差）。

若以Δ表示测量误差，用l代表观测值，X代表真值，则有

$$\Delta = l - X \tag{1-13}$$

一般说来，观测值中都含有误差。例如，平面三角形内角和为 180°，即为观测对象的真值，但三个内角的观测值之和往往不等于 180°；闭合水准测量线路各测段高差之和的真值应为 0,但经过大量水准测量的实践证明,各测段高差的观测值之和一般也不等于 0。

1.4.1　测量误差的来源

测量活动离不开人、测量仪器和测量时所处的外界环境。这些方面是引起测量误差的三大主要来源。

1. 观测者

观测者在仪器安置、照准、读数等方面都会产生误差。不同的人，操作习惯不同，会对测量结果产生不同影响。人的感觉器官不可能十分完善和准确，会产生一些分辨误差。如人眼对长度的最小分辨率是 0.1 mm，对角度的最小分辨率是 60″。同时观测者的技术水平、工作态度及状态都对测量成果的质量有直接影响。

2. 测量仪器

测量仪器的构造也不可能十分完善，有一定限度的精密程度，因而观测值的精确度也必然受到一定的限制。观测时，测量仪器各轴系之间还存在不严格平行或垂直的问题，从而导致测量仪器产生测量误差。

3. 外界环境

观测时所处的外界环境，如温度、湿度、大气折光等因素都会对观测结果产生一定的影响。外界环境发生变化，观测成果将随之变化。

通常把观测者、仪器设备、环境等三方面综合起来，称为观测条件。观测条件的好坏与观测成果的质量有着密切的联系。观测条件相同的各次观测，称为等精度观测，获得的观测值称为等精度观测值；观测条件不相同的各次观测，称为非等精度观测，相应的观测值称为非等精度观测值。

1.4.2　测量误差的分类及处理方法

观测误差按其对观测成果的影响性质，可分为系统误差和偶然误差两大类。

1. 系统误差

在相同的观测条件下，对某量进行一系列观测，其误差符号或大小均相同或按一定规律变化，表现出系统性，这种误差称为系统误差。钢尺尺长误差、仪器残余误差都属于系统误差。例如，用一把名义为 30 m 长、而实际长度为 30.02 m 的钢尺丈量距离，每量一尺段，名义长度就要比实际长度少 2 cm，该 2 cm 误差在数值上和符号上都是固定的，且随着尺段的倍数呈累积性。系统误差一般具有累积性、等值性、同号性，对测量结果的影响很大。常用的处理方法有以下几个。

（1）加改正数。在观测结果中加入系统误差改正数，如尺长改正等。

（2）采用适当的观测方法和操作程序。如在水准测量中，测站上采用"后—前—前—后"的观测程序可以削弱仪器下沉对测量结果的影响；在水平角测量时，采用盘左、盘右观测取平均值的方法可以削弱视准轴误差的影响。

（3）将系统误差限制在一定的允许范围之内。有些系统误差既不便于计算改正，又不能采用一定的观测方法加以消除，如视准轴误差对水平角的影响、水准尺倾斜对读数的影响。对于这类误差，必须严格遵守操作规程，对仪器进行精确检校，使其影响减少到允许范围之内。

2. 偶然误差

在相同的观测条件下，对某量进行一系列观测，其误差符号或大小都表现出偶然性，即从单个误差来看，该误差的大小及符号没有规律，但从大量误差的总体来看，具有一定的统计规律，这类误差称为偶然误差或随机误差。偶然误差也有很大的累积性，而且在观测过程中无法避免或削弱。处理偶然误差的方法有以下几个。

（1）提高仪器精度等级。该方法可使观测值的精度得到有效的提高，从而限制了偶然误差的大小。

（2）降低外界影响。选择有利的观测环境和观测时机，避免不稳定因素的影响，以减小观测值的波动；提高观测人员的技术修养和实践技能，正确处理观测与影响因子的协调关系和抗外来影响的能力，稳、准、快地获取观测值；严格按照技术标准和要求操作程序观测等，以达到稳定和减少外界影响，缩小偶然误差的波动范围。

（3）进行多余观测。在测量工作中进行多于必要观测的观测，称为多余观测。例如，一段距离用往、返丈量，如将往测作为必要观测，则返测就属于多余观测。有了多余观测，就可以发现观测值的误差。根据差值的大小，可以评定测量的精度。差值如果大到一定程度，就认为观测值中有的观测量的误差超限，应予重测；差值如果不超限，则按偶然误差的规律加以处理，以求得最可靠的测量值。

偶然误差是由多种因素综合影响产生的。偶然误差就单个而言，其大小和符号都没有规律性，呈现出随机性，但就其总体而言，却呈现出一定的统计规律性，并且是服从正态分布的随机变量。例如，对测区内三角形的内角进行了观测，由于观测结果中存在偶然误差，因而，三角形各内角的观测值之和不一定等于其真值$180°$。由式（1-13）计算每个三角形内角观测值之和的真误差Δi，将真误差取区间$d\Delta=3''$，并按绝对值大小进行排列，分别统计在各区间的正负误差的个数，其数据列于表 1-4 中。以表 1-4 中误差范围为横轴，以误差个数为纵轴绘制成直方图如图 1-11 所示。

表 1-4　偶然误差分布统计表

误差区段 $d\Delta$（"）	正误差		负误差		合计	
	个数/k	频率/k·n^{-1}	个数 k	频率/k·n^{-1}	个数/k	频率/k·n^{-1}
0～3	21	0.130	21	0.130	42	0.260
3～6	19	0.117	19	0.117	38	0.234
6～9	12	0.074	15	0.093	27	0.167
9～12	11	0.068	9	0.056	20	0.124
12～15	8	0.049	9	0.056	17	0.105
15～18	6	0.037	5	0.030	11	0.067
18～21	3	0.019	1	0.006	4	0.025
21～24	2	0.012	1	0.006	3	0.018
24～27	0	0.000	0	0.000	0	0.000
Σ	82	0.506	80	0.494	162	1.000

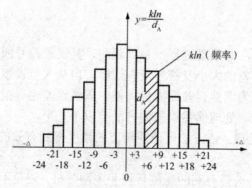

图 1-11　频率直方图

由表 1-4 和图 1-11 可以看出：小误差出现的个数比大误差出现的个数多；绝对值相等的正、负误差个数几乎相同；最大误差不超过 24"。通过大量实验统计结果表明，当观测次数较多时，偶然误差具有如下统计特性。

（1）在一定的观测条件下，偶然误差的绝对值不会超过一定的限值，即有界性。

（2）绝对值较小的误差比绝对值大的误差出现的概率大，即聚中性。

（3）绝对值相等的正、负误差出现的概率相同，即对称性。

（4）同一量的等精度观测，其偶然误差的算术平均值，随着观测次数的无限增加而趋近于零，即抵消性。

$$\lim_{n\to\infty}\frac{\Delta_1+\Delta_2+\dots\Delta_n}{n}=\lim_{n\to\infty}\frac{[\Delta]}{n}=0 \tag{1-14}$$

式中，$[\Delta]$取括号中数值的代数和，即$[\Delta]=\sum\Delta$。

偶然误差的第 4 个特性由第 3 个特性导出，说明偶然性误差具有抵消性。为了简单而形象地表示偶然误差的上述特性，以偶然误差的大小为横坐标，以其相应出现的个数为纵坐标，画出偶然误差大小与其出现个数的关系曲线，如图 1-12 所示，这种曲线又称为误差分布曲线。误差分布曲线的峰越高，坡越陡，表明绝对值小的误差出现越多，即误差分布越密集，反映观测成果质量越好；曲线的峰越低，坡越缓，表明绝对值小的误差出现越少，即误差分布越离散，反映观测成果质量越差。

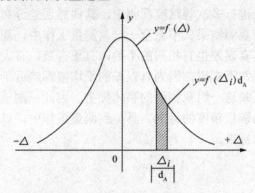

图 1-12　误差分布曲线

偶然误差特性图中的曲线符合统计学中的正态分布曲线，标准误差的大小反映了观测精度的低高，即标准误差越大，精度越低；反之，标准误差越小，精度越高，如图 1-13 所示。正态分布曲线的数学方程为

$$f(\Delta)=\frac{1}{\sqrt{2\pi}\sigma}e^{-\frac{\Delta^2}{2\sigma^2}} \tag{1-15}$$

式中，e——自然对数的底（$e=2.718\ 3$）；

　　　σ——标准差；

　　　σ^2——方差。

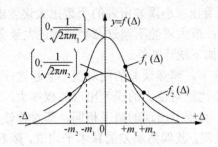

图 1-13　不同精度误差分布曲线

方差为偶然误差平方的理论平均值

$$\sigma^2 = \lim_{n \to \infty} \frac{\varDelta_1^2 + \varDelta_2^2 + \ldots \varDelta_n^2}{n} = \lim_{n \to \infty} \frac{[\varDelta]}{n} = 0 \qquad (1\text{-}16)$$

标准差为

$$\sigma = \pm \lim_{n \to \infty} \sqrt{\frac{[\varDelta\varDelta]}{n}} \qquad (1\text{-}17)$$

1.4.3　衡量精度的标准

精度是指对某个量进行多次等精度观测中，其偶然误差分布的离散程度。观测条件相同的各次观测，每次的观测结果又不完全一致。测量工作中，观测对象的真值只有一个，而观测值有无数个，其真误差也有相同的个数，有正有负，有大有小。以真误差的平均值作为衡量精度的标准非常不实用，因为真误差的平均值都趋近于 0。以真误差绝对值的大小来衡量精度也不能反映这一组观测值的整体优劣。因此，测量中引用了数理统计中均方差的概念，并以此作为衡量精度的标准。具体到测量工作中，以中误差、相对中误差和容许误差作为衡量精度的标准。

1. 中误差

（1）用真误差来确定中误差。设在相同的观测条件下，对真值为 X 的某量进行了 n 次观测，其观测值为 l_1，l_2，$\cdots$，l_n，相应的真误差为 $\varDelta_1$；$\varDelta_2$，$\cdots$，$\varDelta_n$，取各真误差平方和的平均值的平方根作为观测值的中误差，则

$$m = \pm \sqrt{\frac{\varDelta_1^2 + \varDelta_2^2 + \ldots \varDelta_n^2}{n}} = \pm \sqrt{\frac{[\varDelta\varDelta]}{n}} \qquad (1\text{-}18)$$

【例 1】对于地面上两点间水平距离，在等精度的条件下进行了 6 次观测，求其算术平均值及观测值的中误差。

【解】如表 1-5 所示。

表 1-5　按观测值的改正数计算中误差

观测次序	观测值/m	v/mm	$[vv]$	计算算术平均值 $\bar{x}$ 和中误差/m
1	119.913	+5	25	算术平均值：$\bar{x}=\dfrac{[l]}{n}=119.918\ \text{m}$
2	119.918	0	0	
3	119.925	-7	49	观测值中误差：
4	119.920	-2	4	
5	119.912	+6	36	$m=\pm\sqrt{\dfrac{[vv]}{n-1}}=\pm\sqrt{\dfrac{118}{5}}=\pm4.858\ \text{mm}$
6	119.920	-2	4	
Σ		0	118	

【例 2】设有甲、乙两个小组，对某三角形内角观测了 10 次，分别求得其真误差。

甲组：+4"，+3"，+5"，-2"，-4"，-1"，+2"，+3"，-6"，-2"

乙组：+3"，+5"，-5"，-2"，-7"，-1"，+8"，+3"，-6"，-1"

试求这两组观测值的中误差。

【解】$m_{甲}=\pm\sqrt{\dfrac{4^2+3^2+5^2+2^2+4^2+1^2+2^2+3^2+6^2+2^2}{10}}=\pm3.5"$

$m_{乙}=\pm\sqrt{\dfrac{3^2+5^2+5^2+2^2+7^2+1^2+8^2+3^2+6^2+1^2}{10}}=\pm4.7"$

比较 $m_{甲}$ 和 $m_{乙}$ 可知，甲组的观测精度比乙组高。

（2）用观测值的改正数来确定中误差。在实际测量工作中，观测值的真值 X 往往是未知的，因此，真误差 Δ_i 也无法求得。当真值未知时，通过计算观测值的算术平均值 $\bar{x}$ 来代替观测量的真值 X，用观测值的改正数 v_i 代替真误差 Δ_i。在此情况下，中误差的计算公式为：

$$v_i=\bar{x}-l_i(i=1,2,\cdots n) \tag{1-19}$$

$$m=\pm\sqrt{\frac{[vv]}{n-1}} \tag{1-20}$$

2. 相对中误差

在某些情况下，单用中误差还不能准确地反映出观测精度的优劣。例如丈量了长度为 100 m 和 200 m 的两段距离，其中误差均为 ±0.01 m，显然不能认为这两段距离的丈量精度相同。当误差大小与观测值本身有关时，应用相对中误差 K 来作为衡量精度的标准。相对中误差是中误差的绝对值与相应观测值之比，并用分子为 1 的分数来表示，即：

$$K = \frac{|m|}{L} = \frac{1}{L/|m|} = \frac{1}{N} \qquad (1\text{-}21)$$

式中，K——相对误差；

$\quad\quad m$——观测值中误差；

$\quad\quad L$——观测量的值；

$\quad\quad N$——相对误差分母。

相对误差分母 N 越大，精度越高。如对于上述两段距离，其相对误差分别为

$$K_1 = \frac{0.01}{100} = \frac{1}{10\,000}$$

$$K_2 = \frac{0.01}{200} = \frac{1}{20\,000}$$

显然，丈量结果的精度后者比前者的高。值得注意的是，观测时间、角度和高差时，不能用相对中误差来衡量观测值的精度，这是因为观测误差与观测值的大小无关。

3. 容许误差

由偶然误差的第 1 个特性可知，在一定的观测条件下，偶然误差的绝对值不会超过一定的限度。根据误差理论和大量的实践证明，在一系列等精度的观测中，误差 Δ 落在 $(-\sigma, +\sigma)$、$(-2\sigma, +2\sigma)$、$(-3\sigma, +3\sigma)$ 的概率分别为

$$P(-\sigma < \Delta < \sigma) = 68.3\%$$

$$P(-2\sigma < \Delta < 2\sigma) = 95.4\%$$

$$P(-3\sigma < \Delta < 3\sigma) = 99.7\%$$

绝对值大于 2 倍中误差的偶然误差出现的可能性约为 4.6%；绝对值大于 3 倍中误差的偶然误差出现的可能性仅为 0.3%。因此，在观测次数不多的情况下，可以认为大于 3 倍中误差的偶然误差是不可能出现的。在实际工作中，不容许存在较大的误差，常以 2 倍中误差作为偶然误差的容许误差。即

$$\Delta_容 = 2\,m \qquad (1\text{-}22)$$

在测量工作中，如某观测量的误差超过了容许误差，即可认为观测值中包含有粗差，应舍去不用或重测。

1.4.4 误差传播定律

对某一未知量进行了多次观测后，就可以根据观测值计算出观测值的中误差，作为衡量观测结果的精度标准。但是在实际工作中，有些未知量往往不是直接观测得到的，而是观测其他未知量间接求得的。例如，水准测量中，在测站上测得后视、前视读数分别为 a、b，则高差 $h = a - b$。这里高差 h 是直接观测量 a、b 的函数。显然，当 a、b 存在误差时，h 也受其影响而产生误差，这种关系称为误差传播。解决观测值中误差与其函数中误差的关系的定律称为误差传播定律。

1. 线性函数的中误差

设有一般线性函数

$$Z = k_1 x_1 \pm k_2 x_2 \pm \cdots k_n x_n \tag{1-23}$$

式中，k_1、k_2、k_3 为任意常数；x_1、x_2、x_n 为独立观测值。

当独立观测值 x_1、x_2、$\cdots$、x_n 含有真误差 Δ_1、Δ_2、$\cdots$、Δ_n 时，函数 Z 必将产生真误差 Δ_Z。设各独立观测值 x_1、x_2、$\cdots$、x_n 的中误差为 m_1、m_2、$\cdots$、m_n，则函数 Z 的中误差 m_Z，可推导出

$$m_Z^2 = (k_1 m_1)^2 + (k_2 m_2)^2 + \cdots (k_n m_n)^2 \tag{1-24}$$

即观测值函数中误差的平方，等于常数与相应观测值中误差乘积的平方和。也可写成

$$m_Z = \pm \sqrt{(k_1 m_1)^2 + (k_2 m_2)^2 + \cdots (k_n m_n)^2} \tag{1-25}$$

对一些常用的特殊线性函数，中误差计算公式可由式（1-25）推导如下：

（1）倍数函数。

函数形式：$Z = kx$

误差传播公式

$$m_Z = \pm k m_x \tag{1-26}$$

（2）和差函数。

函数形式：$Z = x_1 \pm x_2 \pm \cdots \pm x_n$

误差传播公式

$$m_Z = \pm \sqrt{m_1^2 + m_2^2 + \cdots + m_n^2} \tag{1-27}$$

当 $m_1 = m_2 = \cdots m_n = m$ 时，

$$m_Z = \pm \sqrt{n} m \tag{1-28}$$

（3）算术平均值。

函数形式

$$L = \frac{l_1}{n} + \frac{l_2}{n} + \cdots + \frac{l_n}{n} = \frac{[l]}{n}$$

$k_1 = k_2 = \cdots k_n = \dfrac{1}{n}$，当 $m_1 = m_2 = \cdots m_n = m$ 时，误差传播公式

$$M = m_L = \pm \frac{m}{\sqrt{n}} \qquad (1-29)$$

【例3】 在某三角形 ABC 中，直接观测∠A 和∠B，其中误差分别是 $m_A = \pm 3''$ 和 $m_B = \pm 4''$，试求∠C 的中误差 m_C。

【解】（1）确定非直接观测量∠C 与直接观测量∠A、∠B 之间的函数关系为

$$\angle C = 180° - \angle A - \angle B$$

（2）此线性函数可以简化为和差函数，由式（1-27）可得

$$m_C = \pm \sqrt{m_A^2 + m_B^2} = \pm \sqrt{3^2 + 4^2} = \pm 5''$$

【例4】 已知 x=200 m±3 m，z=300 m±5 m，设 x、y、z 满足关系 $z = 3x - 5y$，求 y 和 m_y。

【解】 依题意 $y = \frac{3}{5}x - \frac{1}{5}z$=60 m，$m_x = \pm 3$ m，$m_z = \pm 5$ m

$$m_y = \pm \sqrt{\frac{9}{25} \times m_x^2 + \frac{1}{25} \times m_z^2} \approx \pm 2.1 \text{ m}$$

所以，y 值和中误差可以写成 $y = 60 \pm 2.1$ m

2. 一般函数的中误差

设有一般函数 $Z = f(x_1, x_2, \cdots x_n)$，其中，$x_1$、$x_2$、$\cdots$、$x_n$ 是相互独立的观测值，中误差分别为 m_1、m_2、$\cdots$、m_n。当 x_1、x_2、$\cdots$、x_n 的真误差分别为 Δx_1、Δx_2、$\cdots$、Δx_n 时，函数 Z 的真误差为 Δz。对函数求偏导，并用 Δz 代替 d_z，用 Δx 代替 d_x。即得：

$$\Delta z = \frac{\partial z}{\partial x_1} \Delta x_1 + \frac{\partial z}{\partial x_2} \Delta x_2 + \ldots \frac{\partial z}{\partial x_n} \Delta x_n$$

对上式应用误差传播定律得

$$m_Z^2 = \left(\frac{\partial z}{\partial x_1}\right)^2 m_{x_1}^2 + \left(\frac{\partial z}{\partial x_2}\right)^2 m_{x_2}^2 + \cdots + \left(\frac{\partial z}{\partial x_n}\right)^2 m_{x_n}^2 \qquad (1-30)$$

即一般函数中误差的平方等于该函数对每个观测值取偏导数后与相应观测值中误差乘积的平方之和。

【例5】 测量一矩形面积，测出边长 a=40 m，$m_a = \pm 0.02$ m，边长 b=50 m，$m_b = \pm 0.03$ m，试求该矩形面积 A 和其中误差 m_A。

【解】 面积 $A=ab = 40 \times 50 = 2\,000$ m^2

由 $\dfrac{\partial A}{\partial b} = b = 50 \text{ m}$，$\dfrac{\partial A}{\partial b} = a = 40 \text{ m}$

所以

$$m_A = \pm\sqrt{(\frac{\partial A}{\partial a})m_a^2 + ()\sqrt{(\frac{\partial A}{\partial a})^2}} = \div\sqrt{50^2 \times 0.02 + 40^2 \times 0.032} = 1.56 \text{ m}^2$$

3. 误差传播定律的应用

【例 6】 水准测量中，视距为 75 m 时在水准尺上读数中误差 $m_{读} = \pm 2 \text{ mm}$ （包括照准误差、气泡居中误差及水准尺刻划误差）。若以 3 倍中误差为容许误差，试求普通水准测量观测 n 站所得高差闭合差的容许误差。

【解】 普通水准测量每站测得高差 $h_i = a_i - b_i (i = 1, 2, \cdots n)$，每测站观测高差中误差为

$$m = \pm\sqrt{m_{读}^2 + m_{读}^2} = \pm\sqrt{2} m_{读} = \pm 2.8 \text{mm}$$

观测 n 站所得高差 $h = h_1 + h_2 + \cdots h_n$，高差闭合差 $f_h = h - h_0$，h_0 为已知值（无误差）。则闭合差中误差为

$$m_{f_h} = \pm m\sqrt{n} = 2.8\sqrt{n} \text{ mm}$$

若以 3 倍中误差为容许误差，则高差闭合差的容许误差为

$$\Delta_{容} = \pm 3 \times 2.8\sqrt{n} \approx 8\sqrt{n} \text{ mm}$$

4. 等精度直接观测量的最可靠值及其中误差

在实际测量工作中，只有极少数观测量的理论值或真值是可以预知的。一般情况下，由于测量误差的影响，观测量的真值是很难测定的。为了提高观测值的精度，测量上通常采用有限的多余观测，通过计算观测值的算术平均值 $\bar{x}$ 来代替观测量的真值 X，用改正数 v_i 代替真误差 Δ 以解决实际问题。

（1）算术平均值。在等精度观测条件下，对某未知量进行了 n 次观测，其观测值分别为 l_1、l_2、$\cdots$、l_n，将这些观测值取算术平均值 $\bar{x}$ 作为该量的最可靠值，称为该量的"最或然值"。

$$\bar{x} = \frac{l_1 + l_2 + \cdots + l_n}{n} = \frac{[l]}{n} \tag{1-31}$$

设某一量的真值为 X，对此量进行 n 次观测，其观测值分别为 l_1、l_2、$\cdots$、l_n，每次

观测中产生的真误差为 $\varDelta_1$、$\varDelta_2$、$\cdots$、$\varDelta_n$，则

$$
\begin{cases}
\varDelta_1 = X - l_1 \\
\varDelta_2 = X - l_2 \\
\quad\vdots \\
\varDelta_n = X - l_n
\end{cases}
\tag{1-32}
$$

将上述等式两端相加，两端同除以 n 得到

$$
\frac{[\varDelta]}{n} = X - \frac{[l]}{n}
\tag{1-33}
$$

根据偶然误差的第 4 个特性，当观测次数无限增多时，$\dfrac{[\varDelta]}{n}$ 就会趋近于零，即

$$
\lim_{n \to \infty} \frac{[\varDelta]}{n} = 0
$$

从而有

$$
\frac{[l]}{n} = X
$$

也就是说，当观测次数无限增多时，观测值的算术平均值 $\bar{x}$ 趋近于未知量的真值 X。但是在实际测量中，不可能对某一量进行无限次观测，因此，就把有限个观测值的算术平均值作为该量的最或然值或最可靠值。并把算术平均值作为最终观测结果。图 1-14 给出了算术平均值中误差与观测次数的关系。

从图 1-14 可以看出，当观测次数达到 9 次左右时，再增加观测次数，算术平均值的精度提高也很微小，因此，不能单纯依靠增加观测次数来提高测量精度，还必须从测量方法和测量仪器方面来提高测量精度。

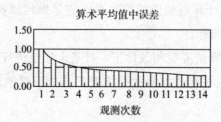

图 1-14 算术平均值中误差与观测次数的关系

（2）观测值的改正数。算术平均值 $\bar{x}$ 与观测值 l_i（$i = 1,\ 2,\ \cdots,\ n$）之差，称为观测值的改正数 v_i。

$$\begin{cases} v_1 = \bar{x} - l_1 \\ v_2 = \bar{x} - l_2 \\ \vdots \quad \vdots \quad \vdots \\ v_n = \bar{x} - l_n \end{cases} \qquad (1\text{-}34)$$

将式（1-34）两端相加得到

$$[v] = n\bar{x} - [l]$$

结合式（1-31）可得

$$[v] = n\frac{[l]}{n} - [l] = 0 \qquad (1\text{-}35)$$

由此可见，一组观测值取算术平均值后，其改正数之和恒等于零。这一公式可以作为计算中的校核。

本章小结

本章主要介绍了建筑工程测量的基础知识、地面点定位、水平面代替水准面的限度和测量误差的基本知识。

本章的主要内容包括建筑工程测量的作用；测量工作的内容与原则；地球的形状与大小；地面点位的表示方法；水平面代替水准面对距离、高程和水平角的影响；研究测量误差的目的；测量误差的来源；测量误差的分类及处理方法；衡量精度的标准和误差传播的定律。通过学习本章内容，读者可以了解建筑工程测量的基本任务；掌握地面点位的表示方法；掌握水平面代替水准面的适用条件；掌握测量误差的分类、产生原因及衡量精度的指标。

习题 1

一、简答题

1. 工程测量的主要工作内容是什么？测绘资料的重要性有哪些？工程测量学的任务是什么？测图与测设有什么不同？

2. 大地水准面有何特点？大地水准面与高程基准面、大地体与参考椭球体有什么不同？

3. 确定地面点位有几种坐标系统？各起什么作用？

4. 测量中的平面直角坐标系与数学平面直角坐标系有何不同？为什么？

5. 确定地面点位的三项基本测量工作是什么？

6. 试简述地面点位确定的程序和原则。

7．在什么情况下，可将水准面看作平面？为什么？

8．某地面点的经度为东经 114°10′，试计算该点所在 6°带和 3°带的带号与中央子午线的经度为多少？

9．某地面点 A 位于 6°带的第 20 带，其横坐标自然值为 $y_A = -280\ 000.00$ m，该点的通用值是多少？ A 点位于中央子午线以东还是以西？距中央子午线有多远？

10．地面上有 A、B 两点，相距 0.8 km，试问地球曲率对高程的影响为对距离影响的多少倍？

11．为什么测量结果中一定存在测量误差？测量误差的来源有哪些？

12．如何区分系统误差和偶然误差？它们对测量结果有何影响？

13．偶然误差有哪些特性？能否消除偶然误差？

二、计算题

1．设用钢尺丈量一段距离，其 6 次丈量结果如下：216.345 m、216.324 m、216.335 m、216.378 m、216.364 m、216.319 m。试计算其算术平均值、观测值中误差、算术平均值中误差及其相对中误差。

2．用 J_6 经纬仪观测某水平角 4 个测回，其观测值为 37°38′24″、37°38′27″、37°38′21″、37°38′42″，试计算一测回观测中误差、算术平均值及其中误差。

3．用 J_6 经纬仪观测某水平角，每测回的观测中误差为 ±6″，今要求测角精度达到 ±3″，需要观测多少测回？

4．如图 1-15 所示，在 △ABC 中，测得 $a = 13.146$ m ± 0.008 m，$A = 47°23′42″ ± 9″$，$B = 53°58′34″ ± 12″$，试计算边长 c 及其中误差。

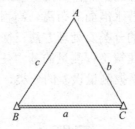

图 1-15 计算题 4 图

第 2 章　水准测量

【本章导读】

在测量工作中，要确定地面点的空间位置，不但要确定地面点的平面坐标，而且还要确定地面点的高程。测定地面点高程的工作，称为高程测量，它是测量的基本工作之一。高程测量按使用的仪器和施测的方法分为水准测量、三角高程测量、GNSS 拟合高程测量和气压高程测量。水准测量是精度最高的一种高程测量方法，广泛应用于国家高程控制测量、高精度沉降测量和建筑工程施工测量。

【学习目标】

> 了解水准测量的基本原理；
> 了解水准测量所使用仪器工具的构造；
> 掌握仪器工具的操作方法；
> 掌握水准仪的检验与校正方法；
> 掌握普通水准测量的实施；
> 熟悉水准测量误差来源。

2.1　水准测量的基本知识

水准测量是利用水准仪提供的水平视线，读取竖立在两点上的水准尺的读数，以测定两点间的高差，从而由已知点的高程推算未知点的高程。水准测量所使用的仪器为水准仪，使用的工具有水准尺和尺垫。水准仪按其精度分为 DS_{05}、DS_1、DS_3、DS_{10} 几种等级。"D"和"S"是"大地"和"水准仪"的汉语拼音的第一个字母，其下标的数值为水准仪每千米往返高差中数的偶然中误差，以毫米计（05 代表 0.5 mm，1 代表 1 mm，依次类推）。DS_{05}、DS_1 级水准仪一般称为精密水准仪，DS_3、DS_{10} 级水准仪一般称为工程水准仪或称为普通水准仪。

2.1.1　水准测量的原理

如图 2-1 所示，已知 A 点高程，欲测定 B 点的高程，可在 A、B 两点的中间安置一台能够提供水平视线的仪器——水准仪，A、B 两点上竖立水准尺，读数分别为 a、b。
则 A、B 两点的高差为

$$h_{AB} = H_B - H_A = a - b \tag{2-1}$$

而 B 点的高程为

$$H_B = h_{AB} + H_A \tag{2-2}$$

这里高差用 h_{AB} 表示，其含义是由 A 到 B 的高差；若写成 h_{BA} 则指从 B 到 A 的高差。若水准测量是从 A 点向 B 点进行的，则称 A 点为后视点，其水准尺读数为后视尺读数；称 B 点为前视点，其水准尺读数为前视尺读数。A 点和 B 点的高差 h_{AB} 有正负：高差为正，表示 B 点比 A 点高；高差为负，表示 B 点比 A 点低。以上利用高差计算高程的方法，称为高差法。

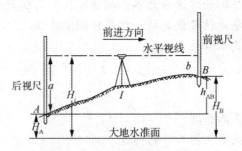

图 2-1　水准测量基本原理

由图 2-1 可知，A 点的高程加上后视读数等于水准仪的视线高程，简称视线高程，设视线高程为 H_i，则

$$H_i = h_A + a \tag{2-3}$$

则 B 点高程等于视线高减去前视读数，即：

$$H_A = H_i - b = (H_A + a) - b \tag{2-4}$$

由式（2-4）用视线高程计算 B 点高程的方法，称为视线高法。当需要安置一次仪器测得多个前视点高程时，利用视线高程法比较方便。

有时，为测 A、B 两点高差，在 AB 线路上增加 1，2，3，4 等中间点，将 AB 高差分成若干个水准测站。其中间点仅起传递高程的作用，称为转点，简写为 TP；测量过程中，水准仪摆设的观测位置称为测站。

2.1.2　微倾式水准仪

水准仪的作用是提供一条水平视线，通过瞄准距离水准仪一定距离处的水准标尺并读取尺上读数。通过调整水准仪的微倾螺旋，使管水准气泡居中而获得水平视线的水准仪称为微倾式水准仪。下面以工程建设中最常用的 DS$_3$ 型水准仪为例介绍微倾式水准仪的结构。DS$_3$ 水准仪由望远镜、水准器和基座三部分组成，如图 2-2 所示。

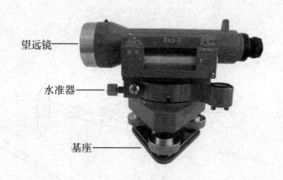

图 2-2　DS₃ 水准仪

1. 望远镜

望远镜是测量仪器观测目标的主要部件。具有成像和扩大视角的功能，其作用是看清不同距离的目标和提供照准目标的视线。用来瞄准远处的水准尺进行读数，要求望远镜能看清水准尺上的分划和有读数标志的注记。望远镜由物镜、调焦透镜、调焦螺旋、十字丝分划板和目镜组成。望远镜结构如图 2-3 所示。

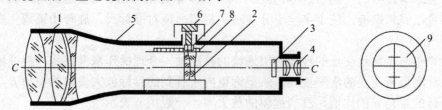

1-物镜；2-物镜调焦透镜；3-十字丝分划板；4-目镜；5-物镜筒；
6-物镜调焦螺旋；7-齿轮；8-齿条；9-十字丝影像

图 2-3　望远镜的构造

物镜由两片以上的透镜组成，作用是与调焦透镜一起使远处的目标成像在十字丝平面上，形成缩小的实像，其成像原理如图 2-4 所示。旋转调焦螺旋，可使不同距离目标的成像清晰地落在十字丝分划板上，称为调焦或物镜对光。目镜也是由一组复合透镜组成，其作用是将物镜所成的实像连同十字丝一起放大成虚像，转动目镜旋钮，可使十字丝影像清晰，称目镜对光。十字丝分划板是安装在镜筒内的一块光学玻璃板，上面刻有两条互相垂直的十字丝，竖直的一条称为纵丝或竖丝，中间水平的一条称为横丝或中丝，与横丝平行的上、下两条对称的短丝称为上丝和下丝，上丝、下丝总称为视距丝，用以测定距离。水准测量时，用十字丝交叉点和中丝瞄准目标并读数。

物镜与十字丝分划板之间的距离是固定不变的，而望远镜所瞄准的水准尺位置有远有近。目标发出的光线通过物镜后，在望远镜内所成实像的位置随着目标的远近而改变，应旋转物镜调焦螺旋使目标像和十字丝分划板平面重合才能读数。此时，观测者的眼睛在目镜端上、下微微移动时，目标像与十字丝没有相对移动。

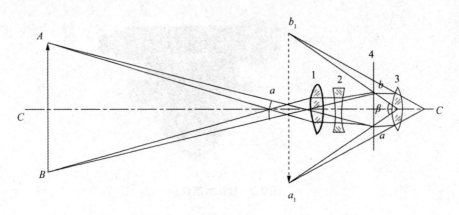

1-物镜；2-调焦透镜；3-目镜；4-十字丝分划板

图 2-4　望远镜的成像原理

如果目标像与十字丝分划板平面不重合，观测者的眼睛在目镜端上、下微微移动时，目标像与十字丝产生相对移动，称这种现象为视差。

视差会影响读数的正确性，读数前应予以消除。消除的方法：将望远镜对准明亮的的背景，旋转目镜调焦螺旋，使十字丝十分清晰；将望远镜对准标尺，旋转物镜调焦螺旋使标尺成像清晰。

物镜光心与十字丝交点的连线称望远镜的视准轴。合理操作水准仪后，视准轴的延长线即为水准测量所需要的水平视线。从望远镜内所看到的目标放大虚像的视角 β 与眼睛直视观察目标的视角 α 的比值，称望远镜的放大率，一般用 v 表示

$$v = \frac{\beta}{\alpha} \tag{2-5}$$

望远镜的放大率一般在 20 倍以上。

2. 水准器

水准器主要用来整平仪器、指示视准轴是否处于水平位置，是操作人员判断水准仪是否正确置平的重要部件。普通水准仪上通常有圆水准器和管水准器两种。

（1）圆水准器。圆水准器外形如图 2-5 所示，顶部玻璃的内表面为球面，内装有乙醚溶液，密封后留有气泡。球面中心刻有圆圈，其圆心即为圆水准器零点。通过零点与球面曲率中心连线，称为圆水准轴。当气泡居中时，该轴线处于铅垂位置；气泡偏离零点，轴线呈倾斜状态。气泡中心偏离零点 2 mm 所倾斜的角值，称为圆水准器的分划值。DS$_3$ 型水准仪圆水准器分划值一般为 8′～10′。圆水准器的精度较低，用于仪器的粗略整平。

（2）管水准器。管水准器又称水准管，它是一个管

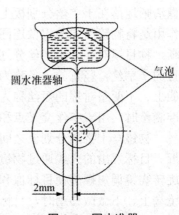

图 2-5　圆水准器

状玻璃管，其纵向内壁磨成一定半径的圆弧，管内装乙醚溶液，加热融封冷却后在管内形成一个气泡，如图 2-6（a）所示。由于气泡较液体轻，气泡始终处于管内最高位置。水准管内壁圆弧的中心点（最高点）为水准管的零点，过零点与圆弧相切的切线称水准管轴（图 2-6 中 L—L）。当气泡中点处于零点位置时，称气泡居中，这时水准管轴处于水平位置。在水准管上，一般由零点向两侧有数条间隔 2 mm 的分划线，相邻分划线 2 mm 圆弧所对的圆心角，称为水准管的分划值，用" τ "表示，如图 2-6（b）所示。

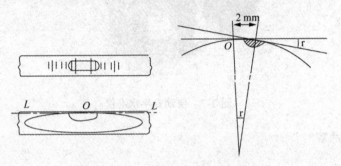

图 2-6　管水准器的构造与分划值

$$\tau = \frac{2\rho}{R} \tag{2-6}$$

式中，R——水准管圆弧半径；

ρ——弧度的秒值，$\rho = 206\,265''$。

水准管分划值越小，灵敏度越高，仪器置平的精度越高。DS$_3$ 型水准仪水准管的分划值为 $20''$，记作 $20''/2$ mm。由于水准管的精度较高，因此，用于仪器的精确整平。

（3）基座。基座位于仪器下部，主要由轴座、脚螺旋和连接板等组成。仪器上部通过竖轴插入轴座内，有基座承托。脚螺旋用于调节圆水准气泡，使气泡居中。连接板通过连接螺旋与三脚架相连接。

水准仪除了上述部分外，还装有制动螺旋、微动螺旋和微倾螺旋。拧紧制动螺旋时，仪器固定不动，此时转动微动螺旋，使望远镜在水平方向作微小转动，用以精确瞄准目标。微倾螺旋可使望远镜在竖直面内微动，由于望远镜和管水准器连为一体，且视准轴与管水准轴平行，所以圆水准气泡居中后，转动微倾螺旋使管水准气泡影像符合，即可利用水平视线读数。

2.1.3　自动安平水准仪及其使用

自动安平水准仪的结构特点是没有管水准器和微倾螺旋，利用圆水准器粗略整平后，仪器内置的补偿器将自动补偿调平仪器，如图 2-7 所示。

图 2-7　自动安平水准仪

1. 自动安平原理

如图 2-8 所示，视线水平时的十字丝交点在 A 处，读数为 a。当视准轴倾斜一个角值后，十字丝交点由 A 移至 A'，十字丝通过视准轴的读数为结果，不是水平视线的读数。为了使水平视线能通过 A' 而获得读数 a，在光路上安置一个补偿器，让视线水平的读数 a 经过补偿器后偏转一个 β 角，最后落在十字丝交点 A'。这样，即使视准轴倾斜一定角度（一般为 ±10'），仍可读得水平视线的读数 a，因此，达到了自动安平的目的。

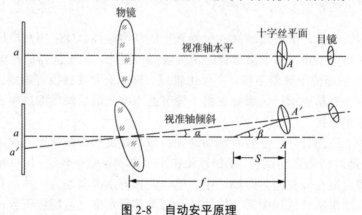

图 2-8　自动安平原理

2. 自动安平水准仪的使用

仪器经过认真粗平、照准后，即可进行读数。由于补偿器相当于一个重力摆，无论采用何种阻尼装置，重力摆静止需要几秒钟，故照准后过几秒钟读数为好。

补偿器由于外力作用（如剧烈震动、碰撞等）和机械故障，会出现"卡死"失灵，甚至损坏，所以使用时应务必小心，使用前应检查其工作是否正常。装有检查按钮的仪器，读数前，轻触检查按钮，若物像位移后迅速复位，表示补偿器工作正常；否则应维修。无检查按钮的仪器，可将望远镜转至任一脚螺旋的上方，微转该脚螺旋，即可检查物像的复位情况。如图 2-8 所示，若视准轴倾斜了 α 角，为使经过物镜光心的水平光线仍能通过十字丝交点 A，可采用以下两种方法：

（1）在望远镜的光路中设置一个补偿装置，使光线偏转一个 β 角而通过十字丝交点 A；

（2）若能使十字丝交点移至 B，也可使视线准轴处于水平位置而实现自动安平。

此外，在使用仪器前，还应重视对圆水准器的检验校正，因为补偿器的补偿功能有一定限度。若圆水准器不正常，致使气泡居中时，仪器竖轴仍然偏斜，当偏斜角超过补偿功能允许的范围，将使补偿器失去补偿作用。

2.1.4　精密水准仪及其使用

精密水准仪主要应用于国家一、二等水准测量和高精度的工程测量中，如建筑物的变形观测、大型建筑物、桥梁等的施工及大型设备的安装等测量工作。

1. 精密水准仪的构造特点

精密水准仪（DS$_1$ 型水准仪）的构造与 DS$_3$ 型水准仪基本相同，如图 2-9 所示。主要区别：一是为了提高安平精度，水准管采用符合水准器，且 $\tau=$（8"～10"）/2 mm，安平精度不大于 ±0.2"。望远镜和水准器均套装在隔热壳罩内，结构坚固，$LL /\!/ CC$ 稳定，受外界影响因素小。二是为了提高读数精度，望远镜放大倍率一般不小于 40 倍，并配有测量微小读数 0.1～0.05 mm 的光学测微器和楔形丝，以及配套的精密水准尺。

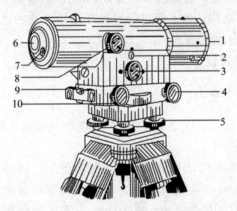

1-物镜；2-测微器进光窗；3-测微螺旋；4-微动螺旋；5-脚螺旋；6-目镜
7-读数显微镜；8-物镜调焦螺旋；9-粗平水准管；10-微倾螺旋

图 2-9　DS$_1$ 型水准仪

图 2-10 为 DS$_1$ 型水准仪光学测微装置示意图。望远镜前装有一块平行玻璃板，转动测微螺旋，齿轮带动齿条推动传导杆使平行玻璃板以视准轴水平垂直线为旋转轴前后倾斜，固定在齿条上方的测微尺也随之移动。标尺影像的光线通过倾斜平行玻璃板后，在垂直面上移动一个量，该移动量的大小可由测微尺量测，并显示在测微目镜视场中。测微尺全长有 100 个分划，标尺影像移动 5 mm 或 10 mm，测微尺移动全长 100 个分划，恰好测微螺旋转动一周。因此，测微尺的分划值为 0.05 mm 或 0.1 mm，测微周值为 5 mm 或 10 mm。

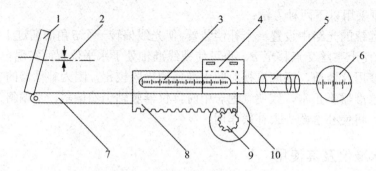

1-平行玻璃板；2-平行移动量；3-测微分划尺；4-测微读数指标；5-读数显微镜；

6-测微读数视场；7-传导杆；8-齿条；9-齿轮；10-测微螺旋

图 2-10　DS₁ 光学测微器的构造

精密水准仪具备下列几个特点：

（1）高质量的望远镜光学系统。为了获得水准标尺的清晰影像，望远镜的放大倍率应大于 40 倍，物镜的孔径应大于 50 mm。

（2）高灵敏的管水准器。精密水准仪的管水准器的格值为 10″/2 mm。

（3）高精度的测微器装置。精密水准仪必须有光学测微器装置，以测定小于水准标尺最小分划线间格值的尾数，光学测微器可直读 0.1 mm，估读到 0.01 mm。

（4）坚固稳定的仪器结构。为了相对稳定视准轴与水准轴之间的关系，精密水准仪的主要构件均采用特殊的合金钢制成。

（5）高性能的补偿器装置。

2.　精密水准尺与读数方法

图 2-11 为两种精密水准尺。图 2-11 左侧分划值为 10 mm，右侧分划值为 5 mm，可与相应测微周值的仪器配套使用。

精密水准尺又称铟瓦水准尺，与精密水准仪配套使用。这种尺是在优质木质标尺中间的尺槽内，安装一厚度 1 mm、宽度 30 mm、长 3 m 的铟钢合金尺带，尺带底端固定，上端用弹簧绷紧。尺带上刻有间隔为 5 mm 或 10 mm 左右的两排相互错置的分划，左边为基本分划，右边为辅助分划，分米或厘米注记刻在木尺上。两种分划相差常数 K，供读数检核用。有的尺无辅助分划，基本分划按左右分奇偶排列，便于读数。

精密水准仪的操作方法与 DS₃ 型仪器基本相同，仅读数方法有差异。读数时，先转动微倾螺旋使符合水准器气泡居中（气泡影像在望远镜视场的左侧，符合程度有格线度量）；再转动测微螺旋，调整视线上、下移动，用十字丝楔形丝精确夹住就近的标尺分划（图 2-12），而后读数。

现以分划值为 5 mm 分划、注记为 1 cm 的尺为例说明读数方法。先直接读出楔形丝夹住的分划注记读数（如 1.94 m），再在望远镜旁测微读数显微镜中读出不足 1 cm 的微小读数（如 1.54 mm），如图 2-12（a）所示。水准尺的全读数为 1.94 m＋0.001 54 m＝1.941 54 m，实际读数应为 1.941 54 m/2＝0.970 77 m。对于 1 cm 分划的精密水准尺，读数即为实际读数，无须除 2，如图 2-12（c）读数为 1.4963 2 m。

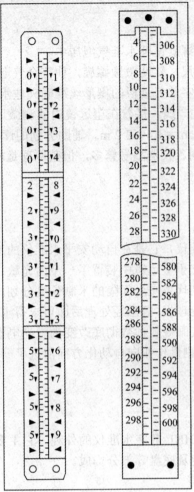

图 2-11　精密水准尺

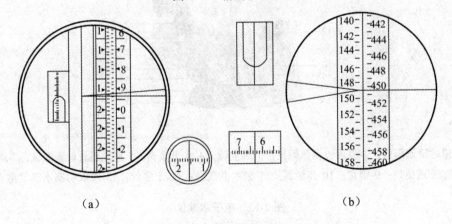

（a）　　　　　　　　　　　　　　　　　（b）

图 2-12　精密水准尺的读数

3. 精密水准仪的使用步骤

精密水准仪的使用步骤如下：

（1）安置仪器，转动脚螺旋使圆水准气泡居中。

（2）用望远镜照准水准尺，转动微倾螺旋，使符合气泡严格居中。

（3）转动测微轮，使十字丝分划板的楔形丝准确夹住水准尺上基本分划的一条刻划，如图 2-12 所示，即为 1.49 m 一线，接着在望远镜内的测微尺影像上读出尾数 0.632 cm，最后读数即为 1.49 m＋0.632 cm＝1.4963 2 m。辅助分划的读数方法与此相同。

虽然水准仪精度等级不同、仪器型号繁多，但其原理是相同的，不同之处在于操作方法略有不同而已。

2.1.5 电子水准仪

电子水准仪又称数字水准仪，它是在自动安平水准仪的基础上发展起来的，电子水准仪与普通水准仪的主要区别在于望远镜中装置了一个由光敏二极管构成的行阵探测器。水准尺的分划用二进制代码分划代替厘米间隔的米制长度分划。行阵探测器将水准尺上的代码图像用电信号传送给信息处理机，信息经处理后即可求得水平视线水准尺数值和视距值。

电子水准仪将原有的由人眼观测读数彻底改变为由光电设备自行探测水平视准轴的水准尺数值。电子水准仪使水准测量作业向自动化方向前进了一大步。下面以 TRIMBLE DINI 数字水准仪为例简单介绍。

1. 电子水准仪的结构

如图 2-13 为 TRIMBLE DINI 数字水准仪的外观。它主要由望远镜、圆水准器、操作键盘、数据显示窗口、脚螺旋及底盘等部分构成。

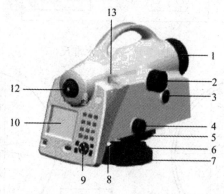

1-望远镜遮阳板；2-望远镜调焦螺旋；3-触发键；4-水平微调；5-刻度盘；6-脚螺旋；7-底座；
8-电源/通信口；9-键盘；10-显示器；11-圆水准气泡；12-十字丝；13-可以动圆水准气泡调节器

图 2-13 电子水准仪

2. 条码水准尺

条码水准尺是与电子水准仪配套使用的专用水准尺，它是由玻璃纤维塑料制成，或用铟钢制成尺面镶嵌在尺基上形成，全长为 2～4.05 m。尺面上刻有宽度不同、黑白相间的码条，称为条码，如图 2-14（a）所示，该条码相当于普通水准尺上的分划和注记。条码水准尺附有安平水准器和扶手，在尺的顶端留有撑杆固定螺丝，以便用撑杆固定条码尺，使之长时间保持准确而竖直的固定状态，减轻作业人员的劳动强度，并提高测量精度。条码尺在仪器望远镜视场中的情形应如图 2-14（b）所示。

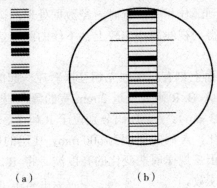

（a）   （b）

图 2-14 条码水准尺与望远镜视场示意图

3. 电子水准仪测量原理

如图 2-15 所示，在仪器的中央处理器（数据处理系统）中建立了一个对单平面上所形成的图像信息自动编码程序，通过望远镜中的光电二极管阵列（相机）摄取水准尺（条码尺）上的图像信息，传输给数据处理系统，自动进行编码、释译、对比、数字化等一系列数据处理，而后转换成水准尺读数和视距或其他所需要的数据，并自动记录储存在记录器中或显示在显示器上。

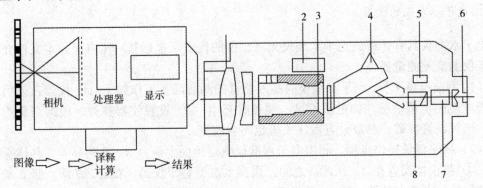

1-物镜；2-调焦发送器；3-调焦透镜；4-补偿器；5-CCD 探测器；6-目镜；7-分划板；8-分光镜

图 2-15 电子水准仪测量与读数原理

电子水准仪主要采用的读数方法有几何法、相关法和相位法，其基本原理如下。

（1）几何法读数。标尺采用双相位码，标尺上每 2 cm 为一个测量间距，其中的码条构成码词，每个测量间距的边界由过渡码条构成，其下边界到标尺底部的高度，可由该测量间距中的码条判读出来。水准测量时，一般只利用标尺上中丝的上下边各 15 cm 尺截距，即 15 个测量间距来计算视距和视线高。

（2）相关法读数。标尺上与常规标尺相对应的伪随机码事先储存在仪器中作为参考信号（条码本源信息），测量时望远镜摄取标尺某段伪随机码（条码影像），转换成测量信号后与仪器内的参考信号进行比较，形成相关过程。按相关方法由电子耦合与本源信息相比较，若两信号相同，即得到最佳相关位置时，经数据处理后读数就可确定。比较十字丝中丝位置周围的测量信号，得到视线高；比较上、下丝的测量信号及条码影像的比例，得到视距。

（3）相位法读数。尺面上刻有三种独立相互嵌套在一起的码条，三种独立条码形成一组参考码 R 和两组信息码 A、B。R 码为三道 2 mm 宽的黑色码条，以中间码条的中线为准，全尺等距分布（一般间隔 3 cm）。A、B 码分别位于 R 码上、下方 10 mm 处，宽度在 0～10 mm 之间按正弦规律变化，A 码的周期为 600 mm，B 码的周期为 570 mm，这样在标尺长度方向形成明暗强度按正弦规律周期变化的亮度波。将 R、A、B 码与仪器内部条码本源信息进行相关比较确定读数。

进行测量时，光电二极管阵列摄取的数码水准尺条码信息（图像），通过分光器将其分为两组，一组转射到 CCD 探测器上，并传输给微处理器，进行数据处理，得到视距和视线高；另一组成像于十字丝分划板上，便于目镜观测（图 2-15）。

利用电子水准仪不仅可以进行普通水准仪所能进行的测量，还可以进行高程连续计算、多次测量平均值测量、水平角测量、距离测量、坐标增量测量、断面计算、水准路线和水准网测量闭合差调整（平差）与测量数据自动记录、传输等。尤其是自动连续测量的功能对大型建筑物的变形（瞬时变化值）观测相当便利而准确，具有其独特之处，是普通水准仪无法比拟的。

4. 电子水准仪的使用

电子水准仪具有传统的光学水准仪无法比拟的优点，包括其功用方面。本文仅介绍电子水准仪的高差测量操作。

（1）测前准备工作。电子水准仪的高差测量的测前准备工作如下：① 仪器在使用前，应检查电池的电量情况，如电量不足，要及时充电。② 设置仪器参数。根据测量的具体要求，选择设置参数。参数设置后，关机也不会改变。

（2）高差测量操作步骤。利用电子水准仪测定地面上两点 A、B 的高差，具体操作步骤为：① 将仪器安置在 A、B 两点之间，用圆水准器整平仪器，在 A、B 两点竖立条码标尺，使标尺尺面朝向仪器。② 按开机键，并进入高差测量模式。③ 照准后视标尺，进行对光以消除视差，按仪器外部的测量键，即可获得后视读数和后视距。检查无误后，按回车键，记录并存储结果。④ 转动照准部照准前视标尺，并进行对光消除视差后，按测量键，即可获得前视读数和前视距。同时屏幕显示 A、B 两点的高差。⑤ 按"确定"键记录。

2.2 水准仪的使用

2.2.1 水准仪的基本操作程序

水准仪的基本操作程序包括安置仪器、粗略整平、照准和调焦、精确整平和读数。现分述如下。

1. 安置水准仪

将水准仪架设在两个水准尺中间的程序：首先松开三脚架架腿的固定螺旋，伸缩三个架腿使其高度适中，目估脚架顶面大致水平，用脚踩实架腿，使脚架稳定、牢固，再拧紧固定螺旋。三脚架安置好后，从仪器箱中取出仪器，旋紧中心连接螺旋将仪器固定在架顶面上。

2. 粗略整平（粗平）

松开水平制动螺旋，转动仪器，将圆水准器的位置置于两个脚螺旋之间，当气泡中心偏离零点位于 m 处时，如图 2-16（a）所示，用两手同时相对（向内或向外）转动 1，2 两个脚螺旋（此时气泡移动方向与左手拇指移动方向相同），使气泡沿 1，2 两螺旋连线的平行方向移至中间 n 处，如图 2-16（b）所示。然后转动第 3 个脚螺旋，使气泡居中，如图 2-16（c）所示。

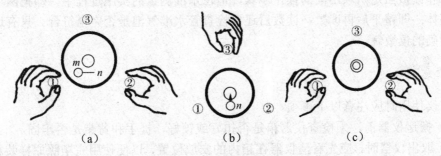

图 2-16 粗略整平的过程

3. 照准和调焦

首先进行目镜对光，即把望远镜对着明亮的背景，转动目镜对光螺旋，使十字丝清晰。再松开制动螺旋，转动望远镜，用望远镜筒上的照门和准星瞄准水准尺，拧紧制动螺旋。然后从望远镜中观察；转动物镜对光螺旋进行对光，使目标清晰，再转动微动螺旋，使竖丝对准水准尺。

当眼睛在目镜端上下微微移动时，若发现十字丝与目标影像有相对运动，说明存在视差，如图 2-17（a）和图 2-17（b）所示，图 2-17（c）是没有视差的情况。

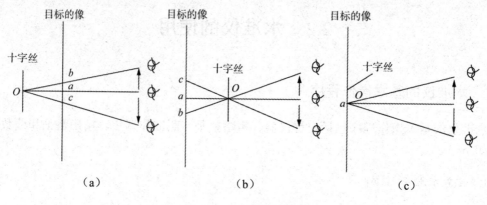

图 2-17　十字丝视差

产生视差的原因是目标成像的平面和十字丝平面不重合。由于视差的存在会影响到读数的正确性，必须加以消除。消除的方法是重新仔细地进行物镜对光，直到眼睛上下移动，读数不变为止，从目镜端见到十字丝与目标的像都十分清晰。

4. 精平与读数

眼睛通过位于目镜左方的符合气泡观察窗看水准管气泡，右手转动微倾螺旋，使气泡两端的像吻合，即表示水准仪的视准轴已精确水平。这时，即可用十字丝的中丝在尺上读数。现在的水准仪多采用倒像望远镜，因此读数时应从小往大，即从上往下读。先估读毫米数，然后报出全部读数。

精平和读数虽是两项不同的操作步骤，但在水准测量的实施过程中，却把两项操作视为一个整体；即精平后再读数，读数后还要检查管水准气泡是否完全符合。只有这样，才能取得准确的读数。

5. 注意事项

水准仪使用时应注意以下事项。

（1）搬运仪器前，须检查仪器箱是否扣好或锁好，提手和背带是否牢固。

（2）取出仪器时，应先看清仪器在箱内的安放位置，以便使用完毕照原样装箱，仪器取出后，应盖好仪器箱。

（3）安置仪器时，注意拧紧架腿螺旋和中心连接螺旋，在测量过程中作业员不得离开仪器，特别是在建筑工地等处工作时，更须防止意外事故发生。

（4）操作仪器时，制动螺旋不要拧的过紧，转动仪器时必须先松开制动螺旋，仪器制动后，不得用力扭转仪器。

（5）仪器在工作时，为避免仪器被暴晒和雨淋，应撑伞遮住仪器。

（6）迁站时，若距离较近，可将仪器各制动螺旋固紧，收拢三脚架，一手持脚架，一手托住仪器搬移，若距离较远，应装箱搬运。

（7）仪器装箱前，先清除仪器外部灰尘，松开制动螺旋，将其他螺旋旋至中部位置，按仪器在箱内的原安放位置装箱。

（8）仪器装箱后，应放在干燥通风处保存，注意防潮、防霉、防碰撞。

2.2.2 水准仪检验与校正

水准仪有四条主要轴线，如图 2-18 所示，水准管轴（LL）、望远镜的视准轴（CC）、圆水准轴（$L'L'$）和仪器的竖轴（VV）。

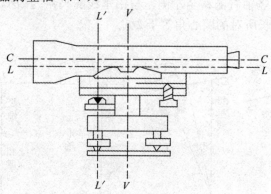

图 2-18 水准仪的主要轴线

1. 水准仪应满足的主要条件

水准仪应满足两个主要条件：一是水准管轴应与望远镜的视准轴平行；二是望远镜的视准轴不因调焦而变动位置。

第一个主要条件如不满足，那么水准管气泡居中后，水准管轴已经水平而视准轴却未水平，不符合水准测量的基本原理。

第二个主要条件是为了满足第一个条件而提出的。如果望远镜在调焦时视准轴位置发生变动，就不能设想在不同位置的许多条视线都能够与一条固定不变的水准管轴平行。望远镜调焦在水准测量中是不可避免的，因此必须具备此项要求。

2. 水准仪应满足的次要条件

水准仪应满足两个次要条件：一是圆水准器轴应与水准仪的竖轴平行；二是十字丝的横丝应垂直于仪器的竖轴。

第一个次要条件的满足在于能迅速地整置好仪器，提高作业速度；也就是当圆水准器的气泡居中时，仪器的竖轴已基本处于竖直状态，使仪器旋转至任何位置都易于使水准管的气泡居中。

第二个次要条件的满足是当仪器竖轴已经竖直，在读取水准尺上的读数时就不必严格用十字丝的交点，可以用交点附近的横丝读数。

上述条件的满足在水准仪出厂时是经过检验的，但由于运输中的振动和长期使用的影响，各轴线的关系可能发生变化，因此作业之前，必须对仪器进行检验校正。

3. 圆水准器的检验与校正

（1）检验目的。使圆水准器轴平行于仪器竖轴。

（2）检验原理。如竖轴 VV 与圆水准器轴 $L'L'$ 不平行，则气泡居中时，圆水准器轴竖直，竖轴则偏离竖直位置 α 角，如图 2-19（a）所示。将仪器旋转 180°，如图 2-19（b）所示，此时圆水准器轴从竖轴右侧移至左侧，与铅垂线的夹角为 2α。圆水准器气泡偏离中心位置，气泡偏离的弧长所对的圆心角等于 2α。

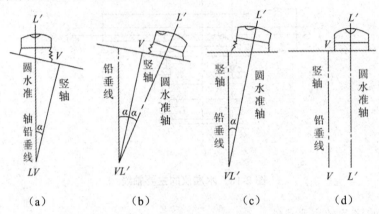

（a）　　　　（b）　　　　（c）　　　　（d）

图 2-19　圆水准器校正原理图

（3）检验方法。转动脚螺旋使圆水准器气泡居中，然后将仪器旋转 180°，若气泡仍居中，说明此项条件满足；若气泡偏离中心位置，说明此条件不满足，需要校正。

（4）校正方法。如图 2-20 所示，用校正针拨动圆水准器下面的三个校正螺丝，使气泡退回偏离中心距离的一半，此时圆水准器轴与竖轴平行，如图 2-19（c）所示；再旋转脚螺旋使气泡居中，此时竖轴处于竖直位置，如图 2-19（d）所示。此项工作须反复进行，直到仪器旋转至任何位置圆水准器气泡皆居中为止。

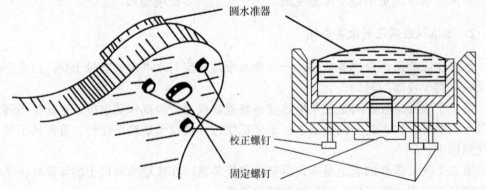

图 2-20　圆水泡校正螺钉

4. 十字丝横丝的检验校正

（1）检验目的。使十字丝横丝垂直于仪器竖轴。

（2）检验原理。如果十字丝横丝不垂直于仪器竖轴，当竖轴处于竖直位置时，十字丝横丝不是水平的，横丝的不同部位在水准尺上的读数就不相同。

（3）检验方法。仪器整平后，从望远镜视场内选择清晰目标后，用十字丝交点照准目标点，拧紧制动螺旋。转动水平微动螺旋，若目标始终沿横丝作相对移动，如图 2-21（a）、图 2-21（b）所示，说明十字丝横丝垂直于竖轴；如果目标偏离开横丝，如图 2-21（c）、图 2-21（d）所示，则表明十字丝不垂直于竖轴，需要校正。

（4）校正方法。松开目镜座上的三个十字丝环固定螺丝（有的仪器须卸下十字丝环护罩），松开四个十字丝环压环螺丝，如图 2-21（e）、图 2-21（f）所示。转动十字丝环，使横丝与目标点重合，再进行检查，直至目标点始终再横丝上相对移动为止，最后拧紧固定螺丝，盖好护罩。

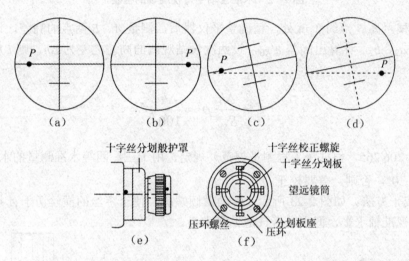

（a）（b）目标始终沿横丝作相对移动；（c）（d）目标偏离开横丝；

（e）f）松开目镜座上的三个十字丝环固定螺丝，松开四个十字丝环压环螺丝

图 2-21　十字丝的检验与校正

5.　水准管轴的检验与校正

（1）检验目的。使水准管轴平行于视准轴。

（2）检验原理。若水准管轴与视准轴不平行，会出现一个交角 i，由于 i 角的影响产生的读数误差称为 i 角误差。此项检验也称 i 角检验。在地面上选定两点 A、B，将仪器安置在 A、B 两点中间，测出正确高差 h_{AB}，将仪器移至 A 点（或 B 点）附近，再测高差 h'_{AB}，若 $h_{AB}=h'_{AB}$，则水准管轴平行于视准轴，即 i 角为零；若 $h_{AB}\neq h'_{AB}$，则两轴不平行。

（3）检验方法。在平坦地面上选择相距 100 m 的两点 A、B，分别在 A、B 两点打入木桩，在木桩上竖立水准尺，将水准仪安置在 A、B 两点的中间，使前、后视距离相等，如图 2-22 所示，采用变动仪器高法测出 A、B 两点的高差，若两次高差之差不超过 3 mm，取其均数为观测结果 h_{AB}。由于测站距离两测尺的水平距离相等，i 角引起的前、后视尺的读数误差 x（视准轴误差）相等，可在高差计算中抵消，所以，h_{AB} 不受 i 角误差影响。

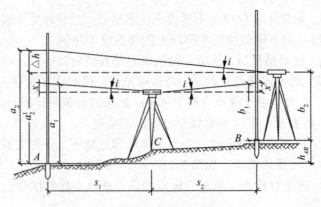

图 2-22　水准管轴平行视准轴的检验

将仪器移至离 B 点约 3 m 处，精确整平仪器后，测量 A、B 两点的高差，设前后尺的读数分别为 a_2、b_2，计算出高差 h'_{AB}，设两次设站观测的高差之差为 Δh，则 i 角的计算公式为

$$i'' = \frac{\Delta h}{S_{AB}} \rho'' = \frac{\Delta h}{100} \rho'' \qquad （2-17）$$

式中，$\rho'' = 206\,265$。根据《工程测量规范》规定，用于三、四等水准测量的水准仪，其 i 角不能超过 $20''$。否则，需要校正。

（4）校正方法。如图 2-23 所示，转动微倾螺旋，使十字丝的横丝切于 A 尺的正确读数处，此时视准轴水平，但水准管气泡偏离中心。

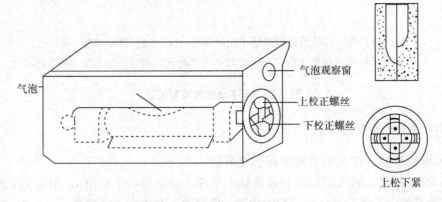

图 2-23　水准管的校正

用校正针先松开水准管的左右校正螺丝，然后拨动上下校正螺丝，一松一紧，升降水准管的一端，使气泡居中。此项检验需反复进行，符合要求后，将校正螺丝旋紧。根据近尺读数和正确高差计算远尺正确读数，用微倾螺旋使远尺为正确读数后，此时水准管气泡偏离中心位置，调节水准管校正螺丝使气泡居中。

当 i 角误差不大时，也可用升降十字丝进行校正，方法是：水准仪照准 A 尺不动，旋下十字丝护罩，松动左右两个十字丝环校正螺丝（图 2-23 所示），用校正针拨动上下两个十字丝环校正螺丝，一松一紧，直至十字丝横丝照准正确读数为止。

2.3 普通水准测量

国家水准测量按精度要求不同分为一、二、三、四等，不属于国家规定等级的水准测量一般称为普通（或等外）水准测量。普通水准测量的精度比国家等级水准测量低，水准路线的布设及水准点的密度可根据实际要求有较大的灵活性，等级水准测量和普通水准测量的作业原理相同。

2.3.1 水准点

用水准测量方法测定的高程控制点称为水准点，一般用 *BM* 表示。水准点按其精度分为一、二、三、四等，按国家规范要求埋设永久性标石标志，图 2-24（a）为二、三等水准点标石规格及埋设结构，图 2-24（b）为墙角水准点标志图，图 2-24（c）为四等水准点标石规格及埋设结构，图 2-24（d）为临时性水准点标志。施工测量时需设置施工水准点，它们可采用临时性标志，如用木桩或道钉标示，并用红色油漆标注记号和编号。为便于以后使用时查找，需绘制说明点位的平面图，称为点之记。

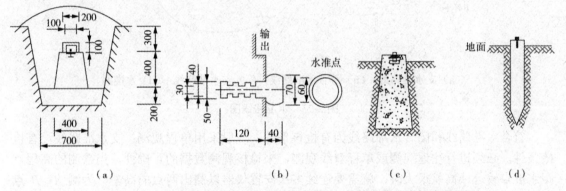

（a）二、三等水准点标石规格及埋设结构；（b）墙角水准点标志图；

（c）四等水准点标石规格及埋设结构；（d）临时性水准点标志

图 2-24 水准标石埋设图（单位：mm）

2.3.2 水准测量路线形式

水准路线是水准测量施测时所经过的路线。水准路线应尽量沿公路、大道等平坦地面布设，以保证测量精度。水准路线上两相邻水准点之间称为一个测段。水准路线的布设形式分单一水准路线和水准网。单一水准路线有以下三种布设形式。

（1）闭合水准路线。从一高级水准点出发，经过测定沿线其他待定点高程，最后又回到原起始点的环形路线，如图 2-25（a）所示。

（2）附合水准路线。从一高级水准点出发，经过测定沿线其他待定点高程，最后又附合到另一高级水准点的路线，如图 2-25（b）所示。

（3）支水准路线。从一已知水准点出发，测定沿线其他待定点高程，不闭合也不附合，但为了校核必须往返测，如图 2-25（c）所示。

（4）水准网。由多条单一水准路线相互连接构成的网状路线，如图 2-25（d）所示。

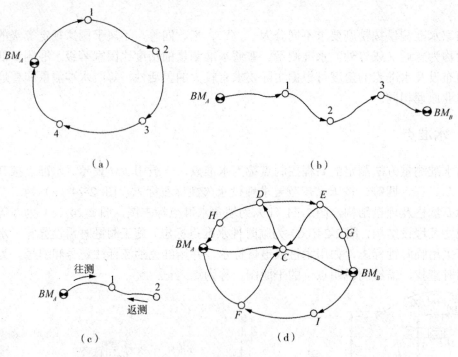

（a）支水准路线；（b）符合水准路线；（c）支水准路线；（d）水准网

图 2-25　水准路线图

符合水准路线和闭合水准路线因有检核条件，一般采用单程观测；支水准路线没有检核条件，必须进行往返观测或单程双线观测，来检核观测数据的正确性。当欲测的高程点距水准点较远或高差很大时，就需要连续多次安置仪器以测出两点的高差。为测 A、B 点高差，在 AB 线路上增加 1，2，3，4 等中间点，将 AB 高差分成若干个水准测站，如图 2-26 所示。其中间点仅起传递高程的作用，称为转点，简写为 TP。转点采用尺垫，无需固定标志，无需算出高程。

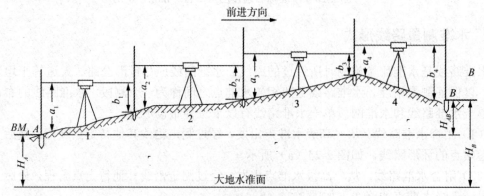

图 2-26　水准测量施测

2.2.3 普通水准测量外业实施

作业前应选择适当的仪器、标尺，并对其进行检验和校正。测量应尽可能将仪器安置在距离前、后视尺大致相等的位置。在进行连续水准测量时，如果任何一测站的读数出现错误，都将影响所测高差的正确性。为了及时发现观测中的错误，可采用两次仪器高法或双面尺法进行观测，以检核高差测量中可能发生的错误，称这种检核为测站检核。

将水准尺立于已知高程的水准点上作为后视，水准仪置于施测路线附近合适的位置，在施测路线的前进方向上取仪器至后视大致相等的距离放置尺垫，在尺垫上竖立水准尺作为前视。观测员将仪器用圆水准器粗平后瞄准后视尺，用微倾螺旋将水准管气泡居中，用中丝读后视读数读至毫米。掉转望远镜瞄准前视尺，此时水准管气泡一般将会偏离少许，将气泡居中，用中丝读前视读数。记录员根据观测员的读数在手簿上记下相应的数字，并立即计算高差。至此，完成第一个测站的全部工作。

第一站结束后，记录员招呼后标尺员向前转移，并将仪器搬迁至第二测站。此时，第一测站的前视点便成为第二测站的后视点。依第一站的相同工作程序进行第二测站的工作。依次沿设计水准路线施测至全部路线观测完为止。普通水准测量手簿和有关高差计算示例见表 2-1。

表 2-1 水准测量记录手簿

测自 BM_1 点至 BM_2 点　　　　　　　　天气：晴　　呈像：清晰　　日期：2020 年 6 月 5 日
仪器号码：841626　　　　　　　　　　观测者：李四　　　　　记录者：吴斌

测站	测点	后视读数/m	前视读数/m	高差/m +	高差/m −	高程/m	备注
1	BM_1	1.352		0.116		70.683	
	TP_1		1.236				
2	TP_1	1.833		0.070			
	TP_2		1.763				
3	TP_2	1.227			0.311		
	TP_3		1.538				
4	TP_3	1.461			0.108		
	BM_2		1.569			70.450	
Σ		5.873	6.106	0.186	0.419		
校对计算	$\sum a - \sum b = -0.233$			$\sum h = -0.233$			

2.3.4 水准测量的成果计算

1. 计算校核

后视读数总和与前视读数总和之差数应等于高差的代数和。$\sum h = \sum 后 - \sum 前$。

2. 成果检核

尽管在每测站中采用两次仪器高法或双面尺法进行测站检核，但测站检核只能检核一个测站上是否存在错误或误差超限。由于温度、风力、大气折光、尺垫下沉和仪器下沉等到外界条件引起的误差、尺子倾斜和估读的误差，以及水准仪本身的误差等，虽然在一个测站上反映不很明显，但随着测站数的增多使误差积累，有时也会超过规定的限差。需要通过水准路线闭合差来检核。

3. 高差闭合差及允许值的计算

（1）符合水准路线。符合水准路线是由一个已知高度的水准点测量到另一个已知高程的水准点，各段测得的高差总和 $\sum h$ 应等于两水准点的高程之差 $\sum h$。由于测量误差的影响，使得实测高差总和与理论值之间有一个差值，这个差值称为符合水准路线的高差闭合差：

$$f_h = \sum h_测 - \sum h_理 = \sum h_测 - (H_终 - H_始) \tag{2-7}$$

式中， f_h——高差闭合差；

$\sum h_测$——实测高差总和；

$\sum h_理$——理论高差总和；

$H_终$——路线终点已知高程；

$H_始$——路线起点已知高程。

（2）闭合水准路线。由于路线起闭于同一水准点，因此，高差总和的理论值应等于零，但因测量误差的存在使得实测高差的总和往往不等于零，其值称为闭合水准路线的高差闭合差

$$f_h = \sum h_测 \tag{2-8}$$

（3）支水准路线。通过往返观测，得到往返高差的总和 $\sum h_往$ 和 $\sum h_返$，理论上应大小相等，符号相反，但由于测量误差的影响，两者之间产生一个差值，这个差值称为支水准路线的高差闭合差

$$f_h = \sum h_往 + \sum h_返 \tag{2-9}$$

闭合差产生的原因很多，但其数值必须在一定限值内。等外水准的高差闭合差的容许值规定为

$$平地：f_{h允} = \pm 40 \sqrt{L} \ （mm） \tag{2-10}$$

$$山地：f_{h允} = \pm 12 \sqrt{n} \ （mm） \tag{2-11}$$

式中，L——水准路线长度（km）；

n——水准路线测量站总数。

若高差闭合差小于容许值，则成果符合要求，否则应查明原因，重新观测。

4. 高差闭合差的配赋和高程计算

（1）高差闭合差的配赋和高程计算。当高差闭合差在容许值范围之内时，可调整闭合差。符合或闭合水准路线高差闭合差分配的原则是将闭合差按距离或测站数成正比例反号改正到各测段的观测高差上。高差改正数按式（2-12）或式（2-13）计算

$$V_i = -\frac{f_h}{\sum L} L_i \tag{2-12}$$

$$V_i = -\frac{f_h}{\sum n} n_i \tag{2-13}$$

式中，V_i——测段高差的改正数；

f_h——高差闭合差；

$\sum L$——水准路线总长度；

L_i——测段长度；

$\sum n$——水准路线测站数总和；

n_i——测段测站数。

高差改正数的总和应与高差闭合差大小相等，符号相反，即

$$\sum V_i = -f_h \tag{2-14}$$

用式（2-14）检核计算的正确性。

（2）计算改正后的高差。将各段高差观测值加上相应的高差改正数，求出各段改正后的高差，即

$$h_i = h_{i测} + V_i \tag{2-15}$$

对于支水准路线，当闭合差符合要求时，可按式（2-16）计算各段平均高差

$$h = \frac{h_{往} - h_{返}}{2} \tag{2-16}$$

式中，h——平均高差；

$h_{往}$——往测高差；

$h_{返}$——返测高差。

（3）计算各点高程。根据改正后的高差，由起点高程逐一推算出其他各点的高程。最后一个已知点的推算高程应等于它的已知高程，以此检查计算是否正确。

如图 2-27 所示，有一附合水准路线，A 和 B 为已知水准点，其高程分别为 $H_A = 42.365$，$H_B = 32.519$。用普通水准测量的方法，测定 BM_1、BM_2、BM_3 三个水准点的高程，各水准点间的测站数及高差均注明在图 2-26 中。

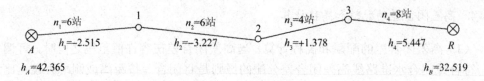

图 2-27　附合水准线路计算图

高差闭合差的配赋根据公式（2-13）计算，改正后高差为实测高差与高差改正数之和，高差闭合差的配赋及高差计算见表 2-2。

表 2-2　附合水准路线计算

测段	点号	路线长度 /km	测站数	实测高差 /m	高差改正数 /mm	改正后高差 /m	高程/m
1	A		6	− 2.515	−0.011	− 2.526	42.365
	BM_1						39.849
2			6	− 3.227	−0.011	− 3.238	
	BM_2						36.611
3			4	1.378	−0.008	1.370	
	BM_3						37.911
4			8	− 5.447	−0.015	− 5.462	
	B						32.519
Σ			24	− 9.811	−0.045	− 9.856	
辅助 计算							

辅助计算：

$$f_h = +45 \text{ mm}$$

$$f_{h容} = \pm 12\sqrt{24} = \pm 58 \text{ mm}$$

2.4　水准测量误差

水准测量误差的来源主要有仪器本身误差、观测误差及外界条件影响等三个方面。为了提高水准测量的精度，必须分析和研究误差的来源及其影响规律，找出消除或减弱这些误差影响的措施。

2.4.1　仪器误差

1. 仪器误差

仪器误差的主要来源是望远镜的视准管轴与水准管轴不平行而产生的 i 角误差。水准仪虽经检验校正，但不可能彻底消除 i 角，要消除 i 角对高差的影响，必须在观测时使仪器至前、后视水准尺的距离相等。

2. 水准尺误差

由于标尺本身的原因和使用不当所引起的读数误差称为水准尺误差。水准尺本身的误差包括：分划误差、标尺零点误差、尺面弯曲误差等，在使用前必须对水准尺进行检验，符合要求方可使用。水准尺分划误差是由于水准尺分划不准确、尺长变形等原因引起的；标尺零点差是由于使用、磨损等原因，水准标尺的底面与其分划零点不完全一致引起的。标尺零点差的影响对于一个测段的测站数为偶数段的水准路线，可自行抵消；若为奇数站，所测高差中将含有该误差的影响。

2.4.2　观测误差

1. 整平误差

水准测量是利用水平视线定高差的，如果仪器没有精确整平，则倾斜的视线将使标尺读数产生误差。

若水准管的分划值为 20″，如果气泡偏离半格（即 $i=10″$），则当距离为 50 m 时，$\Delta=2.4$ mm；当距离为 100 m 时，$\Delta=4.8$ mm；误差随距离的增大而增大。因此，在读数前，必须使符合水准气泡精确吻合。

2. 读数误差的影响

读数误差产生的原因有两个：一是十字丝视差；二是估读毫米数不准确。十字丝视差可通过重新调节目镜和物镜调焦螺旋加以消除；估读误差与望远镜的放大率和视距长度有关，因此，各级水准测量所用仪器的望远镜放大率和最大视距都有相应规定。普通水准测量中，要求望远镜放大率在 20 倍以上，视线长不超过 150 m。

2.4.3　外界因素影响的误差

外界因素影响的误差主要有大气折光误差，温度变化引起的误差，仪器、水准尺沉降误差和地球曲率误差。

1. 大气折光误差

大气折光误差是因大气密度不均匀，使视线发生折射成为曲线而产生的读数误差。近地面的空气，由于地面吸热能力强，使空气受热膨胀，密度变小，视线会产生向上弯曲。若视线离地面比较高，在水平面的空气密度变化不大，折光影响很小。故等级水准测量中，规定中丝读数大于 0.3 m，以此来消除或减弱大气折光的影响。

接近地面的空气温度不均匀，所以空气的密度也不均匀。光线在密度不匀的介质中沿曲线传布，称为"大气折光"。总体上说，白天近地面的空气温度高，密度低，弯曲的光线凹面向上；晚上近地面的空气温度低，密度高，弯曲的光线凹面向下。接近地面的温度梯度大，大气折光的曲率大，由于空气的温度不同时刻、不同的地方一直处于变动之中，所以，很难描述折光的规律。对策是工作中尽量抬高视线，用前、后视等距的方法进行水准测量。除了规律性的大气折光以外，还有不规律的部分。白天近地面的空气受热膨胀而上升，较冷的空气下降补充。因此，这里的空气处于频繁的运动之中，形成不规则的湍流。湍流会使视线抖动，从而增加读数误差。对策是一般不在夏季的中午做水准测量。在沙地，水泥地等湍流强的地区，一般只在上午 10 点之前作水准测量。高精度的水准测量也只在上午 10 点之前进行。

2. 温度变化引起的误差

温度会引起仪器的部件涨缩，从而可能引起视准轴构件（物镜、十字丝和调焦镜）相对位置的变化，或者引起视准轴与水准管轴相对位置的变化。由于光学测量仪器是精密仪器，不大的位移量可能使轴线产生几秒偏差，从而使测量结果的误差增大。不均匀的温度对仪器的性能影响尤其大。例如从前方或后方日光照射水准管，就能使气泡"趋向太阳"，从而引起水准管轴的零位置发生改变。

温度的变化不仅引起大气折光的变化，而且当烈日照射水准管时，由于水准管本身和管内液体温度升高，气泡向着温度高的方向移动，影响仪器水平，产生气泡居中误差，观测时应注意撑伞遮阳，选择有利的观测条件进行观测。

3. 仪器、水准尺沉降误差

在水准测量时，由于仪器、水准尺的重量和土壤的弹性会使仪器及水准尺下沉或上升，将使读数减少或增大引起观测误差。

（1）仪器下沉（或上升）的速度与时间成正比，从读取后视读数 a 到读取前视读数 b 时，仪器下沉了 Δ，则有

$$h_1 = a_1 - (b_1 + \Delta) \qquad (2\text{-}18)$$

为了减弱此项误差的影响，可在同一测站进行第二次观测，而且第二次观测应先读前视读数 b_2，再读后视读数 a_2。则

$$h_2 = (a_2 + \Delta) - b_2 \qquad (2\text{-}19)$$

取两次高差的平均值，即

$$h = \frac{h_1 + h_2}{2} = \frac{(a_1 - b_1) + (a_2 - b_2)}{2} \qquad (2\text{-}20)$$

可消除仪器下沉对高差的影响。一般称上述操作为"后、前、前、后"的观测程序。

（2）尺子下沉（或上升）引起的误差。如果往测与返测尺子下沉量是相同的，则由于误差符号相同，而往测与返测高差符号相反，因此，取往测和返测高差的平均值可消除其

影响。

2.4.4 地球曲率误差

利用公式 $h_{ab}=h_a-h_b$ 计算高差是在把大地水准面看作平面的情况下，实际上大地水准面接近于球面。一个测站上的水准测量应为

$$h_{ab}=h_a-h_b-\Delta h_{ab} \tag{2-21}$$

式中，Δh_{ab} 称为地球曲率的影响。

由大地椭球半径 R 和前后视距 S_a、S_b 得

$$\Delta h_{ab}=\frac{1}{2R}(S_a-S_b)(S_a+S_b) \tag{2-22}$$

由此可见，当前、后视距的距离相等时，地球曲率对一个测站的高差没有影响。对一条水准线路而言，即为前、后视距之差的总和替换每站的前后视距之差。控制前、后视距之差的累计差，即可控制地球曲率对一条水准线路的影响。

【实训】等外闭合水准路线测量

一、实训目的

（1）学会在实地如何选择测站和转点，完成一个闭合水准路线的布设。

（2）掌握等外水准测量的外业观测方法。

二、仪器与工具

每组 DS₃ 型水准仪 1 台、水准尺 1 对、记录板 1 个；自备 2H 或 3H 铅笔一支。

三、实训任务

每组完成一条闭合水准路线的观测任务。

四、实训要点及流程

（1）要点：水准仪要安置在离前、后视点距离大致相等处，用中丝读取水准尺上的读数至 mm。

（2）流程：每组先选定一已知高程点 BMA，已知 $H_{BMA}=5.000$ m，然后根据场地情况，在地面选择一条至少能进行四个测站的闭合水准路线，在路线中间位置选取一个固定点 B 作为待测高程点。当所测两高程点间的间距较远时，还须设置转点。

第一测站：

① 在已知点 BMA 与转点 TP_1 之间选取测站点，安置仪器并粗平；

② 瞄准后视尺（本站为 *BMA* 点上的水准尺），精平后读取中丝读数（即后视读数），记录观测手簿；

③ 瞄准前视尺（本站为 *TP*₁ 点上的水准尺），精平后读取中丝读数（即前视读数），记录观测手簿；

④ 升高或者降低仪器 10 cm 以上，重新安置仪器并重复②和③步工作；

⑤ 计算测站高差，若两次测得高差之差小于±5 mm，取其平均值作为本站高差并记入观测手簿。

后续观测：

将仪器搬至 *TP*₁ 和 *TP*₂ 之间进行第二站观测，方法同上；同法连续设站观测，最后测回到 *BMA* 点。

五、实训记录

水准测量记录表

日期：＿＿＿年＿＿月＿＿日　天气：＿＿＿＿＿＿　仪器型号：＿＿＿＿＿　组号：＿＿＿＿

观测者：＿＿＿＿＿＿　记录者：＿＿＿＿＿　立尺者：＿＿＿＿＿

测点	水准尺读数/m		高差 h/m	平均高差 $\bar{h}$/m	高程/m	备注
	后视 a/m	前视 b/m				
					起点高程设为 5.000 m	
计算校核						

本章小结

本章主要介绍了水准测量的基本知识、水准仪的使用、普通水准测量、水准测量误差。

本章主要内容包括水准点；水准测量路线形式；普通水准测量外业实施；水准测量的成果计算；仪器误差；观测误差；外界因素影响。通过学习本章，读者可以了解水准测量的基本原理；了解水准测量所使用仪器工具的构造；掌握仪器工具的操作方法；掌握水准仪的检验与校正方法；掌握普通水准测量的实施；熟悉水准测量误差来源。

习题 2

1. 在水准测量中，计算待定点高程有哪两种基本方法？各在什么情况下适用？

2. 在水准测量中，如何规定高差的正负号？高差的正负号说明什么问题？

3. 水准仪的望远镜由哪几个主要部分组成？各有什么作用？

4. 圆水准器和水准管的作用有何不同？符合水准器有什么优点？

5. 什么叫视差？其产生的原因是什么?如何检查它是否存在?如何消除？

6. 简述水准路线的形式及其各自的特点。

7. 在水准测量中，什么叫后视点、前视点和转点?水准测量成果共有几项检核？如何进行？

8. 什么是水准测量中的高差闭合差？试写出各种水准路线的高差闭合差的一般表达式。

9. 水准测量时，通常采用"中间法"，为什么？

10. 精密水准仪的读数方法和普通水准仪有什么不同？最小读数的单位是什么？

11. 简述自动安平水准仪的安平原理和数字水准仪的基本测量方法。

12. 如图 2-28 所示，为一闭合水准路线的图和水准测量观测成果，试计算各水准点的高程。

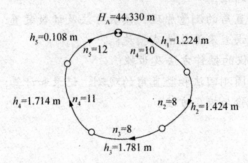

图 2-28 闭合水准测量计算简图

第 3 章　角度测量

【本章导读】

　　角度测量是确定地面点的位置必须进行的三项基本测量工作之一，它包括水平角测量和竖直角测量。水平角测量用于确定地面点的平面位置，竖直角测量用于间接确定地面点的高程和点之间的距离。角度测量使用的主要仪器是经纬仪，其种类很多，使用的方法也不同。目前，一般建筑工程施工中常用光学经纬仪，随着社会的发展和科技的进步，电子经纬仪、全站仪的应用也越来越广泛。

【学习目标】

> 　了解经纬仪的精度等级和基本构造；
> 　初步了解电子经纬仪；
> 　理解水平角、竖直角的测量原理、读数方法及读数装置；
> 　掌握水平角观测误差来源及消减措施；
> 　掌握 DJ_6 型经纬仪的操作方法及步骤；
> 　掌握测回法、全圆测回法和竖直角的观测、记录和计算；
> 　掌握经纬仪的检验与校正方法。

3.1　角度测量基本知识

3.1.1　角度测量原理

1. 水平角的测量原理

　　水平角是指由一点到两个目标的方向线垂直投影到水平面上的夹角，即分别过两条直线所作的垂直于水平面的两竖直面所夹的二面角。如图 3-1 所示，A、O、B 为地面上三点，过 OA、OB 直线的竖直面 V_1、V_2 在水平面 H 上的交线 $O'A'$、$O'B'$ 所夹的角 $\angle A'O'B'$ 就是 OA 和 OB 之间的水平角。

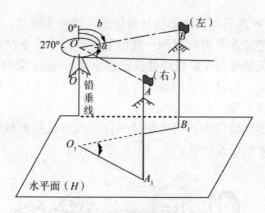

图 3-1　角度测量原理

为了测量水平角,设想在过 O 点的铅垂线上,水平地安置一个刻度盘(简称水平度盘),使刻度盘刻划中心(称为度盘中心)O_1 与 O 在同一铅垂线上。竖直面 V_1、V_2 与水平度盘有交线 O_1A''、O_1B'',通过 O_1A''、O_1B'' 在水平度盘读数为 a、b (称为方向观测值,简称方向值),一般水平度盘是顺时针刻划和注记,则所测得的水平角一般用 β 表示为

$$\beta = b - a \qquad (当 b \geq a)$$
$$或 \quad \beta = b + 360° - a \qquad (当 b < a) \qquad (3-1)$$

由式(3-1)可知,水平角值为两方向值之差。水平角取值范围为 $0° \sim 360°$,且无负值。测量水平角的经纬仪必须有一个能安置水平,且能使其中心处于通过测站点铅垂线上的水平度盘;必须有一套能精确读取度盘读数的读数装置。还必须有一套不仅能上下转动成竖直面,还能绕铅垂线水平转动的照准设备,以便精确照准方向、高度、远近不同的目标。

2. 竖直角测量原理

竖直角是指在同一竖直面内,地面某点至目标的方向线与水平线的夹角。一般用 α 表示。若目标方向线在水平线之上,该竖直角称为仰角,取值为"+";若目标方向线在水平线之下,该竖直角称为俯角,取值为"−"。如图 3-1 所示,α_A 为正值,α_B 为负值。所以竖直角的取值范围为 $0° \sim 90°$。在竖直面内,地面某点竖直方向($00'$)与某一目标方向线的夹角,称为天顶距,用 Z 表示。显然,竖直角与天顶距的关系为:

$$\alpha = 90° - Z \qquad (3-2)$$

欲测定竖直角,在过 OA 的铅垂面上,安置一个垂直刻度盘(称为竖直度盘,简称竖盘),并使其刻划中心过 O 点,通过 OA 方向线和水平方向线与竖盘的交线,可在竖直度盘上读数 L、M,则

$$\alpha = L - M \qquad (3-3)$$

3.1.2　DJ$_6$ 型光学经纬仪

经纬仪的种类很多,但基本结构大致相同。目前,我国把经纬仪按精度不同分为 DJ$_{07}$、DJ$_1$、DJ$_2$ 和 DJ$_6$ 等几个等级,D、J 分别是"大地测量"和"经纬仪"汉语拼音的第一个字

母，数字07、1、2、6等表示该类仪器的精度等级，以秒为单位。例如DJ₆型光学经纬仪，则表示该型号仪器检定时水平方向观测一测回的中误差小于±6″。若按测量方式来划分，则有方向经纬仪和复测经纬仪（复测经纬仪已很少用）；按度盘的性质划分，有金属度盘经纬仪、光学度盘经纬仪、自动记录的编码度盘经纬仪（电子经纬仪）及测角、测距、记录于一体的仪器（全站仪）等。

图3-2为北京光学仪器厂生产的光学经纬仪。虽然仪器的精度等级或生产厂家不同，但是光学经纬仪的基本构造是一致的。

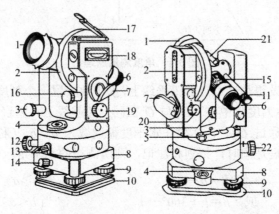

（a）DJ₆型　　　　　　　（b）TDJ₆型

1-望远镜物镜；2-竖直度盘；3-竖直微动螺旋；4-圆水准器；5-照准部水准管；6-望远镜目镜；

7-进光反光镜；8-轴座；9-脚螺旋；10-连接板；11-读数显微镜；12-水平微动螺旋；

13-水平制动螺旋；14-轴座锁定螺丝；15-物镜调焦螺旋；16-指标水准管微动螺旋；

17-指标水准管反光镜；18-指标水准管进光窗；19-测微轮；20-自动归零锁紧手轮；

21-光学对中器；22-拨盘手轮（注：1~15为共有的部件）

图3-2　北京光学仪器厂生产的DJ₆光学经纬仪

DJ₆型光学经纬仪主要由照准部、度盘、基座三部分组成，如图3-3所示。

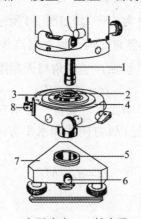

1-照准部旋转轴；2-竖轴套；3-套轴；4-水平度盘；5-轴套孔；6-轴座锁定螺丝；7-轴座；8-复测器

图3-3　DJ₆经纬仪的组成

1. 照准部

照准部是指经纬仪上部的可转动部分。主要包括望远镜、照准部水准器、竖盘装置（简称竖盘）、横轴系、测微装置、光学对中器、竖轴、水平和竖直制动、微动装置及读数设备、支架等，如图 3-3 所示。照准部下部有个旋转轴 1，可插在轴套 2 内，照准部绕该轴转动，旋转轴几何中心线称为竖轴，用 V-V 表示。轴套插入轴套孔 5 中，由轴座锁定螺丝 6 固定，使照准部与基座成为一个整体。

（1）望远镜。构造及作用同水准仪。望远镜固定在仪器横轴上，其轴线用 H-H 表示，可绕横轴 360° 旋转，横轴安装在支架上，通过制动和微动螺旋可调节望远镜在竖直面内转动，以便照准高低不同的目标。

（2）照准部水准管。用来精确整平仪器，使水平度盘处于水平位置（同时也使 V-V 铅垂）。有的仪器，除照准部水准管外，还装有圆水准器，用来粗略整平仪器。

（3）读数显微镜。通过它可以读出水平和竖直度盘读数。

（4）竖盘装置。包括竖直度盘、竖盘读数指标水准管与微动螺旋等，用于竖直角测量。

（5）测微装置。用于测量不足度盘分划值的微小角值。

（6）光学对中器。用于调整水平度盘中心使其与测站点位于同一铅垂线上，即对中。

2. 度盘

光学经纬仪有水平和竖直两个度盘，它们都是由光学玻璃圆环刻制而成。度盘全圆 0°～360° 等弧长刻划，两相邻分划间的弧长所对圆心角，称为度盘分划值。目前度盘分划值有 1°、30′、20′ 三种，一般顺时针每度注记。水平度盘固定在套轴 3 上，套装在轴套 2 外，如图 3-3 所示。在水平角测量过程中，水平度盘和照准部是分离的，不随照准部一起转动，当转动照准部照准不同方向的目标时，移动的读数指标线在固定不动的度盘上读得不同的度盘读数即为方向值。

竖直度盘的构造与水平度盘一样，它固定在望远镜旋转轴（横轴）的一端，随望远镜的转动而转动。

3. 基座

基座同水准仪类似，由轴座、脚螺旋、连接板等组成，用于支承整个仪器。借助中心螺旋使经纬仪紧固在三脚架上。松开轴座锁定螺丝，整个仪器可从基座中提出，便于置换照准觇牌。但作业时务必将锁定螺丝拧紧，不得随意松动，以防仪器与基座分离而坠落。中心螺旋下有一个挂钩，用于挂垂球。当垂球尖对准地面测点，且水平度盘水平时，水平度盘中心位于测点的铅垂线上。基座上的三个脚螺旋用于整平仪器。

4. 光学读数系统

如图 3-4 示为 DJ$_6$ 型光学经纬仪的光路系统。可以看出，光线经度盘照明反光镜进入仪器内部后分为两路：一路是水平度盘光路，另一路是竖直度盘光路。

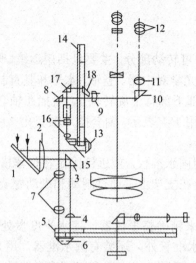

1-平面反光镜；2-照明进光窗；3-转向棱镜；4-水平度盘聚光透镜；5-水平度盘；
6-水平度盘照明棱镜；7-水平度盘显微物镜组；8-水平度盘转向棱镜；9-读数窗与场镜；
10-转向棱镜；11-转像透镜；12-读数显微镜目镜；13-竖盘照明棱镜；14-竖直度盘（竖盘）；
15-竖盘转向棱镜；16-竖盘显微物镜组；17-竖盘转向棱镜；18-菱形棱镜

图 3-4　DJ₆ 型光学经纬仪的光路系统

（1）水平度盘光路。经适当转动和倾斜平面反光镜 1，使外界光线以最佳亮度进入照明进光窗 2，然后以均匀而柔和的漫射光线照明仪器内部。其中一部分光线经转向棱镜 3 向下转向 90°后，经水平度盘聚光透镜 4 透过玻璃水平度盘 5 进入下方的水平度盘照明棱镜 6，将光线转向 180°后，再透过水平度盘 5，使度盘分划和注记影像经过水平度盘显微物镜组 7 对影像进行第一次放大，再经水平度盘转向棱镜 8 转向 90°成像在读数窗 9 的测微尺上。

（2）竖直度盘光路。另一部分光线经照明进光窗 2 进入仪器内部直达竖盘照明棱镜 13，经 180°转向后透过竖盘 14，带着竖盘刻划注记影像经竖直转向棱镜 15 折转 90°向上，通过显微物镜组 16 对影像进行一次放大，再经竖盘转向棱镜 17 到达菱形棱镜 18，转向 90°也成像在读数窗 9 的另一块测微尺上。

水平和竖直两路光线透过读数窗 9 后，分别带着水平度盘、竖盘及两块测微尺的影像，经转向棱镜 10 转向 90°进入读数显微镜，通过透镜组 11 对影像进行第二次放大，观测时，调节读数显微镜目镜 12 即可同时清晰地看到水平度盘、竖直度盘及两块测微尺的影像，即可读出水平度盘和竖直度盘的读数，如图 3-5 所示。

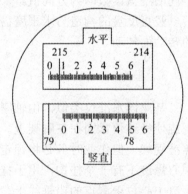

图 3-5　测微尺读数窗

5. 光学测微装置与读数方法

由于度盘尺寸的限制，光学经纬仪的度盘分划线的最小分划值难以直接刻划到秒，为了实现精密测角，要借助光学测微技术制作成测微器来测量不足度盘分划值的微小角值。DJ₆型光学经纬仪常用分微尺测微器和单平板玻璃测微器两种方法。

（1）分微尺测微器的结构简单，读数方便，具有一定的读数精度，广泛应用 J₆级光学经纬仪。我国 J₆级光学经纬仪，除北京红旗外，均采用这种装置。这类仪器的度盘分划为 1°，按顺时针方向注记。其读数设备是由一系列光学零件组成的光学系统，主要为读数窗上的分微尺，水平度盘与竖盘上 1°的分划间隔，成像后与分微尺的全长相等。上面的窗格里是水平度盘及其分微尺的影像，下面的窗格里是竖盘和其分微尺的影像。分微尺分成 60 等份，格值 1′，可估读 0.1′，即 6″。读数时，以分微尺上的零线为指标。度数由落在分微尺上的度盘分划的注记读出，小于 1′的数值，即分微尺零线至该度盘刻度线间的角值，由分微尺上读出。

图 3-6 为这类经纬仪的读数视场，其中"H""V"分别代表水平和竖直度盘。读数时，先读出落在分微尺间的度盘线注记（整度数，如 134°），又以度盘分划线为指标线，读取微小角值的整数（即分微尺注记数，如 50′），再读出分数，并估读至 0.1′（如 5.2′）；最后相加即得全读数（如 134°55.2′）。

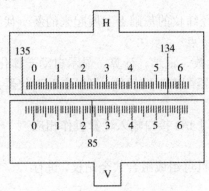

图 3-6　分微尺测微器读数视场

（2）单平板玻璃测微器由平板玻璃、测微尺、测微轮及传动装置组成。单平板玻璃安装在光路的显微透镜组之后，与传动装置和测微尺连在一起，转动测微轮，单平板玻璃与测微尺同轴转动，平板玻璃随之倾斜。根据平板玻璃的光学特性，平板玻璃倾斜时，反射光线与入射光线不共线而偏移一个量，这个量由测微尺度量出来。转动测微轮使度盘线移动一个分划值（一格）30′，测微尺刚好移动全长。度盘最小分划值为 30′，测微尺共 30 大格，一大格分划值为 1′，一大格又分为 3 小格，则一小格分划值为 20″。图 3-7 为其读数视场，有三个读数窗，上面为测微窗，有一单指标线；中间为竖直度盘影像，下面为水平度盘影像，均有双指标线。读数前，应先转动测微轮，如图 3-2 中 19 使双指标线夹准（平分）某一度盘分划线像，读出度数和整 30′数，图 3-7（a）的 7°30′，再读出测微窗中单指标线所指出的测微尺上的读数，如图 3-7（a）为 8′47″，两者相加即为水平度盘读数 7°38′47″。同理，图 3-7（b）中竖直度盘读数为 97°20′40″。

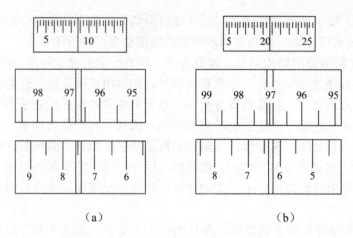

图 3-7　单平板玻璃分微尺测微器读数视场

3.1.3　电子经纬仪

电子经纬仪是在光学经纬仪的基础上发展起来的新一代测角仪器，是全站型电子速测仪的过渡产品，具有以下特点：

（1）实现了测量的读数、记录、计算、显示自动一体化，避免了人为的影响。

（2）仪器的中央处理器配有专用软件，可以自动对仪器几何条件进行检校和各种计算改正。

（3）储存的数据可通过 I/O 接口输入计算机作相应的数据处理。

（4）与光电测距仪联机可组成组合式全站仪，进行各种测量工作。

图 3-8 所示为北京拓普康有限公司生产的 DJD$_2$ 型电子经纬仪。具有与光学经纬仪相似的外形结构，仪器操作上也具有相同之处，但读数系统却不同。光学经纬仪采用的是玻璃度盘刻划并注记，配以光学测微器读取角值；电子经纬仪采用了光电度盘，利用光电扫描度盘获取照准方向的电信号，通过电路对信号的识别、转换、计数，拟合成相应的角值显示在显示屏上。电子经纬仪关键部件是光电度盘，仪器获取电信号与光电度盘形式有关。目前，有光栅式、格区式和编码式三种测角形式的光电度盘。本节着重介绍光电度盘测角原理。

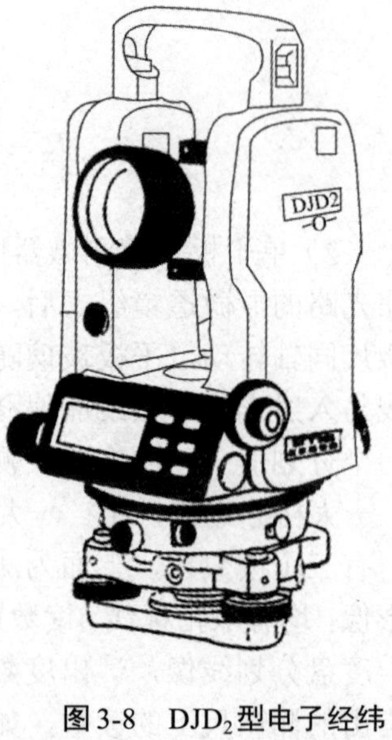

1. 光栅度盘测角原理

图 3-8　DJD$_2$ 型电子经纬

在光学玻璃圆盘上全圆均匀而密集地刻划出径向刻线示，就构成了明暗相间的条纹——光栅，称为光栅度盘，如图 3-9（c）所。通常光栅的刻线宽度 a 与缝隙宽度 b 的相等，二者之和 d 称为栅距，如图 3-9（a）所示。栅距所对的圆心角即为光栅度盘的分划值。在光栅度盘上下方对应安装照明器和光电接收管，光栅的刻线不透光，缝隙透光，即可把光信号转换为电信号。当照明器和接收管随照准部相对于光栅度盘转动时，由计数器计取转动所累计的栅距数，就可得到转动的角度值。测角时当仪器照准零（起始）方向后，使计数器处于"0"状态，当仪器转动照准另一目标时，计数器计取二方向间所夹的栅距数，由于两相邻光栅间的夹角已知，计数器所计取的栅距数经过处理就可得到相应的角值。光栅度盘的计数是累计计数的，故通常称这类读数系统为增量式测角系统。由上述可知，光栅度盘的栅距就相当于光学度盘的分划，栅距越小，则分划值越小，测角精度越高。

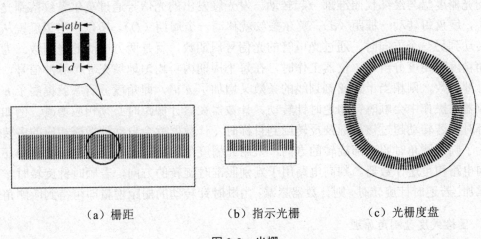

（a）栅距　　　　　　（b）指示光栅　　　　　（c）光栅度盘

图 3-9　光栅

由于栅距不可能很小，一般在直径为 80mm 的度盘上刻划 50 线/mm 的刻线时，栅距分划值为 1'43.8″，仍然不能满足精度要求。为了提高测角精度，必须采用电子方法对栅距进行细分，分成几十甚至几千等份，这种电子法细分就是莫尔（Moire）技术。方法是将一段密度相同的光栅（称为指示光栅，如图 3-9（b）所示）与光栅度盘相叠。并使它们的刻线相互倾斜一个微小的角度 θ，则会在与光栅几乎垂直的方向上形成莫尔条纹，如图 3-10 所示。

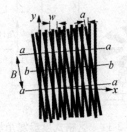

图 3-10　莫尔条纹

根据光学原理，莫尔条纹有如下几个特点。

（1）两光栅之间的倾角越小，条纹间距 D 越宽，则相邻明条纹或暗条纹之间的距离越大。

（2）在垂直于光栅构成的平面方向上，条纹亮度按正弦规律周期性变化。

（3）当光栅在垂直于刻线的方向上移动时，条纹顺着刻线方向移动。光栅在水平方向上相对移动一条刻线，莫尔条纹则上下移动一周期，即移动一个纹距 D。

（4）纹距 D 与栅距 d 之间满足如下关系：

$$D = \frac{d}{\theta} \rho' \quad (\rho' = 3\ 438')$$ (3-4)

例如，当 $\theta = 20'$ 时，纹距 $D = 172\ d$，即纹距比栅距放大了 172 倍。这样，就可以对纹距进一步细分，达到测微和提高测角精度的目的。

光栅度盘电子经纬仪，其指示光栅、发光管（光源）、光电转换器和接收二极管位置固定，而光栅度盘与经纬仪照准部一起转动。发光管发出的光信号通过莫尔条纹落到光电接收管上，度盘每转动一栅距（d），莫尔条纹就移动一个周期（D）。所以，当望远镜从一个方向转动到另一个方向时，通过光电管的光信号周期数，就是两方向间的光栅数。为了提高测角精度和角度分辨率，仪器工作时，在每个周期内再均匀地填充 n 个脉冲信号，计数器对脉冲计数，则相当于光栅刻划线的条数又增加了 n 倍，即角度分辨率就提高了 n 倍。

仪器在操作中会顺时针和逆时针转动，计数器在累计栅距时必须相应增减。例如在照准目标时，若转动超过该目标及反转回到目标时，计数器就会自动地增减相应的多转栅距数。为了判别测角时照准部旋转的方向，采用光栅度盘的电子经纬仪其电子线路中还必须有判向电路和可逆计数器。判向电路用于判别照准时旋转的方向，若顺时针旋转时，则计数器累加；若逆时针旋转时，则计数器累减；由顺时针转动的栅距增量即可得到所测角值。

2. 区格式度盘测角原理

区格式度盘如图 3-11 所示。度盘全圆刻有 1 024 个径向分划（格栅），每个分划包括一条刻线和一个空隙（刻线不透光，空隙透光），其分划值为 φ_0，测角时度盘以一定的速度旋转，因此称为动态测角系统。度盘的外缘装有固定指示光栏 L_S，内缘装有可随照准部旋转的可动指示光栏 L_R（相当于光学度盘的指标线）。

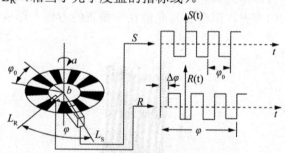

图 3-11　区格式度盘测角原理

测角时，L_R 随照准部转动，L_S 与 L_R 之间构成角度 φ。度盘电在电动机的带动下以一定的速度旋转，其分划被光栏扫描而计取两个光栏之间的分划数，从而得到角值。两种光栏距度盘中心远近不同，照准部旋转瞄准不同目标时，彼此互不影响。为消除度盘偏心差，同名光栏按对径位置设置，共 4 个（两对，图中仅示一对）。竖直度盘的固定光栏指向天顶方向。光栏上装有发光二极管和接收光电二极管，分别处于度盘上、下侧。发光二极管发射红外光线，通过光栅孔隙照到度盘上。当微型电动机带动度盘旋转时，因度盘上明暗条纹而形成透光亮度的不断变化，这些光信号被设置在度盘另一侧的光电二极管接收，转换成正弦波的电信号输出，用以测角。

因为角度测量首先要测出各方向的方向值，才能得到角度。方向值表现为 L_S 与 L_R 间的夹角 φ_0。设一对明暗条纹（即一个分划）相应的角值（栅距）为 φ_0，其值为

$$\varphi_0 = \frac{360°}{1\,024} = 21'.094 = 21'05''.64$$

由图 3-11 可知，$\varphi = n\varphi_0 + \Delta\varphi$，即 φ 角等于 n 个整周期 φ_0 与不足整周期的 $\Delta\varphi$ 之和。n 与 $\Delta\varphi$ 分别由粗测和精测求得。

（1）粗测。在度盘同一径向的外内缘上设有两对（每 90° 一个）特殊标记（标志分划）a 和 b，度盘旋转过程中，光栅对度盘扫描，当某一标志被 L_S 或 L_R 中的一个首先识别后，脉冲计数器立即计数，当该标志达到另一光栅后，计数停止。由于脉冲波的频率是已知的，所以由脉冲数可以统计相应的时间 T_i，电动机的转速也是已知的，相应于转角 φ_0 所需的时间 T_0 也就知道。将 T_i / T_0 取整（即取其比值的整数部分）就得到 n_i。由于有 4 个标志，可得到 n_1、n_2、n_3、n_4，经微处理机比较确定 n 值，从而得到 $n\varphi_0$。由于 L_S、L_R 识别标志的先后不同，所测角可以是 φ 也可以是 $360° - \varphi$，这可由角度处理器做出正确判断。

（2）精测。如图 3-11 所示，当光栅对度盘扫描时，L_S、L_R 各自输出正弦波电信号 S 和 R，整形后成方波，运用测相技术便可测出相位差 $\Delta\varphi$。$\Delta\varphi$ 的数值是采用在此相位差里填充脉冲数计算的，由脉冲数和已知的脉冲频率（约 1.72 MHz）算得相应时间 ΔT。因度盘上有 1 024 个分划，度盘转动一周输出 1 024 个周期的方波，那么对应于每一个分划均可得到一个 $\Delta\varphi_i$。设 φ_0 对应的周期为 T_0，$\Delta\varphi_i$ 所对应的时间为 ΔT，则有

$$\Delta\varphi_i = \frac{\varphi_0}{T_0}\Delta T_i$$

3. 编码盘测角原理

图 3-12（a）为一编码度盘。整个度盘被均匀地划分为 16 个扇形区间，每个区间的角值相应为 360°/16＝22°30′；以同心圆由里向外划分为 4 个环带（每个环带称为 1 条码道）。黑色为透光区，白色为不透光区，透光表示二进制代码"1"，不透光表示"0"。这样通过各区间的 4 个码道的透光和不透光，即可每区由里向外读出一组 4 位二进制数来。每组数代表度盘的一个位置，从而达到对度盘区间编码的目的，见表 3-1。

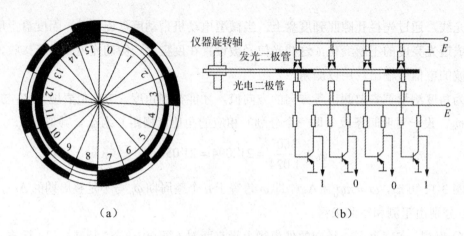

（a） （b）

图 3-12　编码度盘与读数结构原理

表 3-1　编码度盘二进制编码表

区间	二进制编码	角值（° ′）	区间	二进制编码	角值（° ′）	区间	二进制编码	角值（° ′）
0	0000	0　00	6	0110	135　00	11	1011	247　00
1	0001	22　30	7	0111	157　00	12	11001	270　00
2	0010	45　00	8	1000	180　00	13	1101	292　00
3	0011	67　30	9	100	202　30	14	1110	315　00
4	01000	90　00	10	1010	225　00	15	1111	337　00
5	0101	112　30						

　　如图 3-12（b）所示，为了识别照准方向落在度盘的区间的编码，在度盘上方沿径向每个码道安装一个发光二极管组成光源列，在度盘下方对应位置安装一组光电二极管，组成通过码道编码的光信号转化为电信号输出后的接收检测系列，从而识别了度盘区间的编码。通过对两个方向的编码识别，即可求得测角值。这种测角方式称为绝对测角系统。编码度盘分划区间的角值大小（分辨率）取决于码道数 n，按 $360°/2^n$ 计算，如需分辨率为 $10'$，则需要 2 048 个区间，11 个码道，即 $360°/2^{11}=360°/2\ 048=10'$。显然，这对有限尺寸的度盘是难以解决的，也就是说，单利用编码度盘进行测角不容易达到高精度。因此在实际应用中，采用码道数和细分法加测微技术来提高分辨率。

　　4. 电子经纬仪的操作要点

　　电子经纬仪同光学经纬仪一样，可用于水平角、竖直角、视距测量。它配备有 RS 通信接口，与光电测距仪、电子记录手簿和成套附件相结合，可进行平距、高差、斜距和点位坐标等的测量和测量数据自动记录。它广泛应用于地形、地籍、控制测量和多种工程测量。其操作方法与光学经纬仪相同，分为对中、整平、照准和读数四步，读数时为显示器直接读数。下面介绍电子经纬仪的几个基本操作。

　　（1）初始设置。电子经纬仪作业之前应根据需要进行初始设置。初始设置项目包括角度单位（360°、400 G、6 400 mil，出厂一般设为 360°）、视线水平时竖盘零读数（水平为 0°或天顶为 0°，出厂设天顶为 0°）、自动断电关机时间、角度最小显示单位（0.2"、1"或 5"等）、竖盘指标零点补偿（自动补偿或不补偿）、水平角读数经过 0°、90°、180°、270°时蜂鸣声（鸣或不鸣）、与不同类型的测距仪连接方式等。设置时，按相应功能键，仪器进入初始设置模式状态，而后逐一设置；设置完成后按确认键（一般为回车）予以确认，仪器返回测量模式，测量时仪器将按设置显示数据。

（2）开关电源。按电源开关键，电源打开，显示屏显示全部符号。几秒钟后显示角度值，即可进行测量工作。按住电源开关不动，数秒钟后电源关闭。

（3）水平度盘配置。瞄准目标后，制动仪器，按水平度盘归零键（一般为 0SET）两次，即可使水平角度盘读数为 0°00′00″。若需要将瞄准某一方向时的水平度盘读数设置为指定的角度值，瞄准目标后，制动仪器，按水平角设置键（一般为 HANG），此时光标在水平角位置闪烁，用数字键输入指定角值（注意度应输足 3 位，分、秒输足 2 位，不够补 0）后，再按确认键予以确认。

（4）水平角锁定与解除。观测水平角过程中，若需保持所测（或对某方向值预置）水平角时，按水平角锁定键（一般为 HOLD）两次即可，此时水平角值符号闪烁，再转动仪器水平角不发生变化。当照准至所需方向后，再按锁定键一次，可解除锁定功能，此时仪器照准方向的水平角就是原锁定的水平角。该功能可用于复测法观测水平角。

电子经纬仪在实施测角时，应注意，开机后仪器进行自检，在确认自检合格、电池电压满足仪器供电需求时，方可进行测量。测量工作开始前，有的仪器需平转一周设置水平度盘读数指标，纵转望远镜一周设置竖直度盘读数指标。仪器具有自动倾斜校正装置，当倾斜超过传感器工作范围时，应重新整平再行工作。当遇到不稳定的环境或大风天气时，应关闭自动倾斜校正功能。竖直角指标差在检校时不能发生错误操作，否则可能损坏仪器内部程序。此外，光学经纬仪使用和保管的注意事项也均适用于电子经纬仪。

3.2　经纬仪的使用

3.2.1　经纬仪的操作

进行角度测量时，应将经纬仪安置在测站点（角顶点）上，然后进行观测。经纬仪的操作主要有安置经纬仪、瞄准目标、读数等步骤。

1. 安置经纬仪

进行角度观测时，首先要在测站上安置经纬仪，即进行对中和整平。对中是使仪器中心（水平度盘中心）与测站点的标志中心位于同一铅垂线上；整平则是为了使仪器水平度盘处于水平状态。对中和整平两个基本操作既相互影响又相互联系。

（1）对中。对中可用垂球对中或光学对中器对中，垂球对中精度一般在 3 mm 之内，光学对中器对中精度可达到 1 mm。

1）用垂球对中时的安置方法。①先打开三脚架，使高度适中（平胸），架头大致水平地安放在测站点上方。②将仪器放在架头上，并随手拧上（不要拧紧）连接仪器和三脚架的中心连接螺旋，在连接螺旋的下方悬挂垂球。③双手扶基座，在架头上平移仪器，使垂球尖精确对准测站点，最后将连接螺旋拧紧。

当垂球尖端离开测站点较远时，在架头上移动仪器无法精确对中时，则要调整三脚架的脚位，此时应注意先旋紧中心螺旋，以防仪器摔下。

2）用光学对中器对中的安置方法。目前生产的经纬仪大多数都装置有光学对中器，图3-13为光学对中器光路图。测站点地面标志的影像经棱镜4转向90°，通过物镜组3放大后成像在分划板2上，如果从目镜1处观察到测站点标志中心位于分划板2的圆圈中心，则说明水平度盘中心已位于过测站点的铅垂线上。

使用光学对中器对中，不但精度高，而且受外界条件影响小，在工作中被广泛采用。该项操作需使对中和整平反复交替进行，其操作步骤如下：

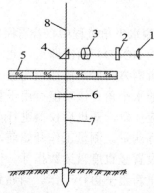

1-目镜；2-分划板；3-物镜；4-棱镜；5-水平度盘；6-保护玻璃；7-光学垂线；8-竖轴中心

图3-13　光学对中器光路图

① 将仪器三脚架安置在测站点上，目估使架头水平，并使架头中心大致对准测站点标志中心。

② 装上仪器，先将经纬仪的三个脚螺旋转到大致同高的位置上，再调节（旋转或抽动）光学对中器的目镜，使对中器内分划板上的圆圈(简称照准圈)和地面测站点标志同时清晰，然后，固定一条架腿，移动其余两条架腿，使照准圈大致对准测站点标志，并踩踏三脚架腿，使其稳固地插入地面。

③ 对中：旋转脚螺旋，使照准圈精确对准测站点标志。

④ 粗平：根据气泡偏离情况，分别伸长或缩短三脚架腿，使圆水准器气泡居中。

⑤ 精平：用前面垂球对中所述整平方法，使照准部管水准器气泡精确居中。

⑥ 检查仪器对中情况，若测站点标志不在照准圈中心且偏移量较小，可松开仪器中心连接螺旋，在架顶上平移（不要扭转）仪器使其精确对中，再重复步骤⑤进行整平；如偏移量过大，则重复操作③、④、⑤的步骤，直至对中和整平均达到要求为止。

（2）整平。整平的目的是使仪器竖轴铅垂和水平度盘处于水平位置。

1）松开水平制动螺旋，转动照准部使照准部水准管与任意两个脚螺旋连线平行。

2）双手相向转动这两个脚螺旋使气泡居中，如图3-14（a）所示，注意气泡移动方向与左手大拇指移动方向一致）。

　　3）再将照准部旋转 90°，调整第三个脚螺旋使气泡居中，如图 3-14（b）所示。按上述方法反复操作，直到仪器转至任意位置气泡均居中为止。

　　应该指出：整平与对中是相互影响的，操作时应交替、反复进行，直至既对中又整平为止。

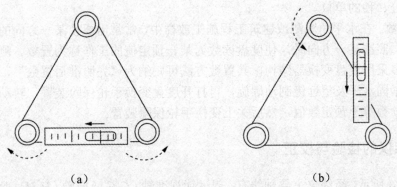

（a）双手相向转动脚螺旋使气泡居中；（b）调整第三个脚螺旋使气泡居中

图 3-14　经纬仪整平

　　2．瞄准目标

　　角度测量时瞄准的目标一般为测点上的测钎、花杆、觇牌或吊垂球线等。瞄准时，先松开水平和竖直制动螺旋，目镜调焦，使十字丝清晰；又通过照门、准星或光学瞄准器粗略对准目标，拧紧两制动螺旋；再物镜调焦，在望远镜内能最清晰地看清目标，消除视差。最后转动水平和竖直微动螺旋，使十字丝分划板的竖丝精确地瞄准（纵丝平分或夹准）目标，如图 3-15 所示，并尽量对准目标底部。观测水平角时用十字丝交点部分竖丝瞄准目标；观测竖直角时用十字丝横丝切准目标顶部。

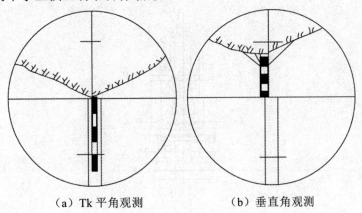

（a）Tk 平角观测　　　　　（b）垂直角观测

图 3-15　经纬仪瞄准

3. 读数、置数

（1）读数。读数时要注意以下两点：一是应打开度盘照明反光镜，并调节反光镜的开度和方向使读数窗内亮度适中；二是应调节读数显微镜目镜使度盘影像清晰，然后读数。读数与记录有呼有应，有错即纠。纠错的原则是"只能划改，不能涂改"。最后的读数值应化为度、分、秒的单位。

（2）置数。在水平角观测或建筑工程施工放样中，常常需要使某一方向的读数为零或某一预定值。照准某一方向时，使度盘读数为某一预定值的工作称为置数。测微尺读数装置的经纬仪多采用度盘变换器结构，其置数方法可归纳为"先照准后置数"，即先精确照准目标，并紧固水平及望远镜制动螺旋，再打开度盘变换手轮保险装置，转动度盘变换手轮，使度盘读数等于预定数值，然后关上变换手轮保险装置。

3.2.2 经纬仪的检验与校正

如图 3-16 所示，经纬仪主要轴线有：望远镜视准轴（C-C）、横轴（H-H）、竖轴（V-V）、照准部水准管轴（L-L）、圆水准器轴（L'-L'）、光学对中器视准轴（C'-C'）等轴线。根据角度测量原理，经纬仪要测得正确的角度，必须具备水平度盘水平、竖盘铅直、望远镜转动时视准轴的轨迹为铅垂面。观测竖直角时，读数指标应处于正确位置。为此，经纬仪主要轴线间应满足以下条件。

（1）水准管轴垂直于竖轴（$LL \perp VV$）。

（2）十字丝纵丝垂直于横轴。

（3）望远镜视准轴垂直于横轴（$CC \perp HH$）。

（4）横轴垂直于竖轴（$HH \perp VV$）。

（5）竖盘读数指标处于正确位置（$x=0$）。

（6）光学对中器视准轴与仪器竖轴重合（$C'C'$ 与 VV 共轴）。

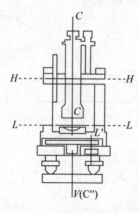

图 3-16 经纬仪主要轴线关系

由于仪器长期使用、运输、震动等，其轴线关系发生变化，从而产生测角误差。因此，测量规范要求，作业前应检查经纬仪主要轴线之间是否满足上述条件，必要时调节相关部件加以校正，使之满足要求。以下介绍 DJ$_6$ 型经纬仪的检验与校正。

1. 照准部水准管轴的检验校正

（1）检验目的。满足 $LL \perp VV$ 条件。当水准管气泡居中时，竖轴铅垂，水平度盘水平。

（2）检验方法。基本整平仪器，然后转动照准部使水准管平行于任意两个脚螺旋的连线，相向旋转这两个脚螺旋，使水准管气泡居中；然后将照准部旋转 180°，如气泡仍居中或偏离中心不超过 1 格，表明条件满足，否则应校正。

（3）校正方法。相对旋转这两个脚螺旋，使气泡向中央移动所偏格数的一半，用校正针拨动水准管一端的校正螺丝，使水准管校正螺丝端升高或降低，将气泡调至居中。此项检验与校正应当反复进行，直至照准部旋转到任意位置时气泡偏移量均不超过 1 格为止。

如果经纬仪装有圆水准器，可用已校正好的水准管将仪器严格整平，观察圆水准器气泡是否居中，若不居中，可直接调节圆水准器校正螺丝使气泡居中。

2. 十字丝的检验校正

（1）检验目的。满足十字丝纵丝垂直于仪器横轴的条件。仪器整平后，十字丝纵丝在竖直面内，保证精确瞄准目标。

（2）检验方法。

方法 1：整平仪器，用十字丝纵丝上端或下端照准远处一清晰的固定点，旋紧照准部和望远镜制动螺旋，用望远镜微动螺旋使望远镜向上或向下慢慢移动，若纵丝和固定点始终重合，则表示该条件满足，否则，需进行校正。

方法 2：整平仪器，用十字丝纵丝照准适当距离处悬挂的稳定不动的垂球线，如果纵丝与垂球线完全重合，则表示该条件满足，否则，需进行校正。

（3）校正方法。如图 3-17 所示，旋下十字丝护罩，用螺丝刀拧松 4 个十字座压环螺丝 2，转动目镜筒（十字丝环一起转动），使 P 点向纵丝移动偏离值的一半，或者使竖丝处于铅垂状态，与垂球线完全重合。然后拧紧压环螺钉，旋上护罩。

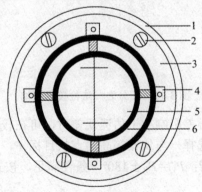

1-望远镜筒；2-十字丝座压环螺丝；3-压环；4-十字丝校正螺丝；5-十字丝分划板；6-十字丝环

图 3-17　十字丝的校正

3. 视准轴的检验校正

（1）检验目的。满足 $CC \perp HH$ 条件，使望远镜旋转时视准轴的轨迹为一平面而不是圆锥面。

（2）检验方法。CC 不垂直于 HH 是由于十字丝交点的位置改变，导致视准轴与横轴的相交不为 90°，而偏差一个角度 c，称为视准轴误差。c 使得在观测同一铅垂面内不同高度的目标时，水平度盘读数不一致，产生对测量成果影响较大的测角误差。该项检验通常采用四分之一法和对称法。

四分之一法，如图 3-18 所示，在平坦地段选择相距 60～100 m 的 A、B 两点，A 点设标志，B 点与仪器大致等高横放一个毫米分划直尺，且与 AB 垂直。在 A、B 连线的中点 O 安置经纬仪。先以盘左位置瞄准 A 点标志，固定照准部，然后纵转望远镜，在 B 点直尺上读数 B_1，如图 3-18（a）所示，而不是 B，BB_1 对应的角值为 $2c$；再以盘右位置瞄准 A 点标志，固定照准部，纵转望远镜在 B 点直尺上读得 B_2，如图 3-18（b）所示。若 B_1、B_2 两点重合（即在 B 点），说明条件满足；若 B_1、B_2 不重合，B_1B_2 对应的角值为 $4c$。c 角由式（3-5）计算

$$c'' = \frac{\overline{B_1B_2}}{4D} \rho''$$ （3-5）

式中，D——O、B 之间的水平距离。

式 3-5 中 c 以 "''" 计，对于 DJ$_6$、DJ$_2$ 型经纬仪，当 c 大于 20″和 15″时应该进行校正。

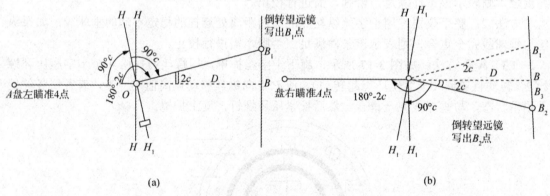

图 3-18　四分之一法检校视准轴

对称法，当水平度盘偏心差影响小于估读误差时，可在较小的场地内用对称法检验。检验时，将仪器严格整平，选择一与仪器等高的点状目标 P，以盘左、盘右位置观测 P，读取水平度盘读数 P_L、P_R。若 $P_L = P_R \pm 180°$，条件满足，按式（3-5）计算 c 值；超过规定值，则应校正。

（3）校正方法。四分之一法，如图 3-18（b）所示，在直尺上由 B_2 点向 B_1 点方向量取 $B_1B_2/4$，定出 B_3 点，应有 OB_3 视线垂直于横轴。旋下十字丝环护盖，用校正针先略松动十字丝环上、下两校正螺丝，拨动左、右两校正螺丝，如图 3-17 所示，一松一紧地移动十字丝环，使十字丝交点与 B_3 点重合即可。此项检校要反复进行。

对称法，计算盘右位置时正确水平度盘读数 $P_R' = 1/2(P_L + P_R \pm 180°)$，转动照准部微动螺旋，使水平度盘读数为 P_R'。此时十字丝交点必定偏离目标 P，拨动左、右两校正螺丝，使十字丝交点重新对准目标 P 点。每校一次后，变动度盘位置重复检验，直至视准轴误差 c 满足规定要求为止。校正结束后应将上、下校正螺丝拧紧。

4. 横轴的检验校正

（1）检验目的。满足 HH⊥VV 条件，当望远镜绕横轴旋转时，视准轴的轨迹为一铅垂面而不是一个斜面。

（2）检验方法。如图 3-19 所示，在距某高目标 P 点 20～30 m 处安置经纬仪，使其照准 P 点时的竖直角 $\alpha > 30°$，并精密整平，在 P 点下方与经纬仪大致等高横放一个毫米分划直尺。以盘左位置瞄准 P，固定照准部，将望远镜放平用纵丝在直尺上读数 P_1；又以盘右瞄准 P，同法又在直尺上读数 P_2。若 P_1、P_2 重合，表示条件满足；否则横轴垂直于竖轴条件不满足，相差一个 i 角，称为横轴误差。i 按式（3-6）计算

$$i'' = \frac{\overline{p_1 p_2}}{2d \tan \alpha} \rho'' \qquad (3\text{-}6)$$

对于 DJ_6、DJ_2 型经纬仪，若 i 分别大于 20″ 和 15″，则需校正。

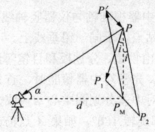

图 3-19　横轴的检验校正

（3）校正方法。由于 i 的存在，竖轴铅垂而横轴不水平。盘左、盘右瞄准 P 点放平望远镜时，视准面 PP_1、PP_2 均为倾斜面。为了确定视准面是过 P 点的铅垂面，校正时，转动水平微动螺旋，用十字丝交点瞄准 $P_1 P_2$ 的中点 P_M，固定照准部。然后抬高望远镜使十字丝交点移到 P 点附近。此时，十字丝交点偏离 P 位于 P'，调整左支架内的横轴偏心轴瓦，使横轴一端升高或降低，直到十字丝交点再次对准 P 点。

5. 竖盘指标差的检验校正

（1）检验目的。满足 $x = 0$ 条件，当指标水准管气泡居中时，使竖盘读数指标处于正确位置。

（2 检验方法。安置仪器后，采用盘左、盘右观测某目标，读取竖盘读数 L、R，计算指标差 x。工程测量中，DJ_6 型经纬仪 x 不超过 ±60″ 无须校正。

（3）校正方法。由图 3-20 及图 3-17 可知，盘右位置消除 x 后竖盘的正确读数为 R' $= R - x$。

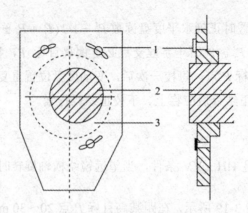

图 3-20　横轴的校正机构

校正时，仪器盘右位置照准原目标。转动竖盘指标水准管微动螺旋，使竖盘读数为正确值 R'，此时气泡不再居中。旋下指标水准管校正端堵盖，再用校正针拨动指标水准管校正螺丝 1，使气泡居中即可。此项检校需反复进行，直至竖盘指标差 x 为零或在限差要求以内。竖盘自动归零经纬仪，竖盘指标差的检验方法与上述相同，但校正宜送仪器检修部门进行。

6. 光学对中器的检验校正

（1）检验目的。满足光学对中器视准轴与仪器竖轴线重合的条件。安置好仪器后，水平度盘刻划中心、仪器竖轴和测站点位于同一铅垂线上。

（2）检验方法。光学对中器由物镜、分划板和目镜等组成，为放大倍率较小的外对光望远镜，安装在照准部或基座上。光学对中器检验时，首先安置、整平仪器，在仪器正下方地面上安置一块白色纸板，将对中器分划圈中心 A（或十字丝中心）投绘到纸板上，如图 3-21（a）所示；然后将照准部旋转 180°，如果 A 点仍在分划圈内，表示条件满足，如图 3-21（b）所示；否则原绘制的 A 点偏离，如图 3-21（c）所示，此时应进行校正。

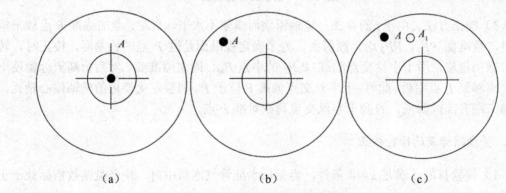

（a）	（b）	（c）

图 3-21　光学对中器的检验校正

（3）校正方法。此项校正，有的仪器校正转像棱镜，有的仪器校正分划板，有的二者均可校正。

校正照准部上的对中器时，在纸板上画出分划圈中心与 A 点之间连线的中点 A_1。调节光学对中器校正螺丝点，使 A 点移至 A_1 点即可。校正基座上的对中器时，调节光学对中器校正螺丝，使分划圈中心与 A_1 点一致即可。

3.3　水平角测量

水平角测量的方法一般根据目标的多少和精度要求而定，常用的水平角测量方法有测回法和方向观测法。测回法常用于测量两个方向之间的单角，是测角的基本方法。方向观测法用于在一个测站上观测两个以上方向的多角。

3.3.1　测回法

如图 3-22 所示，在角顶点 O 上安置经纬仪，对中、整平。在 A、B 两目标点设置标志（如竖立测钎或花杆）。首先，将经纬仪竖盘放置在观测者左侧（称为盘左位置或正镜）。转动照准部，先精确瞄准左目标 A，制动仪器；调节目镜和望远镜调焦螺旋，使十字丝和目标成像清晰，消除视差；读取水平度盘读数 a_L（如 $0°18'24''$，估读至 $0.1'$，换算为秒数），记入手簿相应栏，如表 3-2 所示。接着松开制动螺旋，顺时针旋转照准部，精确照准右目标 B，读取水平度盘读数 b_L（如 $116°36'36''$），记入手簿（表 3-2）相应栏。以上观测称为上半测回，其盘左位置半测回角值 m_ϕ, m'_ϕ 为 $\beta_L = b_L - a_L$（$\beta_L = 116°18'12''$）。

图 3-22　测回法观测水平角

表 3-2 测回法观测水平角记录手簿

仪器型号: __DJ$_6$__   观测日期: __2020.2.22__   观测者: _____

仪器编号: __980024__   天　气: __晴__   观测者: _____

测站点	测回序数	盘位	目标	水平度盘读数 /° ′ ″	水平角			备注
					半测回值 /° ′ ″	一测回值 /° ′ ″	平均值 /° ′ ″	
O	1	左	A	0 18 36	116 18 12			
			B	116 18 18		116 18 15		
		右	A	180 18 36	116 18 18		116 18 17	
			B	296 36 54				
O	2	左	A	180 24 36	116 18 12			
			B	296 42 48		116 18 18		
		右	A	0 36 54	116 18 24			
			B	116 55 18				

备注图: A、B 两点与 O 点构成角 β

其次，松开制动螺旋，纵转望远镜，使竖盘位于观测者右侧（称为盘右位置或倒镜），先瞄准 B 点，读取水平度盘读数 b_R（如 296°36′54″）；再逆时针旋转照准部照准 B 点，读取水平度盘读数 α_R（如 180°18′36″），记入手簿。以上观测称为下半测回，其盘右位置半测回角值 β_L 为 $\beta_R = b_R - a_R$（$\beta_R = 116°18′18″$）。

上、下半测回合称一测回。理论上 β_L 和 β_R 应相等，由于各种误差的存在，使其相差一个 $\Delta\beta$，称为较差，当 $\Delta\beta$ 小于容许值 $\Delta\beta_容$ 时，观测结果合格，取盘左、盘右观测的两个半测回值的平均值作为一测回值 β，即

$$\beta = \frac{1}{2}(\beta_L + \beta_R) \qquad (\beta = 116°18'15'') \tag{3-7}$$

$\Delta\beta_容$ 称为容许较差，对于 DJ$_6$ 型仪器为 ±40″。当 $\Delta\beta$ 超过 $\Delta\beta_容$ 时，应重新观测。

由于水平度盘是顺时针注记，计算水平角时，总是以右目标的读数减去左目标的读数，如遇到不够减，则将右目标的读数加上 360° 再减去左目标的读数。当要提高测角精度时，往往对一个角度观测若干个测回。为了减弱度盘分划不均匀误差的影响，在各测回之间，应使用度盘变换手轮或复测器，根据测回数 n，将水平度盘位置依次变换 180°/n。如某角要求观测 3 个测回，每个测回应递增 180°/3=60°。即各测回起始方向读数应依次配置在 00°00′、60°00′、120°00′或稍大读数处。测回法采用盘左、盘右两个位置观测水平角取平均值，可以消除仪器误差（如视准轴误差、横轴误差等）对测角的影响，既提高了测角精度，同时也可作为观测中有无错误的检核。

3.2.2　方向观测法

当一个测站上有三个或三个以上方向，需要观测多个角度时，通常采用方向观测法。方向观测法是以选定的起始方向（又称零方向），依次观测出其余各个方向相对于起始方向的方向值，则任意两个方向的方向值之差即为该两方向线之间的水平角。若方向数超过三个，则须在每个半测回末尾再观测一次零方向（称归零），两次观测零方向的读数应相等或差值不超过规定要求，其差值称"归零差"。由于重新照准零方向时，照准部已旋转了 360°，故此法又称为全圆方向法或全圆测回法。

1.　建立测站

观测时，选取远近合适、目标清晰的方向作为起始方向（称为零方向，如 A），每半个测回都从选定的起始方向开始观测。将经纬仪安置于测站点 O，对中、整平，在 A、B、C、D 等观测目标处竖立标志。

2.　盘左观测

以盘左位置瞄准起始方向 A，并将水平度盘读数配置在略大于 $0°00'00''$，读取水平度盘读数 a_L（称为方向观测值，简称方向值）；松开照准部水平制动螺旋，顺时针旋转照准部依次瞄准 B、C、D 等目标，读取水平度盘读数 b_L、c_L、d_L 等；为了检查观测过程中度盘位置有无变动，继续顺时针旋转照准部，二次瞄准零方向 A（称为归零），读取水平度盘读数 a_L'（称为归零方向值）。观测的方向值依次记入手簿（表 3-3）第 4 栏。两次瞄准 A 的读数差（称为归零差）不超过容许值，完成上半测回观测。

表 3-3　方向观测法观测水平角观测记录手簿

仪器型号：__DJ$_6$__	观测日期：__2020.2.26__	观测者：_____
仪器编号：980024	天　气：__晴__	观测者：_____

测站号	测回序数	目标	水平度盘读数		2c /''	平均读数 /° ′ ″	归零后方向值 /° ′ ″	各测回归零后方向值 /° ′ ″
			盘左 /° ′ ″	盘右 /° ′ ″				
1	2	3	4	5	6	7	8	9
O	1	A	0　02　12	180　02　00	+12	(00　02　10) 0　02　06	0　00　00	0　00　00
		B	37　44　15	217　44　05	+10	37　44　10	37　42　00	37　42　04
		C	110　29　04	290　28　52	+12	110　28　58	110　26　48	110　26　52
		D	150　14　51	330　14　43	+8	150　14　47	150　12　37	150　12　33
		A	0　02　18	180　02　08	+10	0　02　13		

（续表）

		盘左读数	盘右读数	2c	平均读数	归零方向值
2	A	90 03 30	270 03 22	+8	(90 03 24) 90 03 26	00 00 00
	B	127 45 34	307 45 28	+6	127 45 31	37 42 07
	C	200 30 24	20 30 18	+6	200 30 21	110 26 57
	D	240 15 57	60 15 49	+8	240 15 53	150 12 29
	A	90 03 25	270 03 18	+7	90 03 22	
备注						

3. 盘右观测

纵转望远镜换为盘右位置，先瞄准零方向 A，读取水平度盘读数 a_R'；逆时针旋转照准部，依次瞄准 D、C、B，读取水平度盘读数 d_R、c_R、b_R；同样，最后再瞄准零方向 A，读取水平度盘读数 a_R。观测的方向值依次记入手簿（表 3-3）第 5 栏，若归零差满足要求，完成下半测回观测。上、下半测回合称一测回。为提高精度需要观测 n 个测回时，各测回间仍然要变换瞄准零方向的水平度盘读数 $180°/n$。

4. 方向观测法的计算

现依表 3-3 说明方向观测法的计算步骤及其限差。

（1）半测回归零差。每半测回零方向有两个读数，它们的差值称为归零差。一般 DJ$_6$ 型仪器为 ±18″。若超限应重新观测。本例第一测回上、下半测回归零差分别为 −6″ 和 −18″，均满足限差要求。

（2）两倍视准轴误差 2c 值。c 是视准轴不垂直横轴的差值，也称照准差。通常同一台仪器观测的各等高目标的 2c 值应为常数，观测不同高度目标时各测回 2c 值变化范围（同测回各方向的 2c 最大值与最小值之差）亦不能过大，因此，2c 的大小可作为衡量观测质量的标准之一。

$$2c ＝ 盘左读数 － （盘右读数 ± 180°） \tag{3-8}$$

当盘右读数大于 180° 时取 "−" 号，反之取 "+" 号。

第 1 测回 B 方向 $2c＝37°44'15″－（217°44'05″－180°）＝＋10″$。

第 2 测回 C 方向 $2c＝200°30'24″－（20°30'18″＋180°）＝＋6″$ 等。

将上述计算结果填入第 6 栏。由此可以计算各测回内各方向 2c 值的变化范围，如第 1 测回 2c 值的变化范围为 12″－8″＝4″，第 2 测回 2c 值变化范围为 8″－6″＝2″。对于 DJ$_6$ 型经纬仪没有限差规定。

（3）各方向的平均读数。

$$各方向平均读数＝1/2[盘左读数＋（盘右读数±180°）]\qquad（3-9）$$

各方向的平均读数填入第 7 栏。由于零方向上有两个平均读数，故应再取平均值，填入第 7 栏上方小括号内，如第 1 测回括号内 0°02′10″＝（0°02′06″＋0°02′13″）/2。

（4）归零后的方向值。将各方向的平均读数减去括号内的起始方向平均值，填入第 8 栏。同一方向各测回归零后方向值间的互差，对于 DJ$_6$ 型经纬仪不应大于 24″。表 3-3 两测回互差均满足限差要求。

（5）各测回归零后方向值的平均值。将各测回归零后的方向值取平均值即得各方向归零后方向值的平均值。表 3-3 记录了两个测回的测角数据，故取两个测回归零后方向值的平均值作为各方向最后成果，填入第 9 栏。

（6）各目标间的水平角。水平角＝后一方向归零后方向值的平均值－前一方向归零后方向值的平均值。为了查用角值方便，在表 3-3 的第 10 栏中绘出方向观测简图及点号，并注出两方向间的角度值。

3.2.3 影响水平角测量精度的因素

影响水平角测量精度的因素很多，误差来源大致可以分为三种类型：仪器误差、观测误差和外界条件的影响。

1. 仪器误差

仪器误差主要包括仪器校正后的残余误差（简称残差）及仪器制造、加工不完善引起的误差。经纬仪各轴线间的几何关系，经检验校正后仍然达不到理想的程度，难免存在残余误差；受加工设备精度等的限制，仪器本身存在制造误差。但只要严格地检校仪器，同时采用正确的观测方法，大部分仪器误差对测角的影响可以消除。如 $CC \perp HH$、$HH \perp VV$ 的残差、$x=0$ 的残差影响，可以采用盘左、盘右观测取平均值的方法消除。十字丝纵丝的残差影响，可采取用交点瞄准目标的观测方法加以消除。

照准部偏心差、度盘分划误差为仪器制造误差。照准部偏心差是由于仪器旋转中心与度盘刻划中心不重合，致使观测时读数指标在度盘上读数产生误差，如果盘左观测读大一个微小角值，则盘右必读小与盘左相等的角值。所以，照准部偏心差对测角的影响也采用盘左、盘右观测值取平均的方法消除。度盘分划误差是指度盘刻划不均匀所造成的误差，现代光学经纬仪此项误差一般都很小，在水平角观测时，采用各测回之间变化度盘位置和全圆使用度盘来削弱其影响。又如竖轴倾斜误差或照准部水准管轴不垂直于竖轴是不能消除的，要削弱其影响，除观测前严格检校仪器外，观测时应特别注意水准管气泡居中，在山区测量尤其如此。

2. 观测误差

观测误差主有要对中误差、目标偏心误差、整平误差、照准误差和读数误差。

（1）对中误差。在测角时，仪器中心与测站点不在同一铅垂线上，造成的测角误差称为对中误差。如 3-23 所示，O 为测站点，A、B 为目标点，O_1 为仪器中心（实际对中点）。

e 为对中误差或偏心距。β 为欲测的角，β_1 为含有误差的实测角；δ_1、δ_2 为在 O 和 O_1 观测 A、B 目标时方向线的夹角，为对中误差产生的测角影响；θ 为偏心角，D_1、D_2 为测站至目标点 A、B 的距离。由图 3-23 可知

$$\beta = \beta_1 + (\delta_1 + \delta_2) \tag{3-10}$$

因为 δ_1、δ_2 很小，所对的边按弧长计算，则有

$$\delta_1 = \frac{e\sin\theta}{D_1}\rho'', \quad \delta_2 = \frac{e\sin(\beta'-\theta)}{D_2}\rho''$$

于是

$$\Delta\beta = \delta_1 + \delta_2 = \left[\frac{\sin\theta}{D_1} + \frac{\sin(\beta'-\theta)}{D_2}\right]e\rho'' \tag{3-11}$$

式（3-11）表明，当 β_1 与 θ 一定时，$\Delta\beta$ 与 e 成正比，e 愈大 $\Delta\beta$ 愈大；当 e 和 θ 一定时，$\Delta\beta$ 与 D_1、D_2 成反比，D_1、D_2 愈小 $\Delta\beta$ 愈大。例如，$e=3$ mm，$\beta_1=180º$，$\theta=90º$，当 $D_1=D_2=200$ m、100 m、50 m 时，$\Delta\beta$ 分别为 6.2"、12.4"、24.8"。因此，观测水平角时，对短边、钝角要特别注意对中；在控制测量测角时，尽量采用三联架法。

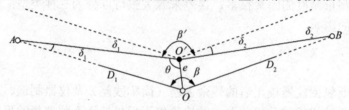

图 3-23　对中误差的影响

（2）目标偏心误差。测角时，通常在目标点竖立标杆、测钎等作为照准标志。由于照准标志倾斜，瞄准偏离了目标点位所引起的测角误差，称为目标偏心误差。如图 3-24 所示，A 为测站，B 为照准目标，A、B 的距离为 D。若标杆倾斜 α 角，瞄准标杆长度为 l 的 B 处目标。

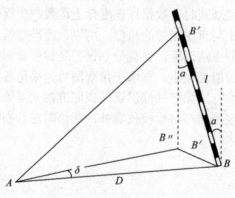

图 3-24　目标偏心差的影响

由于 B' 偏离 B 所引起的目标偏心差（方向观测值误差）为

$$
\left.
\begin{aligned}
e' &= l\,si\boldsymbol{\alpha} \\
\delta &= \frac{e'}{D}\rho'' = \frac{l\,si\boldsymbol{\alpha}}{D}\rho
\end{aligned}
\right\}
\tag{3-12}
$$

由式（3-12）可见，δ 与 l 成正比，与 D 成反比。例如 $l=2\,m$，$D=100\,m$，当 $\alpha=10''$、$20''$、$30''$时，δ 分别为 $36''$、$72''$、$144''$，可见其影响非常之大。为了减少其对水平角观测的影响，照准目标应竖直，并尽可能瞄准底部，必要时可悬挂垂球作目标。目标偏心误差对竖直角的影响与目标倾斜的角度、方向以及距离、竖直角的大小等因素都有关，往往观测竖直角是瞄准目标顶部，当目标倾斜的角度较大时，该项影响不容忽视。

（3）整平误差。照准部水准管气泡未严格居中，使得水平度盘不水平，竖盘和视准面倾斜，导致的测角误差称为整平误差。该项影响与瞄准的目标高度有关，若目标与仪器等高，其影响小；目标与仪器不等高，其影响随高差增大而迅速增大。因此，在山区测量时，必须精平仪器。

（4）照准误差。通过望远镜瞄准目标时的实际视线与正确照准线间的夹角，称为照准误差。影响照准精度的因素很多，如望远镜的放大倍率 V、十字丝的粗细、目标的大小、形状和颜色、目标影像的亮度与清晰程度、人眼的分辨能力、大气透明度等。尽管观测者尽力去照准目标，但仍不可避免地存在不同程度的照准误差，而且此项误差不能消除。如仅考虑望远镜放大倍率 V，照准误差对测角的影响为 $m_V = \pm 60''/V$，DJ$_6$型经纬仪放大倍率一般为 28 倍，$m_V = 2.1''$。因此，测量时只能选择形状、大小、颜色、亮度等合适的目标，改进照准方式，仔细认真地去瞄准，将其影响降低到最小程度。

（5）读数误差。读数误差是指对小于测微器分划值 t 的微小读数的估读误差。它对测角的影响主要取决于仪器读数设备、照明状况以及观测者的技术熟练程度等。测微估读误差一般不超过 $t/10$，综合其他因素，读数误差为 $\pm 0.05t$。要减小读数误差，不仅需要选择合适的仪器，更要观测者熟练高超的技术。DJ$_6$型经纬仪一般只能估读到 $\pm 6''$。

3. 外界条件的影响

影响角度测量精度的外界条件因素很多，而且非常复杂、影响直接。如温度变化改变视准轴位置、风力影响仪器和目标的稳定、大气折光导致视线变向、大气透明度低影响照准精度、烈日直射使仪器变形、地面土质松软或受震动等影响仪器气泡居中与稳定、热辐射加剧大气折光影响，均会给测量结果带来误差。要完全消除这些影响是不可能的，但若选择有利的观测时间，设法避开不利的因素，采取有效措施，可以使外界因素的影响削弱到较小的程度。例如选择微风多云，空气清晰度好，大气湍流不严重的条件下观测；在晴天观测时撑伞遮阳，防止仪器曝晒。

3.4 竖直角测量

3.4.1 竖直度盘构造

经纬仪竖直度盘固定在横轴一端,可随望远镜在竖直面内转动。主要包括竖直度盘 1、竖盘指标水准管 3 和竖盘指标水准管微动螺旋 9,如图 3-25 所示。

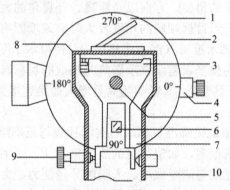

1-竖直度盘；2-指标水准管反光镜；3-指标水准管；4-望远镜；5-横轴；6-测微平板玻璃；
7-指标水准管支架；8-指标水准管校正螺丝；9-指标水准管微动螺旋；10-左支架

图 3-25 竖直度盘的构造

当望远镜视线水平且指标水准管气泡居中时,竖盘读数应为零读数 M。当望远镜瞄准不同高度的目标时,竖盘随着转动,而读数指标不动,因而可读得不同位置的竖盘读数,可按式（3-3）计算竖直角。

3.4.2 竖直角计算公式

竖直角是测站点到目标点的倾斜视线和水平视线之间的夹角,因此,与水平角计算原理一样,也应是两个方向线的竖盘读数之差,只是水平视线的竖盘读数为一常数 M（90° 的整数倍）。竖盘注记种类繁多,从注记方向而言有顺时针和逆时针两种,就 M 来讲,有 0°（3 600°）、90°、180°、270°,不同注记方式,其竖直角计算公式亦不同。如图 3-26（a）所示为顺时针注记,盘左零读数 $M = 90°$。当望远镜物镜抬高,竖盘读数减小,当瞄准目标的竖盘读数为 L（<90°）,则竖直角为 $\alpha_{L} = M - L = 90° - L$（仰角）。当望远镜处于盘右位置时,如图 3-26（b）所示,$M = 270°$,望远镜物镜抬高,竖盘读数增大,当瞄准目标的竖盘读数为 R（>270°）,则竖直角为 $\alpha_{R} = R - M = R - 270°$（仰角）。综合上述,顺时针注记 $M = 90°$ 的竖直角计算公式为

$$\left.\begin{array}{l} \alpha_{L} = 90° - L \\ \alpha_{R} = R - 270° \end{array}\right\}$$
（3-13）

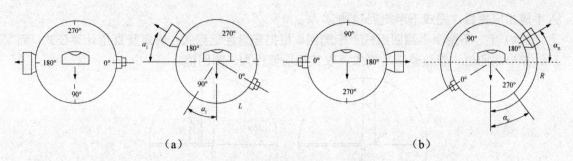

（a）　　　　　　　　　　　　　　　　　（b）

图 3-26　顺时针注记竖盘读数与竖直角计算

如图 3-27 为逆时针注记、$M=90°$ 的竖盘，同理可得竖直角计算公式为

$$\left.\begin{array}{l} \alpha_L = L - 90° \\ \alpha_R = 270° - R \end{array}\right\} \tag{3-14}$$

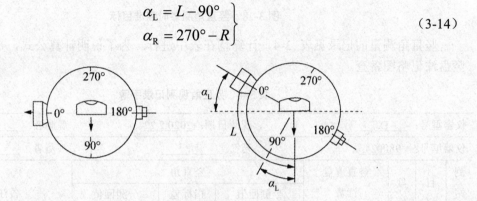

图 3-27　逆时针注记竖盘读数与竖直角计算

由此可见，竖直角计算公式并不是唯一的，它与 M 和注记方向有关。实际操作中，可仔细阅读仪器使用手册确定公式；亦可由竖盘读数判断注记方向和 M 来确定公式，望远镜大致放平，竖盘读数接近的某 90° 的整倍数的数即为 M；望远镜抬高，竖盘读数增大，则竖直角等于瞄准目标读数减去 M；反之，竖直角等于 M 减去瞄准目标读数。

为了提高观测精度，盘左、盘右取中数，则竖直角计算公式为

$$\alpha = \frac{1}{2}(\alpha_L + \alpha_R) = \frac{1}{2}(R - L - 180°) \text{ 或 } \alpha = \frac{1}{2}(\alpha_L + \alpha_R) = \frac{1}{2}(L + 180° - R) \tag{3-15}$$

3.4.3　竖直角测量和计算

竖直角测量一般采用中丝法观测，其方法如下。

（1）仪器安置在测站点上，对中、整平，量取仪器高（测站点标志顶端至仪器竖盘中心位置的高度）。

（2）盘左位置瞄准目标点，使十字丝中横丝精确切于目标顶端，如图 3-28 所示；调节竖盘指标水准管微动螺旋，使竖盘指标水准管气泡居中，读取竖盘读数为 L，记入手簿相应栏目，完成上半测回观测。

（3）盘右位置瞄准目标点，调节竖盘指标水准管，使气泡居中，读取竖盘读数 R 记

入手簿相应栏目，完成下半测回观测。

（4）上、下两个半测回组成一个测回。根据竖盘注记形式，确定竖直角计算公式。而后计算半测回值。若较差满足要求，取其平均值作为一测回值。

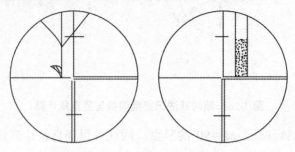

图 3-28　竖直角测量时瞄准目标

竖直角测量的记录见表 3-4，计算均在表中进行。为了说明计算公式，在备注栏绘制竖盘注记略图备查。

表 3-4　竖直角观测记录手簿

仪器型号：　__DJ₆__　　　　　观测日期：__2020.2.22__　　　观测者：_____

仪器编号：　__980024__　　　　　天气：　__晴__　　　　观测者：_____

测站点	目标	盘位	竖直度盘读数 /（°′″）	竖直角			备注
				半测回值 /（°′″）	指标差 /（°′″）	一测回值 /（°′″）	
P	A	L	85　42　45	4　17　15	+10	4　17　26	
		R	274　17　36	4　17　15			
	B	L	95　48　24	- 5　48　24	+12	- 5　48　12	
		R	264　12　00	- 5　48　00			

3.4.4　竖盘指标差与竖盘自动归零装置

竖盘与读数指标间的固定关系，取决于指标水准管轴垂直于成像透镜组的光轴（即光学指标）。当这一条件满足时，望远镜水平且指标水准管气泡居中时，竖盘读数为零读数 M（即 90° 的整倍数）；否则，竖盘读数与 M 有一个小的差值，该差值称为竖盘指标差，用 x 表示。x 是竖盘指标偏离正确位置引起的，它具有正负号，一般规定当读数指标偏移方向与竖盘注记方向一致时，x 取正号；反之，取负号。如图 3-29 所示的竖盘注记与指标偏移方向一致，竖盘指标差 x 取正号。

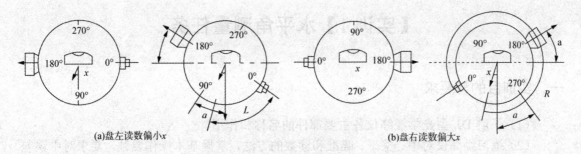

(a)盘左读数偏小x   (b)盘右读数偏大x

图 3-29 竖盘指标差

由于 x 的存在,使得竖盘实际读数比应读数偏大或偏小。图 3-30(a)盘左读数偏小 x,图 3-30(b)盘右读数偏大 x,由图 3-29 可知:

$$盘左时 \quad \alpha_L = 90°(L - x) \tag{3-16}$$

$$盘右时 \quad \alpha_R = (R - x) - 270° \tag{3-17}$$

$$两式相加取平均值得 \alpha = \frac{1}{2}(R - L - 180°) \tag{3-18}$$

$$两式相减得 x = \frac{1}{2}(R + L - 360°) \tag{3-19}$$

通过上述分析可得到如下结论:

(1)由式 3-18 可看出,说明采用盘左、盘右读数计算的竖直角,其角值不受竖盘指标差的影响。

(2)当只用盘左或盘右观测时,应在计算竖直角时加入指标差改正。如式(3-16)、式(3-17)计算时,应首先按式 3-19 求得 x,计算时 x 应带有正负号。

(3)指标差的值有正有负,当指标线沿度盘注记方向偏移时,造成读数偏大,则 x 为正值,反之 x 为负值。竖盘指标差 x 值对同一台仪器在某一段时间内连续观测的变化应该很小,可以视为定值。由于仪器误差、观测误差及外界条件的影响,使计算出竖盘指标差发生变化。通常规范规定指标差变化的容许范围,如《工程测量规范》规定五等光电测距三角高程测量,DJ$_6$、DJ$_2$ 型仪器指标差变化范围分别应小于等于 25″ 和 10″。若超限应对仪器进行校正。

目前的光学经纬仪多采用自动归零装置(补偿器)取代指标水准管的功能。自动归零装置为悬挂式(摆式)透镜,安装在竖盘光路的成像透镜组之后。当仪器稍有倾斜读数指标处于不正确位置时,归零装置靠重力作用使悬挂透镜的主平面倾斜,通过悬挂透镜的边缘部分折射,让竖盘成像透镜组的光轴到达读数指标的正确位置,实现读数指标自动归零或称自动补偿。其补偿原理与自动安平水准仪类似。使用自动归零经纬仪时,竖直角测量无须调节指标水准管的操作,提高了工作效率。但由于补偿范围有限(一般为±2′),所以作业时应注意仪器整平;同时,使用前应检查补偿器的有效性,避免失灵造成读数错误。

【实训1】水平角测量任务

一、实训目的与要求

（1）了解 DJ$_6$ 型光学经纬仪各主要部件的名称和作用。

（2）练习经纬仪对中、整平、瞄准和读数的方法，掌握基本操作要领。要求对中误差小于 3 mm，整平误差小于一格。

（3）掌握全圆测回法（方向观测法）进行水平角测量的方法、记录与计算。

（4）精度要求：半测回归零方向值不大于 ±30″，各测回归零方向值之差不大于 ±24″。

二、仪器与工具

经纬仪 1 台、测伞 1 把、铅笔 1 支、计算器 1 个、记录本 1 个，花杆或木桩若干，桩顶钉一小钉或划十字作为测站点。

三、实训任务

在相对比较平坦、空旷的场地上，用花杆标定 4 个目标点 A、B、C、D 形成四边形，在四边形内选取一点 O 作为测站点，测站点距各目标点间距最好大于 50 m，要求用全圆测回法测量以 O 为顶点，4 个目标点任意相邻两目标方向线之间的水平角。

四、观测方法与记录计算

（1）安置经纬仪于测站点 O 上，对中、整平，选定 A、B、C、D 四个目标。

（2）盘左瞄准起始目标 A，配盘于 0° 附近，顺时针依次瞄准 B、C、D、A 各目标，分别读取水平度盘读数，从上往下记录，并检查归零误差是否超限。

（3）盘右逆时针方向分别瞄准 A、D、C、B、A 各目标，读取水平度盘读数，从下往上记录到表 3.5，并检查归零误差是否超限。

（4）计算盘左盘右平均值、归零方向值。

（5）若观测第二测回时，盘左起始方向应配盘于 90° 附近；当各测回归零方向值之差在容许范围内，则计算各测回归零方向平均值和水平角值。

若观测三个测回，观测第二测回时，盘左起始方向应配盘于 60° 附近；观测第三测回时，盘左起始方向应配盘于 120° 附近；测回差在容许范围内，则计算各测回归零方向平均值和水平角值。

五、水平角测量记录计算（全圆测回法）表

表 3-5　水平角测量记录计算（全圆测回法）表

测站点	测回	目标点	水平度盘读数		22C	盘左盘右平均值 $\dfrac{左+（右\pm180°）}{2}$	归零方向值	各测回归零方向值	水平角值
			盘左	盘右					
			/ (°'")	/ (°'")		/ (°'")	/ (°'")	/ (°'")	/ (°'")
1	2	3	4	5	6	7	8	9	10
O	1	A							
		B							
		C							
		D							
		A							
O	2	A							
		B							
		C							
		D							
		A							

【实训 2】竖直角测量任务

一、实训目的与要求

（1）掌握竖直角观测、记录及计算的方法。
（2）掌握竖盘指标差的计算方法。
（3）掌握竖盘指标差检验与校正方法。
（4）限差要求：同一目标各测回竖直角互差在 $\pm25''$ 之内。

二、仪器与工具

（1）实训设备为 DJ$_6$ 型光学经纬仪 1 台、校正针 1 根、记录板 1 块、测伞 1 把。
（2）实训场地周围有 3 个以上高目标。

三、实训任务

每组对所领经纬仪进行检验校正，每人练习对一目标进行竖直角观测一个测回，记入竖直角观测记录表，完成竖直角的计算，实训结束时，每人上交一份竖直角观测记录表。

四、观测方法与步骤

1. 竖直角观测

（1）在实训场地安置经纬仪，进行对中、整平，每人选一个目标。转动望远镜，观察竖盘读数的变化规律。写出竖直角及竖盘指标差的计算公式。

（2）盘左：瞄准目标，用十字丝横丝切于目标顶端，转动竖盘指标水准管微动螺旋，使指标水准管气泡居中，读取竖盘读数 L，计算竖直角 α_L，记入竖直角观测记录表。

（3）盘右：同法观测读取竖盘读数 R，计算竖直角值 α_R，记入竖直角观测记录表 3-6。

（4）计算一测回竖盘指标差及竖直角平均值。其公式为：

$$竖直角公式：\alpha = \frac{1}{2}(\alpha_L + \alpha_R)$$

$$竖盘指标差公式：x = \frac{1}{2}(\alpha_R - \alpha_L)$$

2. 竖盘指标差的检验与校正

（1）检验：对一大致水平的目标进行盘左、盘右观测，计算指标差 x。若 $x > 2'$时，则需要校正。

（2）校正：仪器位置不动，仍以盘右瞄准原目标，计算盘右正确的竖盘读数为 $R' = R - x$。转动指标水准管微动螺旋，使竖盘读数为 R'，此时气泡偏离一端，用校正针拨动指标水准管校正螺丝，先松一个后紧一个，使指标水准管气泡居中。如此反复检验，直到满足要求为止。

五、注意事项

1. 每次读数前应使指标水准管气泡居中。
2. 计算竖直角和指标差时，应注意正、负号。

六、竖直角观测记录表

表 3-6　竖直角观测记录

测站点	目标	盘位	竖盘读数 / (°′″)	半测回竖直角 / (°′″)	指标差 / (′″)	一测回竖直角 / (°′″)	备注
		左					
		右					
		左					
		右					
		左					

本章小结

本章介绍了角度测量的基本知识、经纬仪的使用、水平角度测量和竖直角度测量。

本章的主要内容包括角度测量原理；DJ_6 型光学经纬仪；电子经纬仪；经纬仪的操作；经纬仪的检验与校正；测绘法；方向观测法；影响水平角测量精度的因素；竖直度盘构造；竖直角计算公式；竖直角测量和计算；竖盘指标差与竖盘自动归零装置。通过学习本章内容，读者可以了解经纬仪的精度等级和基本构造；了解电子经纬仪；理解水平角竖直角的测量原理、读数方法及读数装置；掌握水平角观测误差来源及消减措施；掌握 DJ_6 型经纬仪操作方法步骤；掌握测回法、全圆测回法和竖直角的观测、记录和计算；掌握经纬仪的检验与校正方法。

习题 3

1．什么是水平角？绘图说明用经纬仪测量水平角的原理。

2．在同一竖直面内瞄准不同高度的点在水平度盘和竖直度盘上的读数是否相同？为什么？

3．DJ_6 级光学经纬仪主要由哪几个部分组成？

4．怎样安置经纬仪？

5．经纬仪的检验主要有哪几项？

6．分别叙述测回法和方向观测法观测水平角的操作步骤。

7．观测水平角时，什么情况下采用测回法？什么情况下采用方向观测法？

8．水平角测量的误差来源有哪些？

9．水平角观测的注意事项有哪些？

10．什么叫竖直角？怎样规定竖直角的正负号？

11．什么是竖盘指标差？

12．电子经纬仪的光电测角方法有哪些？

13．野外检验经纬仪时，选择了一平坦场地，于 O 点安置仪器，在距 O 点 100 m 处与视线近似等高的 A 点作目标点，用盘左、盘右瞄准 A 点，水平度盘读数分别为 $a_L = 180°30'20''$，$a_R = 0°32'10''$。那么，该仪器视准轴是否垂直横轴？若不垂直，其照准差为多少？如何进行二者不垂直的校正？

14．某 DJ_6 型经纬仪观测一目标，盘左时竖盘读数为 $78°35'24''$，经检验该仪器的竖盘指标差 $x = +20''$，竖盘注记为顺时针。试求该目标的正确竖直角？

第 4 章　距离测量与直线定向

【本章导读】

距离测量是确定地面点位时的基本测量工作之一。为了确定地面点的平面位置，必须先求得地面两点间的水平距离。按照所用仪器、工具和测量方法的不同，有钢尺量距、视距测量和电磁波测距等。

【学习目标】

➢ 了解钢尺量距、视距测量、电磁波测距所使用仪器、工具组成及其使用方法；
➢ 了解钢尺量距、视距测量、电磁波测距的基本原理、测量成果整理与计算方法；
➢ 掌握钢尺量距、视距测量、电磁波测距的施测方法、步骤。

4.1　钢尺量距

钢尺量距是利用经检定合格的钢尺直接量测地面两点之间的距离，又称为距离丈量。它使用的工具简单，又能满足工程建设必须的精度，是工程测量中最常用的距离测量方法。钢尺量距按精度要求不同，又分为一般量距和精密量距。其基本步骤有定线、尺段丈量和成果计算。

4.1.1　量距工具

钢尺是用钢制的带尺，常用钢尺的宽度约 10～15 mm，厚度约 0.4 mm，长度有 20 m、30 m、50 m 等几种。钢尺一般卷放在圆盘形的尺盒内或卷放在金属尺架上，如图 4-1 所示。

有三种分划刻度的钢尺：一种钢尺基本分划为厘米（cm）；第二种基本分划虽为厘米（cm），但在尺端 10 cm 内为毫米（mm）分划；第三种基本分划

图 4-1　钢尺

为毫米（mm）。钢尺上分米（dm）及米（m）处都刻有数字注记，便于量距时读数。

由于尺的零点位置不同，有刻线尺和端点尺的区别。刻线尺是以尺前端的一刻线（通

常有指向箭头）作为尺的零点，如图 4-2（a）所示，端点尺是以尺的最外端作为尺的零点，如图 4-2（b）所示。当从建筑物墙边开始丈量时，使用端点尺比较方便。钢尺一般用于较高精度距离测量，如控制测量和施工放样的距离丈量等。

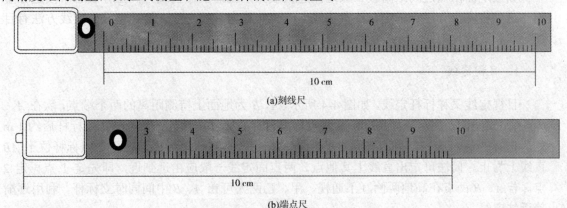

图 4-2　刻线尺和端点尺

　　钢尺量距的辅助工具有标杆、测钎、垂球等，如图 4-3 所示。

　　标杆又称花杆，直径 3～4 cm，长 2～3 m，杆身涂以 20 cm 间隔的红、白漆，下端装有锥形铁尖，主要用于标定直线方向，如图 4-3（a）所示。测钎又称测针，如图 4-3（b）所示，用直径 5 mm 左右的粗钢丝制成，长 30～40 cm，上端弯成环形，下端磨尖，一般以 11 根为一组，穿在铁环中，用来标定尺的端点位置和计算整尺段数。垂球，如图 4-3（c）所示，用于在不平坦地面丈量时将钢尺的端点垂直投影到地面。

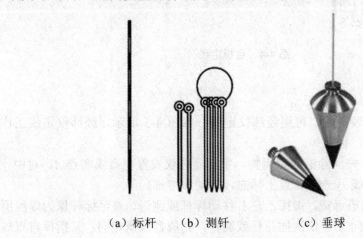

（a）标杆　　（b）测钎　　　　（c）垂球

图 4-3　量距辅助工具

　　当进行精密量距时，还需配备弹簧秤和温度计，弹簧秤用于对钢尺施加规定的拉力，温度计用于测定量距时的温度，以便对钢尺丈量的距离施加温度改正。

4.1.2　直线定线

如果地面两点之间距离较长或地面起伏较大，就需要在直线方向上分成若干段进行量测。这种将多个分段点标定在待量直线上的工作称为直线定线，简称定线。定线方法有目视定线和经纬仪定线，一般量距时用目视定线，精密量距时用经纬仪定线。

1.　目视定线

目视定线又称标杆定线。如图 4-4 所示，A、B 为地面上待测距离的两个端点，欲在 A、B 直线上定出 1、2 两点，先在 A、B 两点标志背后各竖立一标杆，甲站在 A 点标杆后约 1 m 处，自 A 点标杆的一侧目测瞄准 B 点标杆，指挥乙左右移动标杆，直至 2 点标杆位于 AB 直线上为止。同法可定出直线上其他点。两点间定线一般应由远到近，即先定 1 点再定 2 点。若 A、B 两点在高地两侧互不通视，甲、乙两人可在 A、B 中间同时立标杆，利用逐渐趋近法定线。

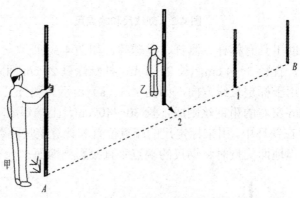

图 4-4　目视定线

2.　经纬仪定线

当直线定线精度要求较高时，可用经纬仪定线。如图 4-5 所示，经纬仪定线工作包括清障、定线、概量、钉桩、标线等。

（1）定线。定线时，先清除沿线障碍物，甲将经纬仪安置在直线端点 A，对中、整平后，用望远镜纵丝瞄准直线另一端 B 点上标志，制动照准部。

（2）概量。上下转动望远镜，指挥乙左右移动标杆或测钎，直至标杆像为纵丝所平分或双丝夹住测钎，从 B 点向 A 点依次插花杆或测钎，完成直线概定向；又指挥自直线一端开始朝另一端概量。

（3）钉桩。通过（2）定出相距略小于整尺长度的尺段点 1，并钉上木桩（桩顶高出地面 10～20 cm），且使木桩在十字丝纵丝上，该桩称为尺段桩。

（4）标线。沿纵丝在桩顶前后各标一点，通过两点绘出方向线，再加一横线，使之构成"十"字，作为尺段丈量的标志。

（5）用（1）～（4）钉出 2，3 等尺段桩。高精度量距时，为了减小视准轴误差的影响，可采用盘左盘右分中法定线。精密定线时标杆一般用直径更小的测钎或垂球线代替。

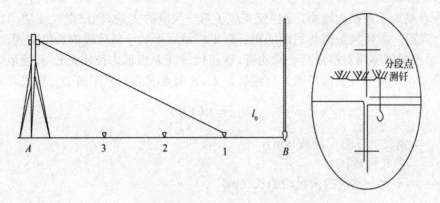

图 4-5　经纬仪定线（加一个桩顶十字线图）

3. 过高地定线

如图 4-6 所示，A、B 两点在高地两侧，互不通视，欲在 AB 两点间标定直线，可采用逐渐趋近法。先在 A、B 两点上竖立标杆，甲、乙两人各持标杆分别选择 C_1 和 D_1 处站立，要求 B、D_1、C_1 位于同一直线上，且甲能看到 B 点，乙能看到 A 点。可先由甲站在 C_1 处指挥乙移动至 BC_1 直线上的 D_1 处。然后，由站在 D_1 处的乙指挥甲移动至 AD_1 直线上的 C_2 点，要求 C_2 能看到 B 点，接着再由站在 C_2 处的甲指挥乙移至能看到 A 点的 D_2 处，这样逐渐趋近，直到 C、D、B 在一直线上，同时 A、C、D 也在一直线上，这时说明 A、C、D、B 均在同一直线上。

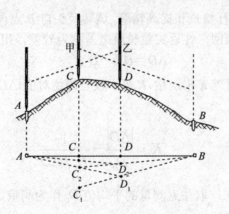

图 4-6　过高地定线

4.1.3　一般量距

1. 平坦地段距离丈量

如图 4-7 所示，若丈量两点间的水平距离 D_{AB}，由后尺手指挥定线，将标杆（测钎）插在 AB 直线上。将尺平放在 AB 直线上，两人拉直、拉平尺子，前司尺员发出"预备"信号，后司尺员将尺零刻划对准 A 点标志后，发出丈量信号"好"，此时前司尺员把测钎对准尺子终点刻划垂直插入地面,这样就完成了第一尺段的丈量。同法继续丈量,直至终点。每量完一尺段,后司尺员拔起后面的测钎再走。最后不足一整尺段的长度称为余尺段,丈量时,后司尺员将零端对准最后一只测钎,前司尺员以 B 点标志读出余长 q,读至毫米(mm)。后司尺员"收"到 n(整尺段数)只测钎,A、B 两点间的水平距离 D_{AB} 按式(4-1)计算

$$D_{AB} = nl + q \qquad (4\text{-}1)$$

式中, l——钢尺的一整尺段长(m);

n——整尺段数;

q——不足一整尺的余尺段的长(m)。

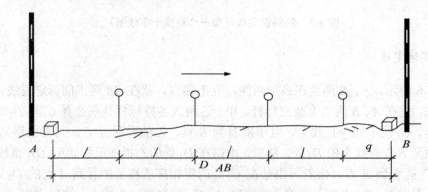

图 4-7 平坦地段钢尺一般量距

以上称为往测。为了进行检核和提高精度,调转尺头自 B 点再丈量至 A 点,称为返测。往返各丈量一次称为一个测回。往返丈量长度之差称为较差,用 ΔD 表示

$$\Delta D = D_{往} - D_{返} \qquad (4\text{-}2)$$

测距精度通常用相对误差 K 来衡量,K 等于较差的绝对值 $|\Delta D|$ 与往返丈量平均值 D_0 的比值

$$K = \frac{|\Delta D|}{D_0} = \frac{1}{D_0 / \Delta D} \qquad (4\text{-}3)$$

若测量精度 K 满足要求,取往返测量的平均值 D_0 作为测量结果,即

$$D_0 = \frac{D_{往} + D_{返}}{2} \qquad (4\text{-}4)$$

钢尺一般方法量距记录、计算及精度评定见表 4-1。

表 4-1 钢尺一般量距记录手簿

钢尺编号：<u>No100427</u>　　　　　量测日期：<u>2020.2.22</u>　　　　量测者：____

尺长方程：$l_t=30+0.008+1.2×10-5（t-20）×30$　　　　记录者：____

测段编号	量测方向	距离量测结果				平均值（m）	相对误差 K	备注
		整尺段数 n	余尺段长 q（m）	总长（m）				
AB	往	4	15.309	135.309		135.328	1/3 500	
AB	返	4	15.347	135.345				
BC	往	5	27.478	177.478		177.465	1/6 800	
	返	5	27.452	177.452				

【例 1】距离 AB，往测为 173.22 m，返测为 173.27 m，平均值为 173.24 m，其相对误差为

$$K=\frac{|173.22-173.27|}{173.24}=\frac{1}{3\ 465}=\frac{1}{3\ 400}$$

相对误差分母通常取整百、整千、整万，不足的一律舍去，不得进位。相对误差分母越大，量距精度越高。在平坦地区量距，K 一般应 ≥1/3 000，量距困难地区也应 ≥1/1 000。若超限，则应分析原因，重新丈量。

2. 倾斜地区的距离丈量

在倾斜地面上丈量距离，视地形情况可用水平量距法或倾斜量距法。水平与倾斜地面量距如图 4-8 所示。

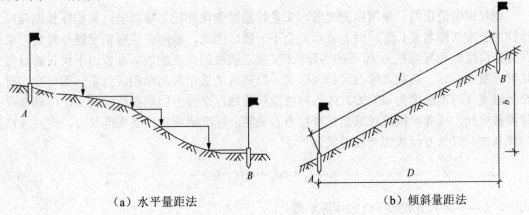

（a）水平量距法　　　　　（b）倾斜量距法

图 4-8 水平与倾斜地面量距

（1）平量法。当地势起伏不大时，可将钢尺拉平丈量，称为水平量距法。如图 4-8（a）所示，丈量由 A 点向 B 点进行。后司尺员将钢尺零端点对准 A 点标志中心，前司尺员将钢

尺抬高，并且目估使钢尺水平，然后用垂球尖将尺段的末端投影到地面上，插上测钎。量第二段时，后司尺员用零端对准第一根测钎根部，前司尺员同法插上第二个测钎，依次类推直到 B 点。对于倾斜地面采用水平量距法时，不便进行返测，所以检验量距精度时，一般采用重复量距，利用两次测量结果计算测量精度。

（2）斜量法。倾斜地面的高差较大且坡度均匀时，可以沿着斜坡丈量出 AB 的斜距 L，测出地面倾斜角 α 或 A、B 两点的高差 h，然后计算 AB 的水平距离 D。如图 4-8（b）所示，称为倾斜量距法。显然

$$D = L\cos\alpha = \sqrt{L^2 - h^2} \tag{4-5}$$

$$D = L + \Delta L_\mathrm{h} = L - \frac{h^2}{2L} \tag{4-6}$$

式中，ΔL_h 为倾斜改正，用式（4-7）表示

$$\Delta L_\mathrm{h} = \frac{h^2}{2L} \tag{4-7}$$

4.1.4 精密量距

钢尺量距一般方法的量距精度只能达到 1/1 000～1/5 000。但精度要求达到 1/10 000 以上时，应采用精密量距的方法。精密方法量距与一般方法量距基本步骤相同，不过精密量距在丈量时采用较为精密的方法，并对一些影响因素进行了相应的计算改正。

1. 钢尺检定与尺长方程式

钢尺因制造误差、使用中的变形、丈量时温度变化和拉力等影响，其实际长度与尺上标注的长度（即名义长度，用 l_0 表示）会不一致。因此，量距前应对钢尺进行检定，求出在标准温度 t_0 和标准拉力 P_0 下的实际长度，建立被检钢尺在施加标准拉力下尺长随温度变化的函数式，这一函数式称为尺长方程式，以便对丈量结果加以相应改正。钢尺检定时，在恒温室（标准温度为 20 ℃）内，将被检尺施加标准拉力固定在检验台上，用标准尺去量测被检尺，或者对被检尺施加标准拉力去量测一标准距离，求其实际长度，这种方法称为比长法。尺长方程式的一般形式为

$$l_\mathrm{t} = l_0 + \Delta l_\mathrm{d} + \alpha(t - t_0) \tag{4-8}$$

式中，l_t——钢尺在温度 t 时的实际长度；

l_0——钢尺的名义长度；

Δl_d——检定时在标准拉力和温度下的尺长改正数；

α——钢尺的线形膨胀系数，普通钢尺为 1.25×10^{-5} m/m·℃，为温度每变化 1 钢

尺单位长度的伸缩量；

t——量距时的温度；

t_0——钢尺检定时的温度。

【例 2】 某标准尺的尺长方程式为 $l_t = 30\ \text{m} + 0.003\ 4\ \text{m} + 1.2 \times 10^{-5}(t - 20\ ℃) \times 30\ \text{m}$，用标准尺和被检尺量得两标志间的距离分别为 29.955 2 m 和 29.954 3 m，丈量时的温度分别为 26.5 ℃和 28.0 ℃。求被检尺的尺长方程式。

【解】 先根据标准尺的尺长方程式计算两标志间的标准长度 D_0：

$$D_0 = 29.995\ 2\ \text{m} + \frac{0.003\ 4}{30} \times 29.995\ 2\ \text{m} + 1.2 \times 10^{-5} \times (26.5℃ - 20℃) \times 29.995\ 2\ \text{m}$$

$$= 29.960\ 9\ \text{m}$$

由此可求得被检尺检定时在标准拉力和温度下的尺长改正数 Δl_d：

$$29.954\ 3\ \text{m} + \Delta l_d + 1.2 \times 10^{-5} \times (28.0℃ - 20℃) \times 29.954\ \text{m} = 29.960\ 9\ \text{m}$$

$$\Delta l_d = +0.007\ \text{m}$$

被检钢尺的尺长方程为：$l_d = 30\ \text{m} + 0.007\ \text{m} + 1.2 \times 10^{-5} \times (t - 20℃) \times 30\ \text{m}$

2. 测量桩顶高程

经过经纬仪定线钉下尺段桩后，用水准仪测定各尺段桩顶间高差，以便计算尺段倾斜改正。高差宜在量距前后往、返观测一次，以资检核。两次高差之差，不超过 10 mm，取其平均值作为观测的成果，记入记录手簿（见表 4-2）。

3. 距离丈量

用检定过的钢尺丈量相邻木桩之间的距离，称为尺段丈量。丈量由 5 人进行，如图 4-9 所示，2 人司尺，2 人读数，1 人记录兼测温度。

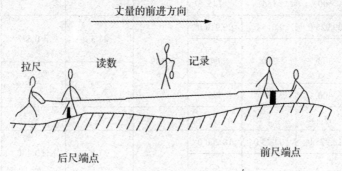

图 4-9　精密方法量距

丈量时后司尺员持尺零端，将弹簧秤挂在尺环上，与一读数员位于后点；前司尺员与另一读数员位于前点，记录员位于中间。两司尺员钢尺首尾两端紧贴桩顶，把尺摆顺直，同贴方向线的一侧。准备好后，读数员发出一长声"预备"口令，前司尺员抓稳尺；后司尺员用力拉尺，使弹簧秤至检定时相同的拉力（30 m 尺为 100 N，50 m 尺为 150 N），当读数员做好准备后，回答一长声表示同意读数的口令，两尺手保持尺子稳定，两读数员以桩顶横线标记为准，同时读取尺子前后读数，估读至 0.5 mm，报告记录员记入手簿。依此，每尺段移动钢尺 2～3 cm，丈量 3 次，3 次量得结果的最大值与最小值之差不超过 3 mm，取 3 次结果的平均值作为该尺段的丈量结果；否则应重量。每丈量完一个尺段，记录员读记一次温度，读至 0.5 ℃，以便计算温度改正数。由直线起点依次逐段丈量至终点为往测，往测完毕后应立即调转尺头，人不换位进行返测。往返各依次取平均值为一个测回。

4. 成果整理

钢尺精密量距完成后，应对每一尺段长进行尺长改正、温度改正及倾斜改正，求出改正后尺段的水平距离。计算时取位至 0.1 mm。往、返测结果按式（4-3）进行精度检核，若 K 满足精度要求，按式（4-4）计算最后成果。若 K 超限，应查明原因返工重测。成果计算在表 4-2 中进行，各项改正数的计算方法如下。

表 4-2 钢尺精密量距记录计算手簿

钢尺型号：GC002　　　　检定日期：2020.2.26　　　记录者：＿＿＿＿　　　　计算：＿＿＿＿

钢尺编号：No.100427　　　检定拉力：$P_0 = 100$ N　　　前尺：＿＿＿＿　　　　后尺：＿＿＿＿

尺长方程：$l_t = 30 + 0.008 + 1.2 \times 10 - 5(t-20) \times 30$　　　日期：＿＿＿＿

尺段编码	测量次数	前尺读数	后尺读数	尺段长度	尺段平均长度/m	温度/℃　温度改正数/mm	高差/mm　高差改正数/mm	尺长改正数/mm	改正后尺段长度/m
A-1	1	29.946 0	0.070 0	29.876 0	29.875 3	26.2	+0.520	+8.0	29.881 0
	2	400	645	755					
	3	500	755	745		+2.2	−4.5		
1-2	1	29.925 0	0.015 0	29.910 0	29.909 5	27.3	+0.878	+8.0	29.891 2
	2	300	210	090					
	3	400	305	095		+2.6	−12.9		
⋮	⋮	⋮	⋮	⋮	⋮	⋮	⋮	⋮	⋮
5-B	1	18.975 0	0.075 0	18.900 0	18.899 3	27.5	−0.436	+5.0	18.901 0
	2	540	545	899.5					
	3	800	815	898.5		+1.7	−5.0		
Σ									203.517 2

（1）尺长改正。钢尺在标准拉力 p_0 和标准温度 t_0 时的实际长 l_{t0} 与其名义长 l_0 之差 Δl_d，

称为整尺段的尺长改正数，即 $\Delta l_d = l_{t0} - l_0$，为尺长方程式的第二项。任意尺段长 l_i 的尺长改正数 Δl_i 为：

$$\Delta l_i = \frac{\Delta l_d}{l_0} l_i \tag{4-9}$$

如表 4-2 中 $A1$ 段，$\Delta l_d = 0.008$ m，$l_0 = 30$ m，$l_{A1} = 29.875\,3$ m，则 $\Delta l_{A1} = +8.0$ mm。

（2）温度改正。钢尺在丈量时的温度 t 与检定时标准温度 t_0 不同引起的尺长变化值，称为温度改正数，用 Δl_t 表示。为尺长方程式的第三项。任意尺段长 l_i 的温度改正数 Δl_{ti} 为：

$$\Delta l_{ti} = \alpha(t - t_0) l_t \tag{4-10}$$

如表 4-2 中 $A1$ 段，$t = 26.2$℃，$l_0 = 20$℃，$\alpha = 1.2 \times 10^{-5}$ m/m·℃，$l_{A1} = 29.875\,3$ m 则 $l_{tA1} = +2.2$ mm。

（3）倾斜改正。尺段丈量时，所测量的是相邻两桩顶间的斜距，由斜距化算为平距所施加的改正数，称为倾斜改正数或高差改正数，用 Δl_h 表示。任意尺段长 l_i 的倾斜改正数 Δl_{hi} 按式（4-6）可知：

$$\Delta l_{hi} = -\frac{h_i^2}{2l_i} \tag{4-11}$$

倾斜改正数永远为负值。如表 4-2 中 $A1$ 段，$h_i = 0.520$ m，$l_{A1} = 29.875\,3$ m，则 $\Delta l_{hA1} = -4.5$ mm。

（4）尺段水平距离。综上所述，每一尺段改正后的水平距离为：

$$D_i = l_i + \Delta l_{di} + \Delta l_{ti} + \Delta l_{ti} \tag{4-12}$$

如表 4-2 中 $A1$ 段，$l_{Ai} = 29.875\,3$ m，$\gamma = +8.0$ mm，$\Delta l_{tAL} = +2.2$ mm，$\Delta l_{tA1} = -4.5$ mm，则 $D_{A1} = 29.881\,0$ m。

（5）计算全长。将改正后的各个尺段长和余长加起来，便得到距离的全长。如果往、返测相对误差在限差以内，则取平均距离为观测结果。如果相对误差超限，应重测。

4.1.5　钢尺量距的误差及注意事项

影响钢尺量距精度的因素很多，主要的误差来源有下列几种：

（1）尺长误差。如果钢尺的名义长度和实际长度不符，其差值称为尺长误差。尺长误差具有系统积累性，它与所量距离成正比。因此，钢尺必须经过检定，测出其尺长改正值。钢尺尺长检定精度约为 1/100 000，尽管精密丈量所用钢尺经过检定，量距结果仍带有微小误差。

（2）温度测定误差。钢尺的长度随温度而变化，当丈量时的温度与钢尺检定时的标准温度不一致时，将产生温度误差。按照钢尺温度改正公式 $\Delta l_{ti} = \alpha(t - t_0) l_t$ 计算时，当温度变化 8 ℃，将会产生 1/10 000 尺长的误差。由于用温度计测量温度时，测定的是空气的温度时，而不是尺子本身的温度，在夏季阳光曝晒下，此两者温差可大于 5 ℃。因此，量距宜在阴天进行，最好用半导体温度计测量钢尺的自身温度。

（3）拉力误差。丈量施加的拉力与检定时不一致引起的量距误差，称为拉力误差。钢尺材料具有弹性，当拉力改变 70 N 时，依据胡克定律，尺长将改变 1/10 000，故精确丈量时，应使用弹簧秤控制拉力，误差不超过 10 N。一般丈量中，只要保持拉力均匀即可。

（4）定线误差。量距时钢尺没有准确地放在所量距离的直线方向上，所量距离是一组折线而不是直线，造成丈量结果偏大，这种误差称为定线误差。一般丈量时，要求定线误差不超过 0.1 m，当精度要求高时，要用经纬仪定线。

（5）钢尺倾斜和垂曲误差。钢尺量距时，若钢尺倾斜，会使所量距离偏大。一般量距时，对于 30 m 钢尺，用目估持平钢尺，经统计会产生 50′倾斜（相当于 0.44 m 高差误差），对量距约产生 3 mm 误差。钢尺悬空丈量时，中间下垂，称为垂曲。因此，丈量时必须注意钢尺水平，整尺段悬空时，中间应有人托住钢尺，否则会产生不容忽视的垂曲误差。

（6）丈量误差。钢尺刻划误差、端点对不准、测钎插不准、读数误差及外界条件的影响，这些误差对测量结果的影响是随机的，可正可负，大小不易确定。丈量时应认真操作，尽量减少丈量误差。

4.2　视距测量

视距测量是一种间接的光学测距方法，它利用望远镜内测距装置（视距丝），根据几何光学和三角学原理同时测定观测点之间的水平距离和高差。这种方法操作简便、迅速，受地形条件限制小，但精度较低，普通视距测量的相对精度约为 1/300～1/200，只能满足地形测量的要求。因此，被广泛用于地形碎部测量中，也可用于检核其他方法量距可能发生的粗差。精密视距测量的相对精度可达 1/2 000，可用于山地的图根控制点加密。

4.2.1　视距测量的原理

常规测量的望远镜内都有视距丝装置。从视距丝的上、下丝 M_2 和 N_2 发出的光线在竖直面内所夹的角度 φ 是固定角，称为视场角。该角的两条边在尺上截得一段距离 $M_1N_1 = l_1$（称为尺间隔，如图 4-10 所示）。

由图 4-10 可以看出，已知固定角 φ 和尺间隔 l_i 即可推算出两点间的距离（视距）$D_i = l_i/2\cot\varphi_i$。因 φ 保持不变，尺间隔 l 将与距离 D 成正比例变化。这种测距方法称为定角测距。经纬仪、水准仪和平板仪等都是以此来设计测距的。

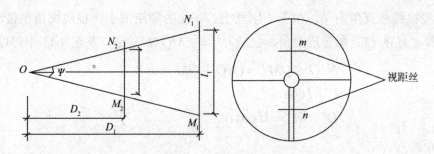

图 4-10　视距测量原理

1. 视线水平时视距测量

如图 4-11 所示，在 A 点安置仪器，使视准轴水平，在 B 点上竖立标尺，由于 φ 角固定，因此，立尺点离开测站的水平距离 D 与视距间隔的比 $l = l_下 - l_上$ 为一常数，即

$$k = \frac{D}{l} \qquad (4\text{-}13)$$

式中的比例系数 k 称为视距乘常数，由上、下丝的间距来决定，制造仪器时通常使 $k = 100$，因此，视准轴水平时的视距公式为

$$D = kl = 100l \qquad (4\text{-}14)$$

测站点与立尺点的高差为

$$h = i - v \qquad (4\text{-}15)$$

式中，i——仪器高，地面点到仪器水平轴的高度；

　　　v——中丝在标尺上的读数。

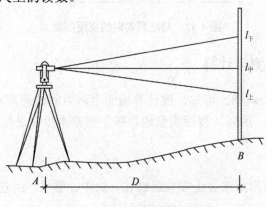

图 4-11　视线水平时视距测量

2. 视线倾斜时的视距测量

在地形起伏较大的地区进行视距测量，必须使视准轴倾斜才能在标尺上进行视距读数，如图 4-12 所示。由于标尺仍然垂直于地面，视线不再与标尺垂直。因此，需要将标尺的间隔 l（M，N）转算为垂直于视线的尺间隔 l'（M'，N'），求出倾斜距离 D'，然后再求水平

距离 D。设视线竖直角为 α，由于十字丝上、下丝的间距很小，视线夹角也很小，故将 $\angle NN'Q$ 和 $\angle MM'Q$ 近似看成直角，$\angle NQN' = \angle MQM' = \alpha$，从图 4-11 中可以得出

$$\left.\begin{array}{c} N'Q + QM' = (NQ + QM)\cos\alpha \\ l' = l\cos\alpha \\ D' = kl' = kl\cos\alpha \end{array}\right\} \qquad (4\text{-}16)$$

水平距离为

$$D = D'\cos\alpha = kl\cos^2\alpha \qquad (4\text{-}17)$$

测站与立尺点高差为

$$h = D\tan\alpha + i - v = \frac{1}{2}kl\sin\alpha + i - v \qquad (4\text{-}18)$$

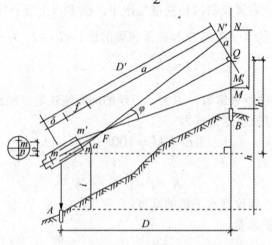

图 4-12　视线倾斜时的视距测量

4.2.2　视距测量的观测与计算

由式（4-17）和式（4-18）可知，欲计算地面上两点间的距离和高差，在测站上应观测 i、l、v、α 四个量。所以，视距测量通常按下列基本步骤进行观测和计算。

1. 量仪器高 i

如图 4-11 所示，在测站点 A 上安置经纬仪，对中、整平。用卷尺量出仪器高 i，并记入视距测量手簿（见表 4-3）。

2. 读三丝读数

以盘左（或盘右）位置，瞄准测点 B 上竖立的标尺，读出下、上、中丝的读数 N、M、v，记入手簿。计算出尺间隔 $l = N - M$。

表 4-3　视距测量记录计算手簿

仪器型号：西北厂 DJ6					$i=$ 1.45m	测站点：　A		观测日期：　2020.2.26		观测者：	
仪器编号：No860243					$x=$　0″	侧高点：36.428m		天　气：　晴		记录者：	
目标点号	下丝读数 /m	上丝读数 /m	尺间隔 i /m	中丝读数 /m	竖盘读数 (° ′)	竖直角 α (′ ″)	初算高差 H/m	改正数 i−v	改正后高差 h/m	水平距离 D/m	高程 /m
1	1.426	0.995	0.431	1.211	92　42	−2　42	−2.028	0.239	−1.79	43.00	34.64
2	1.812	1.298	0.514	1.555	88　12	1　48	1.614	−0.105	1.51	51.35	37.94
3	1.763	1.137	0.626	1.45	93　42	−3　42	−4.031	0.000	−4.03	62.34	32.40
4	1.528	1.000	0.528	1.714	89　44	0　16	0.246	−0.264	−0.02	52.80	36.41
5	1.702	1.200	0.502	1.45	94　36	−4　36	−4.013	0.000	−4.01	49.88	32.42
6	2.805	2.100	0.705	2.45	76　24	3　36	4.418	−1.000	3.418	70.22	39.85

3. 求竖直角

转动竖盘指标水准管微动螺旋，调节竖盘指标水准管气泡居中，读取竖盘读数 L（或 R），记入手簿，并计算竖直角 α。

4. 视距测量的计算

视距测量的计算可以借助 Ecel 电子表格或具有编程功能的计算器来完成。

如表 4-3 中 1 点，已知 $H_A=36.428$ m，$i=1.45$m，观测值 $N=1.426$ m，$M=0.995$ m，$v=1.211$ m，$L=90°42′$。

计算得：$l=N−M=0.431$ m，$α=−2°42′$；

初算高差：$h′=100×0.431×\sin[2×(−2°42′)]/2=−2.028$ m；

高差改正数：$i−v=1.45−12.11=0.239$ m；

改正后高差：$h=h+i−v=−2.028−0.239=−1.79$ m，H1$=36.426−1.79=34.64$ mm；

水平距离：$D_1=100×0.431×\cos^2(−2°42′)=43.00$。

4.3　电磁波测距

电磁波测距是以电磁波（光波或微波）作为载波，通过测定电磁波在测线两端点往返传播的时间来测量距离的。与钢尺量距的繁烦和视距测量的低精度相比，电磁波测距具有测程长、精度高、操作简便、自动化程度高的特点。电磁波测距按精度可分为Ⅰ级（$m_D \leqslant$ 5 mm）、Ⅱ级（5 mm$< m_D \leqslant$10 mm）和Ⅲ级（$m_D >$10 mm）。按测程可分为短程（<3 km）、中程（3～5 km）和远程（>15 km）。按采用的载波不同，可分为利用微波作载波的微波测距仪；利用光波作载波的光电测距仪。光电测距仪所使用的光源一般有激光和红外光。

下面将简要介绍光电测距的原理及测距成果整理等内容。

4.3.1 光电测距原理

如图 4-13 所示，在 A 点架设测距仪，B 点架设光波反射镜。A 点测距仪利用光源发射器向 B 点发射光波，B 点上反射镜又把光波反射回到测距仪的接收器上。

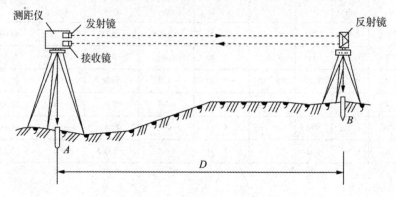

图 4-13　光电测距基本原理

设光速 c 已知，如果光束在待测距离 D 上往返传播的时间 t 已知，所测距离 D 可由式（4-19）求出

$$D = \frac{1}{2} ct \qquad (4-19)$$

式中，$c = c_0 / n$，其中 c_0 为真空中的光速，其值为 299 792 458 m/s，n 为大气折射率，它与光波波长 λ，测线上的气温 T、气压 P 和湿度 e 有关。因此，测距时还需测定气象元素，对距离进行气象改正。

由式（4-19）可知，测定距离的精度主要取决于时间 t 的测定精度，即 $dD = 1/2cdt$。当要求测距误差 dD 小于 1 cm 时，时间测定精度 t 要求准确到 6.7×10^{-11}s，这是难以做到的。因此，时间的测定一般采用间接的方式来实现。间接测定时间的方法有两种。

1. 脉冲法测距

由测距仪发出的光脉冲经反射棱镜反射后，又回到测距仪而被接收系统接收，测出这一光脉冲往返所需时间间隔 t 的钟脉冲的个数，进而求得距离 D。由于钟脉冲计数器的频率所限，所以测距精度只能达到 0.5～1 m。故此法常用在激光雷达等远程测距上。

2. 相位法测距

相位法测距是通过测量连续的调制光波在待测距离上往返传播所产生的相位变化来间接测定传播时间，从而求得被测距离。红外光电测距仪就是典型的相位式测距仪。红外光电测距仪的红外光源是由砷化镓（GaAs）发光二极管产生的。如果在发光二极管上注入一恒定电流，它发出的红外光光强则恒定不变。若在其上注入频率为 f 的高变电流（高变电压），则发出的光强随着注入的高变电流呈正弦变化，如图 4-14 所示，这种光称为调制光。

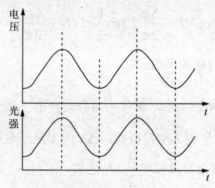

图 4-14　光的调制

测距仪在 A 点发射的调制光在待测距离上传播，被 B 点的反射棱镜反射后又回到 A 点而被接收机接收，然后由相位计将发射信号与接收信号进行相位比较，得到调制光在待测距离上往返传播所引起的相位移 φ，其相应的往返传播时间为 t。如果将调制波的往程和返程展开，则有如图 4-15 所示的波形。

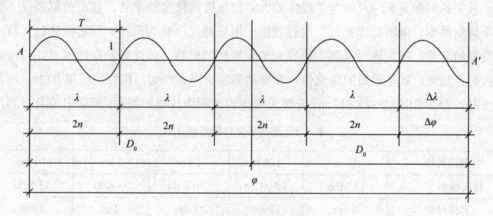

图 4-15　相位式测距原理

设调制光的频率为 f（每秒振荡次数），其周期 $T = 1/f$（每振荡一次的时间单位为 s），则调制光的波长为

$$\lambda = cT = \frac{c}{f} \tag{4-20}$$

从图 4-15 中可看出，在调制光往返的时间 t 内，其相位变化了 N 个整周（2π）及不足一周的余数 $\Delta\varphi$，而对应 $\Delta\varphi$ 的时间为 Δt，距离为，$\Delta\lambda$ 则

$$t = NT + \Delta t \tag{4-21}$$

由于变化一周的相位差为 2π，则不足一周的相位差 $\Delta\varphi$ 与时间 Δt 的对应关系为

$$\Delta t = \frac{\Delta\varphi}{2\pi}T \tag{4-22}$$

于是，得到相位测距的基本公式

$$D = \frac{1}{2}ct = \frac{1}{2}c(NT + \frac{\Delta\varphi}{2\pi}T) = \frac{1}{2}cT(N + \frac{\Delta\varphi}{2\pi}) = \frac{\lambda}{2}(N + \Delta N) \qquad (4\text{-}23)$$

式中，$\Delta N = \dfrac{\Delta\varphi}{2\pi}$ 为不足一整周的小数。

在相位测距基本公式（4-23）中，常将 $\dfrac{\lambda}{2}$ 看作是一把"光尺"的尺长，测距仪就是用这把"光尺"去丈量距离。N 则为整尺段数，ΔN 为不足一整尺段之余数。两点间的距离 D 就等于整尺段总长 $\dfrac{\lambda}{2}N$ 和余尺段长度 $\dfrac{\lambda}{2}\Delta N$ 之和。

测距仪的测相装置（相位计）只能测出不足整周（2π）的尾数 $\Delta\varphi$，而不能测定整周数 N，因此使式（4-23）产生多值解，只有当所测距离小于光尺长度时，才能有确定的数值。例如，"光尺"为 10 m，只能测出小于 10 m 的距离；"光尺"为 1 000 m，则可测出小于 1 000 m 的距离。又由于仪器测相装置的测相精度一般为 1/1 000，故测尺越长测距误差越大，其关系可参见表 4-4。为了解决扩大测程与提高精度的矛盾，目前的测距仪一般采用两个调制频率，即两把"光尺"进行测距。用长测尺（称为粗尺）测定距离的大数，以满足测程的需要；用短测尺（称为精尺）测定距离的尾数，以保证测距的精度。将两者结果衔接组合起来，就是最后的距离值，并自动显示出来。例如：粗测尺结果 0324，精测尺结果 3.817，显示距离值 323.817 m。若想进一步扩大测距仪器的测程，可以多设几个测尺。

表 4-4 测尺长度与测距精度

测尺长度	10 m	100 m	1 km	2 km	10 km
测尺频率（f）	15 MHz	1.5 MHz	150 KHz	75 KHz	15 KHz
测距精度	1 cm	10 cm	1 m	2 m	10 m

4.3.2　光电测距主要设备

光电测距的主要设备有测距仪主机、反射器、电源和气象设备。

1. 测距仪主机

图 4-16 为南方测绘仪器公司生产的 ND 系列短程光电测距仪。它由测距头、装载支架和制微动机构组成，测距头有物镜、目镜、操作键盘、显示窗、RS 接口等，为架载式测距仪。使用时安装在经纬仪的支架上，用座架固定螺丝与经纬仪连接成整体，随经纬仪水平旋转，测距仪和经纬仪望远镜绕各自的横轴纵向转动。物镜内为载波发射和接受装置，发射光轴与返回信号接收光轴一般为同轴设计，发射、接收光轴应平行。载波光轴与望远镜视准轴在同一竖直面内，并保持一定的高差。目镜用于瞄准目标，瞄准视线通过物镜与载波光轴同轴。操作键盘用于输入数据和控制仪器工作，显示屏微数据输出窗口，RS 接口用

电缆与电子经纬仪进行数据通信或连接记录设备。整个仪器由蓄电池供电。对于镜载测距仪固定在望远镜上由横轴支承，二者一起绕经纬仪横轴纵向转动，且光轴平行。

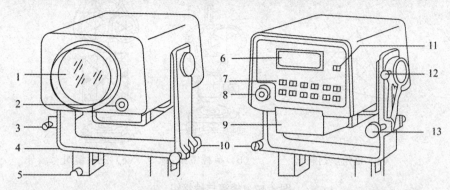

1-物镜；2-RS 接口；3-平微动弹簧帽；4-支架；5-座架固定螺丝；6-显示屏；7-键盘；8-目镜；
9-电池；10-视准轴水平调节手轮；11-电源开关；12-竖直制动螺旋；13-竖直微动螺旋

图 4-16　ND 系列光电测距仪外貌

2. 反射器

光电测距仪用的是直角反射棱镜，它为严格正立方体光学玻璃一角的三角锥体，如图 4-17（a）所示，三条直角边相等，并且切割面垂直于立方体对角线，切割面为光的入射和反射面。锥 6 体经加工后装在镜盒内。直角反射棱镜有以下三个特点。

（1）入射和反射光线方向相反且平行。

（2）可根据测程长短增减棱镜个数。

（3）图 4-17（b）为单棱镜组，用于短距离测量；图 4-17（c）为三棱镜组，用于较长距离测量。

（4）具有本身的规格参数，应与测距仪配合使用，不得任意更换。棱镜组与觇牌同时装在基座（有光学对中器）的对中杆上，棱镜组中心至觇牌标志中心的距离应等于测距仪与经纬仪横轴间的高差。

3. 电源

为小型专用充电电池组，一般为直接卡连在仪器上的内接电池，如果作业时间长，可配备多块或容量较大的外接电池组。电池组由几节镍铬或锂电池并联组成，可由专门充电器补充电能，反复使用。但是，充电时应按说明书介绍的方法操作，防止过充或损坏电池。

4. 气象设备

主要是空盒气压计和通风干湿温度计，用于测距时现场的气压和温度的测定，以便进行气象改正。精密测距必须配备气象设备，并且精密度要满足要求。除上述外，还需配备输出和连接电缆、充电器等，便于与经纬仪和记录装置联机和给电池组充电。

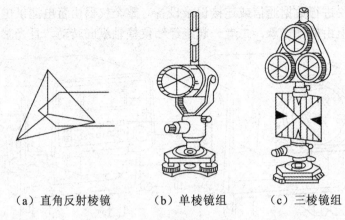

（a）直角反射棱镜　　　（b）单棱镜组　　　（c）三棱镜组

图 4-17　棱镜与棱镜组

4.3.3　光电测距仪的使用

（1）仪器安置。将经纬仪安置于测站上，对中整平；将电池组插入主机的电池槽（应有喀嚓声响）或连接上外接电池组，把主机通过连接座与经纬仪连接，并锁紧固定。在目标点安置反光棱镜三脚架并对中、整平，镜面朝向测站。按一下测距仪上的电源开关键（POWER）开机，仪器自检，显示屏在数秒内依次显示全屏符号、加常数、乘常数、电量、回光信号等，自检合格发出蜂鸣或显示相应符号信息，表示仪器正常，可以进行测量。

（2）参数设置。如棱镜常数、加常数、乘常数等若经检测发生变化，需用键盘输入到机内，便于仪器自动改正其影响。如气压、气温测定后输入机内，可自动进行气象改正。

（3）瞄准。用经纬仪望远镜十字丝瞄准反光镜觇牌中心，此时测距仪的十字丝基本瞄准棱镜中心，调节测距仪水平与竖直微动螺旋，使十字丝交点对准棱镜中心。若仪器有回光信号警示装置，蜂鸣器发出响亮蜂鸣，若为光强信号设置，则回光信号强度符号显示出来。蜂鸣越响或强度符号显示格数越多，说明瞄准越准确。若无信号显示，则应重新瞄准。这种以光强信号来表示瞄准准确度，称为电瞄准。

（4）距离测量。按测距键（MEAS 或 DIST），在数秒内，显示屏显示所测定的距离（斜距）。同时，经纬仪竖盘指标水准管气泡居中，读取竖盘读数 L 或 R；记录员从气压计和温度计上读取即时气压 p、气温 t，并将斜距、竖盘读数、气压和温度记入手簿（表 4-5）；再次按测距键，进行第二次测距和第二次读数。一般进行 4 次，称为一个测回。各次距离读数最大、最小相差不超过 5 mm 时取其平均值作为一测回的观测值。如果需进行第二测回，则重复 1～4 步操作。在各次测距过程中，若显示窗中光强信号消失或显示"SIGNAL OUT"，并发出急促鸣声，表示红外光被遮，应查明原因予以消除，重新观测。

表 4-5　光电测距记录计算手簿

工程名称：__A 测区导线测理__　　　仪器型号：__ND300__　　　仪器编号：__9700243__　　　天　气：__晴__

观　测：_____　　　记　录：_____　　　计　算：_____　　　日　期：__2020.2.26__

测站 高 仪器 /m	镜站 —— /m 镜高	斜 距/m		竖盘 读数 /	竖直角 /	温度/℃ 气压/mmHg	气象 改正数	改正后 斜距/m	水平距离 /m	备 注
		观测值	平均值							
A 1.426	B 1.625	475.073 071 074 074	475.073	88 17 14	+1 42 36	26 740	+8	475.081	474.869	
B 1.425	C 1.328	12 31.78 784 782 783	1 231.783	92 19 48	−2 19 48	26 740	+22	1 231.805	1 230.787	
C 1.426	D 1.664	567.265 266 268 267	567.266	85 18 36	+4 41 24	26 740	+10	567.267	565.367	

必须指出，距离测量与测距仪本身的功能有关，而且各种仪器操作键名称、符号也有同异，测距时应依其功能选择测距模式（如单次测量、平均测量、跟踪测量等）；如果具有倾斜改正功能，可先测竖直角并将其输入，有仪器自动完成倾斜改正，同时测定斜距、平距、初算高差（用 S/H/V 转换键）；若输入测站高和棱镜高、竖直角，仪器完成高程计算；甚至输入测线方位角测算坐标增量等，要详细阅读《用户手册》，切勿盲目操作，以免出错或损害仪器。

（5）关机收测。本测站观测结束确认无误后，按电源开关关闭电源，撤掉连接电缆，收机装箱迁站。

4.3.4　测距成果整理

在测距仪测得初始斜距值后，还需加上仪器常数改正、气象改正和倾斜改正等，最后求得水平距离。

1. 仪器常数改正

仪器常数有加常数 K 和乘常数 R 两项。由于仪器的发射中心、接收中心与仪器旋转竖轴不一致而引起的测距偏差值，称为仪器加常数。实际上，仪器加常数还包括由于反射棱镜的组装（制造）偏心或棱镜等效反射面与棱镜安置中心不一致引起的测距偏差，称为棱镜加常数。仪器的加常数改正值 δ_k 与距离无关，并可预置于机内作自动改正。仪器乘常数主要是由于测距频率偏移而产生的。乘常数改正值 δ_R 与所测距离成正比。在有些测距仪中，可预置乘常数作自动改正。仪器常数改正的最终式可写成

$$\Delta S = \delta_K + \delta_R = R \cdot S \tag{4-24}$$

2. 气象改正

仪器的测尺长度是在一定的气象条件下推算出来的。野外实际测距时的气象条件不同于制造仪器时确定仪器测尺频率所选取的基准（参考）气象条件，故测距时的实际测尺长度就不等于标称的测尺长度，使测距值产生与距离长度成正比的系统误差。所以，在测距时，应同时测定当时的气象元素温度和气压，利用厂家提供的气象改正公式计算距离改正值。如某测距仪的气象改正公式为

$$\Delta S = \left(283.37 - \frac{106.283\ 3p}{273.15 + t} \right) S \tag{4-25}$$

式中，P——气压（hPa）；

t——温度（℃）；

S——距离测量值（km）。

目前，所有的测距仪都可将气象参数预置于机内，在测距时自动进行气象改正。

3. 倾斜改正

距离的倾斜观测值经过仪器常数改正和气象改正后得到改正后的斜距。当测得斜距的竖角 δ 后，可按式（4-26）计算水平距离

$$D = S \cos \delta \tag{4-26}$$

4.3.5　测距仪标称精度

当顾及仪器加常数 K，并将 $c = c_0 / n$ 代入式（4-23），相位测距的基本公式可写成

$$S = \frac{c_0}{2nf} \left(N + \frac{\Delta\varphi}{2\pi} \right) + K \tag{4-27}$$

式中，c_0、n、f、$\Delta\varphi$ 和 K 的误差，都会使距离产生误差。若对式（4-27）作全微分，并应用误差传播定律，则测距误差可表示成

$$M_S^2 = \left(\frac{m_{c0}^2}{c_0^2} + \frac{m_n^2}{n^2} + \frac{m_f^2}{f^2} \right) S + \left(\frac{\lambda}{4\pi} \right) m_{\Delta\varphi}^2 + m_k^2 \tag{4-28}$$

式（4-28）中的测距误差可分成两部分，前一项误差与距离成正比，称为比例误差。而后两项与距离无关称为固定误差。因此，常将式（4-28）写成如下形式，作为仪器的标

称精度

$$M_s = \pm(A + B \cdot S) \tag{4-29}$$

目前,测距仪已很少单独生产和使用,而是将其与电子经纬仪组合成一体化的全站仪。因此,关于测距仪的使用,将在全站仪中介绍。

4.4　直线定向

欲确定待定地面点平面位置,需测定待定点与已知点间的水平距离和该直线的方位,再推算待定点的平面坐标。确定直线方位的实质是测定直线与标准方向间的水平夹角,这一测量工作称为直线定向。

4.4.1　标准方向

直线定向的标准方向主要有以下几个。

（1）真子午线方向。过地球表面某点的真子午线的切线方向,称为该点的真子午线方向。其北端指示方向,所以又称真北方向。可以应用天文测量方法或者陀螺经纬仪来测定地表任一点的真子午线方向,如图 4-18 所示。

（2 子午线方向。针在地球磁场的作用下,磁针自由静止时所指的方向称为磁子午线方向。磁子午线方向都指向磁地轴,通过地面某点磁子午线的切线方向称为该点的磁子午线方向。其北端指示方向,所以又称磁北方向,可用罗盘仪测定。如图 4-18 所示。

（3）纵轴方向。高斯平面直角坐标系以每带的中央子午线作坐标纵轴,在每带内把坐标纵轴作为标准方向,称为坐标纵轴方向或中央子午线方向。坐标纵轴北向为正,所以又称轴北方向。如采用假定坐标系,则用假定的坐标纵轴（x 轴）作为标准方向。坐标纵轴方向是测量工作中常用的标准方向。

以上真北、磁北、轴北方向称为三北方向。

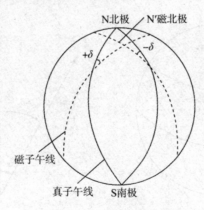

图 4-18　真子午线与磁子午线

4.4.2 直线方向的表示方法

1. 方位角

测量工作中，常用方位角来表示直线的方向。方位角是由标准方向的北端起，顺时针方向度量到某直线的夹角，取值范围为 $0°\sim360°$，如图 4-19 所示。若标准方向为真子午线方向，则其方位角称为真方位角，用 A 表示真方位角；若标准方向为磁子午线方向，则其方位角称为磁方位角，用 A_m 表示磁方位角。若标准方向为坐标纵轴，则称其为坐标方位角，用 α 表示。

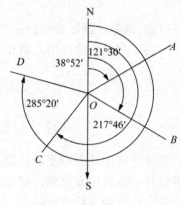

图 4-19　方位角

2. 三种方位角间的关系

由于地球的南北两极与地球的南北两磁极不重合，所以地面上同一点的真子午线方向与磁子午线方向是不一致的，两者间的水平夹角称为磁偏角，用 δ 表示。过同一点的真子午线方向与坐标纵轴方向的水平夹角称为子午线收敛角，如图 4-20 所示，用 γ 表示。以真子午线方向北端为基准，磁子午线和坐标纵轴方向偏于真子午线以东叫东偏，δ、γ 为正；偏于西侧叫西偏，δ、γ 为负。不同点的 δ、γ 值一般是不相同的。如图 4-21 所示情况，直线 AB 的三种方位角之间的关系如下

$$\left.\begin{aligned} A &= A_m + \delta \\ A &= \alpha + \gamma \\ \alpha &= A_m + \delta - \gamma \end{aligned}\right\} \tag{4-30}$$

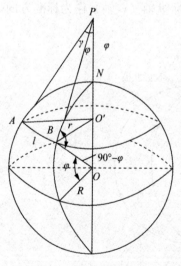

图 4-20　子午线收敛角

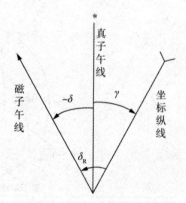

图 4-21　方位角表示直线方向

3. 象限角

直线的方向还可以用象限角来表示。由标准方向（北端或南端）度量到直线的锐角（顺时针或逆时针），称为该直线的象限角，用 R 表示，取值范围为 $0° \sim 90°$，如图 4-22 所示。

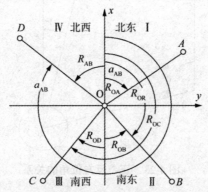

图 4-22　象限角及其与坐标方位角的关系

为了确定不同象限中相同 R 值的直线方向，将直线的 R 前冠以把 Ⅰ～Ⅳ象限分别用北东、南东、南西和北西表示的方位。同理，象限角亦有真象限角、磁象限角和坐标象限角。测量中采用的磁象限角 R 用方位罗盘仪测定。图 4-22 中直线 OA、OB、OC 和 OD 的象限角分别表示为：

R_{OA}＝北东 $68°42'45''$ 或 R_{OA}＝N$68°42'45''$E

R_{OB}＝南东 $48°48'42''$ 或 R_{OB}＝S$48°48'42''$E

R_{OC}＝南西 $36°42'54''$ 或 R_{OC}＝S$36°42'54''$W

R_{OD}＝北西 $68°42'45''$ 或 R_{OD}＝N$68°42'45''$W

坐标方位角 α 与象限角 R 的关系如表 4-6。

表 4-6　象限角与坐标方位角的关系

象限	坐标增量	$R \rightarrow \alpha$	$\alpha \rightarrow R$
Ⅰ	$\Delta x > 0$，$\Delta y > 0$	$\alpha = R$	$R = \alpha$
Ⅱ	$\Delta x < 0$，$\Delta y > 0$	$\alpha = 180° - R$	$R = 360° - \alpha$
Ⅲ	$\Delta x < 0$，$\Delta y < 0$	$\alpha = 180° + R$	$R = \alpha - 180°$
Ⅳ	$\Delta x > 0$，$\Delta y < 0$	$\alpha = 360° - R$	$R = 360° - \alpha$

4. 正、反坐标方位角

测量工作中的直线都是具有一定方向的。如图 4-23 所示，直线 AB 的点 A 是起点，B 点是终点，直线 AB 的坐标方位角 α_{AB}，称为直线 AB 的正坐标方位角；直线 BA 的坐标方位角 α_{BA}，称为直线 AB 的反坐标方位角，也是直线 BA 的正坐标方位角。α_{AB} 与 α_{BA} 相差 $180°$，互为正、反坐标方位角，即

$$\alpha_{AB} = \alpha_{BA} \pm 180° \qquad (4\text{-}31)$$

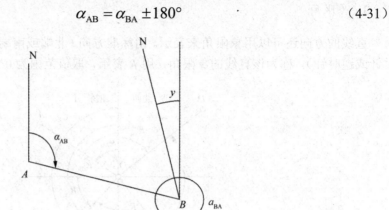

图 4-23　正、反方位角的关系

4.4.3　坐标方位角的推算和点位坐标计算

为了整个测区坐标系统的统一，测量工作中并不直接测定每条边的坐标方位角，而是通过与已知点（已知坐标和方位角）的连测，观测相关的水平角和距离，推算出各边的坐标方位角，计算直线边的坐标增量，而后再推算待定点的坐标。

1. 坐标方位角的推算

如图 4-24 所示，A、B 为已知点，AB 边的坐标方位角为 ∂_{ab}，通过连测得 AB 边与 $B1$ 边的连接角为 β_b（该角位于以编号顺序为前进方向的左侧，称为左角），$B1$ 与 12 边的水平角 β_1，…。

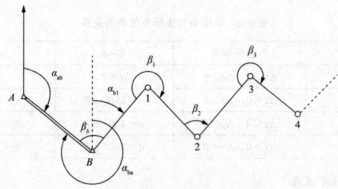

图 4-24　坐标方位角推算

由图 4-24 看出

$$\alpha_{b1} = \alpha_{ab} - (180° - \beta_b) = \alpha_{ab} + \beta_b - 180°$$
$$\alpha_{12} = \alpha_{b1} + (\beta_1 - 180°) = \alpha_{b1} + \beta_1 - 180°$$

用同样的方法可连续推算其他边的方位角。如果推算值大于 360°，应减去 360°。如果小于 0°，则应加上 360°。特别指出：方位角推算必须推算至已知方位角的边和已知值比较，检核计算中是否有错误。

观察上面推算规律可以写出观测左角时的方位角推算一般公式

$$\alpha_{前} = \alpha_{后} + \beta_{左} - 180° \tag{4-32}$$

观测右角时的方位角推算一般公式

$$\alpha_{前} = \alpha_{后} - \beta_{右} + 180° \tag{4-33}$$

2. 坐标正、反算

（1）坐标正算。根据已知点的坐标、已知边长及该边的坐标方位角计算未知点的坐标的方法，称为坐标正算。如图 4-25 所示，已知 A 点的平面坐标 (X_A, Y_A)，A、B 点间的距离 D_{AB}，直线 AB 的坐标方位角为 α_{AB}，则 B 点的平面坐标为

$$\left.\begin{array}{l} X_B = X_A + \Delta X_{AB} \\ Y_B = Y_A + \Delta Y_{AB} \end{array}\right\} \tag{4-34}$$

其中，

$$\left.\begin{array}{l} \Delta X_{AB} = D_{AB} \cos\alpha_{AB} \\ \Delta Y_{AB} = D_{AB} \sin\alpha_{AB} \end{array}\right\} \tag{4-35}$$

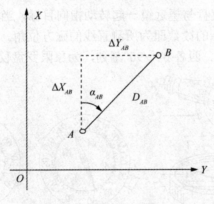

图 4-25　坐标正、反算

由于 α_{AB} 的正弦值和余弦值有正、负，因此，ΔX_{AB}、ΔY_{AB} 亦有正、负值。

（2）坐标反算。根据两个已知点的坐标计算出两点间的边长及其方位角，称为坐标反算。由图 4-25 可知

$$D_{AB} = \sqrt{\Delta X_{AB}^2 + \Delta Y_{AB}^2} = \sqrt{(X_B - X_A)^2 + (Y_B - Y_A)^2} \tag{4-36}$$

$$\alpha_{AB} = \tan^{-1}\frac{\Delta Y_{AB}}{\Delta X_{AB}} = \tan^{-1}\frac{Y_B - Y_A}{X_B - X_A} \qquad (4\text{-}37)$$

必须说明，式（4-37）计算的 α_{AB} 为象限角值，值域为 $-90°\sim90°$。而 α_{AB} 的值域为 $0°\sim360°$，二者不相符。因此应根据 ΔX_{AB}、ΔY_{AB} 的正、负号判定直线所在的象限，再把象限角参照表 4-6 转换为坐标方位角。

4.4.4 磁方位角的测定

罗盘仪是用来测定直线磁方位角的仪器。其精度虽不高，但具有结构简单、使用方便等特点，在普通测量中，常用罗盘仪测定起始边的磁方位角，用以近似代替起始边的坐标方位角，作为独立测区的起算数据。

1. 罗盘仪及其构造

罗盘仪的主要部件有磁针、刻度盘和瞄准设备，如图 4-26（a）所示。

（1）磁针。磁针由人造磁铁制成，其中心装有镶着玛瑙的圆形球窝，刻度盘中心装有顶针，磁针球窝支在顶针上，为了减轻顶针尖不必要的磨损，在磁针下装有小杠杆，不用时拧紧下面的顶针螺丝，使磁针离开顶针。磁针静止时，一端指向地球的南磁极，一端指向北磁极。为了减小磁倾角的影响，在南端绕有铜丝。

（2）刻度盘。刻度盘为钢或铝制成的圆环，最小分划为 $1°$ 或 $30'$，每 $1°$ 有一注记，按逆时针方向从 $0°$ 注记到 $360°$。望远镜物镜端与目镜端分别在 $0°$ 与 $180°$ 刻度线正上方，如图 4-26（b）所示。

罗盘仪在定向时，刻度盘与望远镜一起转动指向目标，当磁针静止后，刻度盘上由 $0°$ 逆时针方向至磁针北端所指的读数即为所测直线的磁方位角。这种刻度盘是方位罗盘仪。图 4-26（c）由北、南向东、西各 $0°\sim90°$ 刻划，为象限罗盘仪。

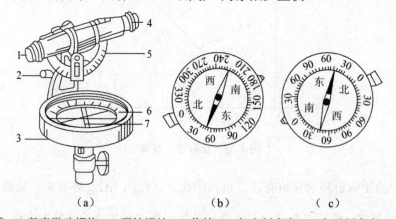

1-目镜；2-竖直微动螺旋；3-顶针螺丝；4-物镜；5-竖直刻度盘；6-水平刻度盘；7-磁针

图 4-26　罗盘仪的构造

（3）望远镜。它由物镜、十字丝分划板和目镜组成，是一种小倍率的外对光望远镜。

此外，罗盘仪还附有圆形或管形水准器以及球臼装置，用以整平仪器。为了控制度盘和望远镜的转动，附有度盘制动螺旋以及望远镜制动螺旋和微动螺旋。一般罗盘仪都附有三角架和垂球，用以安置仪器。

2.　磁方位角测定

为了测定直线 AB 的磁方位角，先将罗盘仪安置在直线起点 A，用垂球对中，利用球臼装置使水准器气泡居中，然后放松磁针，用望远镜瞄准 B 点花杆。待磁针静止后，根据磁针北端在刻度盘上读数，即为直线 AB 的磁方位角。象限罗盘仪的读数为象限角。

目前，许多经纬仪配备了与罗盘仪相似的管状罗针测磁方位角，它安装在经纬仪支架上随照准部旋转。使用时，经纬仪安置在测线起点，装上罗针，望远镜大致瞄准北方向，拧松磁针制动螺丝放下磁针，由罗针观察孔磁针两端的影像，如图 4-27（a）所示，影像上下未重合，说明经纬仪视准轴未平行于磁北。转动经纬仪水平微动螺旋，使影像上下重合，如图 4-27（b）所示，此时视准轴朝北。读取水平度盘读数（或归零），再瞄准测线终点方向，读取水平度盘读数，两读数之差即为测线的磁方位角。

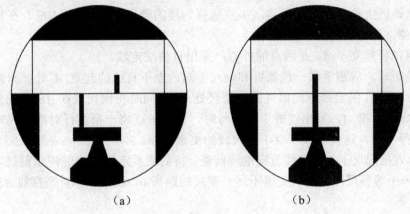

（a）　　　　　　　　　　　（b）

图 4-27　管状罗针观察视场

3.　注意事项

磁方位角的测定需注意的事项主要有以下几方面。

（1）使用罗盘仪测量时，凡属铁质器具，如测钎、铁锤等物，应远离仪器，以免影响磁针的指北精度。

（2）应避免在磁力异常地区，如高压线、铁矿等附近使用罗盘仪测量，雷电时应停止测量。

（3）必须待磁针静止后才能读数，读数完毕应将磁针固定，以免磁针顶针磨损。

（4）若磁针摆动较长时间还静止不下来，这表明磁针磁性不足，应进行充磁。

【实训1】距离丈量及楼高的测定

一、实训目的与要求

（1）掌握钢尺量距的一般方法。

（2）精度要求：往返量距的相对误差 $k \leqslant 1/3\ 000$，竖直角各测回的互差不大于 25"。

二、仪器与工具

钢尺 1 把、经纬仪 1 台、视距尺 1 把、花杆 3 根、木桩 2 根、测钎 1 束、斧头 1 把、记录本 1 个、计算器 1 个、铅笔 1 支。

三、观测方法与记录计算

（1）在地面上选择 A、B 两点（B 点选择为楼的竖边沿），打下木桩，在桩顶上画十字作为其点位，即为欲测量的直线。

（2）将花杆竖立于 A、B 两点的外侧，采用目估法定线。

（3）量距时，后测手拿一根测钎和钢尺零端，立于直线的起点 A 处；前测手拿若干根测钎及钢尺末端，沿定线方向前进到一整尺处；两人同时将钢尺放在 AB 直线上并拉紧，当后测手将零点对准 A，发出"好"的信号时，前测手就将一根测钎对准钢尺末端刻划插于地上，即得 1 点，这就完成了 A-1 整尺段的丈量工作。

（4）两人抬起尺子，沿定线方向继续前进，待后测手走到 1 点时停止前进，按同法丈量 1-2，2-3……等整尺段，最后丈量不足一整尺的距离 q，读至毫米；则直线 AB 的长度为 $L = nl + q$。

（5）同法由 B 向 A 进行返测，取往返丈量的平均值作为该直线的最后丈量结果；并计算往返丈量之差 $\triangle L$ 和相对误差 K，检查是否在容许范围内，否则要返工重测。

四、误差分析

五、钢尺一般量距记录表

表 4-6　钢尺一般量距记录计算

	尺段数	余长数/m	总长/m	往返差/m	相对精度	往返平均值/m
往测						
返测						
计算	平均长度 $L_0 = (L_往 + L_返)/2 =$ 较差 $\Delta L = L_往 - L_返 =$ 相对误差 $K = \dfrac{\lvert \Delta L \rvert}{l_0} = \dfrac{1}{l_0 \big/ \lvert \Delta L \rvert}$					

【实训 2】视距测量

一、实训目的与要求

（1）掌握视距测量的观测、记录与计算方法。

（2）5～6 人一组，每人对同一测点同向观测两次，第一次使 $S=i$、第二次使 $S=$ 整数。

（3）精度要求：水平距离的相对误差 $k \leqslant 1/300$，高差误差 $\Delta h \leqslant 6\ mm/100\ m$。

二、仪器与工具

经纬仪 1 台、视距尺 1 把、皮尺或 2 m 钢尺 1 把、记录本 1 个、计算器 1 个和铅笔 1 支。

三、观测方法与记录计算

（1）将经纬仪安置于测站点上，对中、整平、量取仪器高（读至 cm）。

（2）第一位同学盘左瞄准 1 号尺，在 $S=i$ 和 $S=$ 整数（如 2 m）时，分别读取下丝、上丝读数（读至 mm），再转动竖直度盘指标水准管微动螺旋，令竖直度盘水准管气泡居中，读取竖直度盘读数（读至分），记入表中。

（3）第二位同学盘左瞄准 2 号尺，同法进行观测。

（4）按下列公式进行计算（测站高程由教师给出，除视距间隔外，均取位至 cm）：

视距间隔：$l=$ 下丝读数 — 上丝读数

竖直角：$\alpha = 90° - L$

水平距离：$D = Kl\cos 2\alpha$

初算高差：$h' = D \cdot \tan\alpha$

高差：$h = h' + i - S$

测点高程：$H_点 = H_站 + h$

（5）检查误差是否在容许范围内，否则应返工重测。

四、误差分析

五、视距测量记录计算

表 4-7　视距测量记录计算

测站名称：_____　　　　测站高程：_____

仪器高：_____　　　观测者：_____　　　　记录者：_____

测点	尺上读数（m）		视距间隔/m	竖直度盘读数	竖直角 α	水平距离/m	初算高差/m	高差 h/m	高程/m
	中丝	下丝 上丝							

本章小结

本章主要介绍了钢尺量距、视距测量、电磁波测距和直线定向。

本章的主要内容有量距工具；直线定线；一般量具；精密量具；钢尺量距的误差及注意事项；视距量距的原理光电测距的主要设备；光电测距仪的使用；测距成果整理；测距仪标称精度；标准定向；直线方向的标识方法；坐标方位角的推算和点位坐标计算以及磁方位角的测定。通过学习本章内容，读者可以了解钢尺量距、视距测量、电磁波测距所使用仪器、工具组成及其使用方法；掌握钢尺量距、视距测量、电磁波测距基本原理、测量成果整理与计算方法；掌握钢尺量距、视距测量、电磁波测距施测方法步骤。

习题 4

1. 常规距离测量有哪些方法？

2. 钢尺精密量距中，应进行哪些改正？

3. 何谓钢尺的名义长和实际长？钢尺检定的目的是什么？

4. 简述钢尺量距的误差来源。

5. 视距测量有何特点？它适用于什么情况下测距？

6. 光电测距影响精度的因素有哪些？测量时应注意哪些事项？

7. 当钢尺的实际长小于钢尺的名义长时，使用这把尺量距会把距离量长了，尺长改正应为负号；反之，尺长改正为正号。为什么？

8. 简述光电测距基本原理，写出相位式测距仪测距的基本公式，说明其中符号的意义。

9. 丈量 AB、CD 两段水平距离。AB 往测为 126.780 m，返测为 126.735 m；CD 往测为 357.235 m，返测为 357.190 m。问哪一段丈量精确？为什么？两段距离的丈量结果各为多少？

10. 将一根名义长为 30 m 的钢尺与标准钢尺进行比长，发现该钢尺比标准尺长 14.2 mm，已知标准钢尺的尺长方程式为 $l_t = 30$ m $+ 0.0052$ m $+ 1.25 \times 10^{-5} \times 30 \times (t - 20℃)$ m，在比长时的温度为 11℃，拉力为 10 kg，求该钢尺在检定温度取 20℃时的尺长方程式。

11. 已知钢尺的尺长方程式为 $l_t = 30$ m $+ 0.009$ m $+ 1.25 \times 10^{-5} \times 30 \times (t - 20℃)$，设温度 $t = -5℃$，在标准拉力下，用该尺沿 30°斜坡的地面量得 A、B 两点间的名义距离为 75.813 m，求实际水平距离。

12. 某钢尺名义长度为 30 m，经检定实长为 30.005 m，检定时温度 $t_0 = 10℃$，使用拉力 $P = 100$ N，用该尺丈量某距离为 312.45 m，丈量时温度 $t = 30℃$，$P = 100$ N，两断点高差 0.83 m，求水平距离。

13. 用钢尺往返丈量了一段距离，其平均值为 184.260 m，要求量距的相对误差达到 l/5 000，问往返丈量距离的较差不能超过多少？

第 5 章　全站仪

【本章导读】

　　全站仪是由光电测距仪、电子经纬仪和数据处理系统组合而成的测量仪器。它具有能够在一个测站上完成采集水平角、竖直角和倾斜距离三种基本数据的功能，并由这三种基本数据，通过仪器内部的中央处理单元（CPU），计算出平距、高差、高程及坐标等数据。也可配合电子记录手簿，实现自动记录、存储、输出测量成果，使测量工作大为简化，实现全野外数字化测量。由于只要一次安置仪器，便可以完成在该测站上所有的测量工作，故被称为全站型电子速测仪，简称"全站仪"。全站仪作为光电技术的最新智能化的测量产品，是目前各工程单位进行工程测量的主要仪器，它的应用使测量技术人员从繁重的测量工作中解脱出来。

【学习目标】

> ➤ 了解全站仪测量基本原理、基本功能及操作方法；
> ➤ 掌握全站仪基本测量方法；
> ➤ 掌握全站仪模块测量方法。

5.1　全站仪的构造及其辅助设备

　　早期的全站仪是将电子经纬仪与光电测距仪装置在一起，并可以拆卸，分离成经纬仪和测距仪两个独立的部分，称为分体式全站仪。后来又改进为将光电测距仪的光波发射接收系统的光轴和经纬仪的视准轴组合为同轴的整体式全站仪，并且配置了电子计算机的中央处理单元（CPU）、储存单元和输入输出设备（I/O），能根据外业采集的基本数据，实时计算并显示出所需要的测量成果。通过输入输出设备，可以与计算机交互通讯，使测量数据直接输入计算机，进行计算、编辑和绘图。测量作业所需要的已知数据也可以从计算机输入到全站仪。随着信息产业技术的发展，全站仪已向智能化、自动化、功能集成化方向发展。

　　电子全站仪主要由测量部分、中央处理单元、输入、输出以及电源等部分组成，其结构原理如图 5-1 所示。

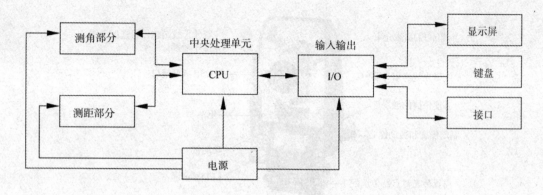

图 5-1 全站仪结构原理图

全站仪各部分的作用概述如下。

（1）测角部分相当于电子经纬仪，可以测定水平角、竖直角和设置方位角。

（2）测距部分相当于光电测距仪，一般采用红外光源，测定仪器至目标点（设置反光棱镜或反光片）的斜距，并可归算为平距及高差。

（3）中央处理单元接受输入指令，分配各种观测作业，进行测量数据的运算，如多测回取平均值、观测值的各种改正、极坐标法或交会法的坐标计算以及包括运算功能更为完备的各种软件，在全站仪的数字计算机中还提供有程序存储器。

（4）输入、输出部分包括键盘、显示屏和接口。从键盘可以输入操作指令、数据和设置参数；显示屏可以显示出仪器当前的工作方式（mode）、状态、观测数据和运算结果；接口使全站仪能与磁卡、磁盘、微机交互通讯，传输数据。

（5）电源部分有可充电式电池，供给其他各部分电源，包括望远镜十字丝和显示屏的照明。

目前，全站仪在工程中基本得到普及，世界上许多著名测绘仪器厂商均生产各种型号的全站仪。例如：日本索佳（SOKKIA）、尼康（Nikon）、托普康（TOPCON）、宾得（PENTAX）；瑞士徕卡（Leica）；德国蔡司（Zeiss）；美国天宝（Trimble）；我国南方 NTS 系列、苏光 OTS 系列、RTS 系列等。各种不同品牌、型号的全站仪其外貌和结构各不相同，但就其使用功能上大同小异。现以托普康-751 型全站仪为例进行简要的介绍。

全站仪的主要技术指标有测角精度、测距精度及其测程等。托普康 GTS-751 型全站仪测角精度为 1"，使用棱镜测距精度为 ±（2 mm＋2 ppm*D）m.s.e，三棱镜测程可达 4 000 m，无棱镜距离测量，标准模式下测量范围为 1.5 m～250 m，超长模式下测量范围为 5.0 m～2 000 m，该仪器具有双面 320×240（QVGA）真彩触摸屏。

5.1.1　全站仪外部构造

如图 5-2 所示为托普康 GTS-751 型全站仪的外部构造。

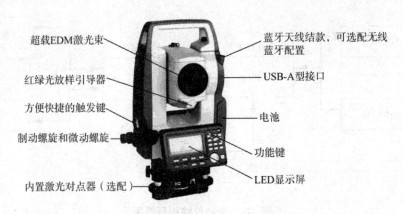

超载EDM激光束

红绿光放样引导器

方便快捷的触发键

制动螺旋和微动螺旋

内置激光对点器（选配）

蓝牙天线结款，可选配无线蓝牙配置

USB-A型接口

电池

功能键

LED显示屏

图 5-2 托普康 GTS-751 型全站仪

全站仪键盘上各键的基本功能见表 5-1。

表 5-1 托普康 GTS-751 型全站仪各按键的名称及功能

按 键	名 称	功 能
0～9	数字键	输入数字
A～/	字母键	输入字母
ESC	退出键	退回到前一个显示屏或前一个模式
★	星键	用于若干仪器常用功能的操作
ENT	回车键	数据输入结束并认可时按此键
Tab	Tab 键	光标右移，或下移一个字段
B.S.	后退键	输入数字或字母时，光标向左删除一位
Shift	Shift 键	同计算机 Shift 键功能
Ctrl	Ctrl 键	同计算机 Ctrl 键功能
Alt	Alt 键	同计算机 Alt 键功能
Func	功能键	执行由软件定义的具体功能
a	字幕切换键	切换到字母输入模式
⟨✛⟩	光标键	上下左右移动光标
POWER	电源键	控制电源的开/关（位于仪器支架侧面上）
S.P.	空格键	输入空格
•	输入面板建	显示软输入面板

5.1.2 各测量模式下功能键（软键）的功能

位于显示窗底部的 F1、F2、F3、F4 四个键，称为功能键（软键）。功能键（软键）的实际功能随显示信息的不同而改变。显示窗底部，对应功能键（软键）上方显示的正好是 F1、F2、F3、F4 各自对应的可供选择的项目，即各键位所定义的相应功能。各功能键（软键）在不同测量模式下的功能如图 5-3 所示。各功能键（软键）在不同测量模式下的具体功能见表 5-2。

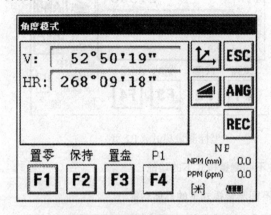

角度测量模式（P1 页）

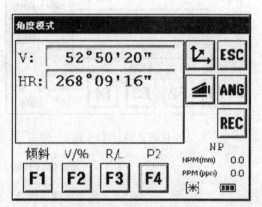

角度测量模式（P2 页）

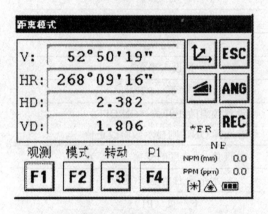

倾斜距离测量模式（P1 页）

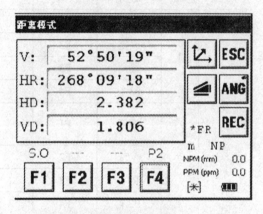

倾斜距离测量模式（P2 页）

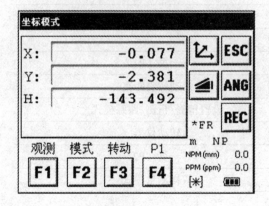

水平距离测量模式（P1 页）

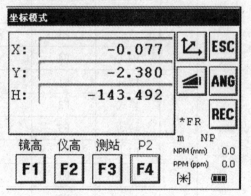

水平距离测量模式（P2 页）

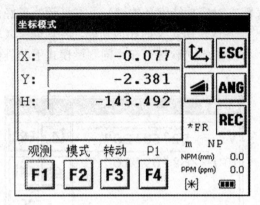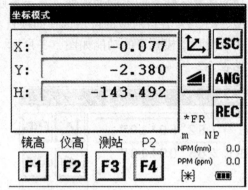

坐标测量模式（P1 页）　　　　坐标测量模式（P2 页）

图 5-3　功能键（软键）在不同测量模式下的功能

表 5-2　各功能键（软键）在不同测量模式下的具体功能

模式	页	显示	软键	功能
角度测量模式	1	置零	F1	水平角置零
		锁定	F2	水平角锁定
		置角	F3	预设水平角
		P1↓	F4	下一页（P2）
	2	补偿	F1	设置倾斜改正开关（ON/OFF） 若选择 ON，则显示倾斜改正值
		V%	F2	垂直角/百分度的变换（坡度）
		R/L	F3	水平角右角/左角变换
		P2↓	F4	下一页（P1）
	3	移动	F1	转换仪器
		—	F2	
		—	F3	
		P3↓	F4	下一页（P1）
距离测量模式	1	测量	F1	启动倾斜距离
		模式	F2	设置精测/粗侧/跟踪模式
		转动	F3	转动仪器
		P1↓	F4	下一页（P2）
	2	放样	F1	放样测量模式
		—	F2	
		—	F3	
		P2↓	F4	下一页（P1）

（续表）

坐标测量模式	1	测量	F1	启动坐标测量
		模式	F2	设置精测/粗侧/跟踪模式
		转动	F3	转动仪器
		P2↓	F4	下一页（P1）
	2	镜高	F1	输入棱镜高
		仪高	F2	输入仪器高
		测站	F3	设置仪器测站坐标
		P2↓	F4	下一页（P1）

5.1.3　星键（★键）模式

按星键【★】可以看到以下仪器操作选项，如图 5-4 所示。

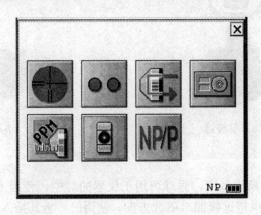

图 5-4　星键［★］下的仪器操作选项

星键［★］下的仪器各操作选项的功能如下：

➢ ⊕：十字丝照明键。
➢ ⊙⊙：光导向指示键。
➢ ⬛：回光设置键。
➢ ⬛：电子圆水准器键。
➢ ⬛：棱镜常数设置键。
➢ ⬛：激光指向键。
➢ NP/P：无棱镜模式/棱镜模式切换。

5.1.4　全站仪的辅助设备

全站仪要完成预定的测量工作，必须借助于必要的辅助设备。全站仪常用的辅助设备有：三脚架、反射棱镜或反射片、垂球、管式罗盘、温度计和气压表、打印机连接电缆、数据通信电缆、阳光滤色镜、电池及充电器等。

（1）三脚架。用于测站上架设仪器，其操作与经纬仪相同。

（2）反射棱镜或反射片。在利用反射棱镜（或者反射片）作为反射物进行测距时，反射棱镜接收全站仪发出的光信号，并将其反射回去。全站仪发出光信号，并接收从反射棱镜反射回来的光信号，计算光信号的相位移等，从而间接求得光通过的时间，最后测出全站仪到反射棱镜的距离。反射棱镜的工作原理实际上是光的反射定律和折射定律。光在相同介质中发生反射时，其反射角和入射角相等；光由一种介质垂直两介质平面入射到另一种介质时，不会发生折射。在工程测量中，根据测程的不同，可选用单棱镜、三棱镜和九棱镜等。常用的主要是单棱镜和三棱镜两种，如图 5-5 所示，单棱镜主要用于测短距离，三棱镜主要用于测长距离。

（a）单棱镜　　　　　　　　　　　　（b）三棱镜

图 5-5　反射棱镜

（3）垂球。在无风天气下，垂球可用于仪器的对中，使用方法同经纬仪。

（4）管式罗盘。供望远镜照准磁北方向，使用时，将其插入仪器提柄上的管式罗盘插口即可，松开指针的制动螺旋，旋转全站仪照准部，使罗盘指针平分指标线，此时望远镜指向磁北方向。

（5）打印机连接电缆。用于连接仪器和打印机，可直接打印输出仪器内数据。

（6）温度计和气压表。提供工作现场的温度和气压，用于设置仪器参数。

（7）数据通信电缆。用于连接仪器和计算机进行数据通信。

（8）阳光滤色镜。对着太阳进行观测时，为了避免阳光对观测者视力的伤害和仪器的损坏，可将翻转式阳光滤色镜安装在望远镜的物镜上。

（9）电池及充电器。为仪器提供电源。

5.2　全站仪的基本操作

全站仪的基本功能是测量水平角、竖直角和倾斜距离。除了基本功能外，全站仅还具有自动进行温度、气压、地球曲率等改正功能。将全站仪安置于测站，开机时，仪器先进行自检，观测员完成仪器的初始化设置后，全站仪一般先进入测量基本模式或上次关机时的保留模式。由于各种型号的全站仪，其规格和性能不尽相同，在操作使用上的差异则更大。因此，要全面了解、掌握一种型号的全站仪，就必须详细阅读其使用说明书。

5.2.1　全站仪测量原理

全站仪测读角系统是利用光电扫描度盘，自动显示于读数屏幕，使观测时操作更简单，且避免了人为读数误差。目前，电子测角有三种度盘形式，即编码度盘、光栅度盘和格区式度盘，与电子经纬仪测角度盘形式一样，这里不再重复介绍。

5.2.2　测量前的准备工作

全站仪测量前的准备工作有安装电池、安置仪器、开机和检查显示屏显示的测量模式、设置仪器参数以及其他方面的准备。

（1）安装电池。在测量前首先应检查内部电池充电情况，如电力不足，要及时充电。充电时要用仪器自带的充电器进行充电，充电时间需 12～15 h，不要超出规定时间。整平仪器前应装上电池，因为装上电池后仪器会发生微小的倾斜。观测完毕须将电池从仪器上取下。

（2）安置仪器。全站仪的安置同经纬仪相似，也包括对中和整平两项工作。对中均采用光学对中器，具体操作方法与经纬仪相同。

（3）开机和检查显示屏显示的测量模式。检查全站仪已安装上内部电池，即可打开电源开关。电源开启后主显示窗随即显示仪器型号、编号和软件版本，数秒后发生鸣响，仪器自动转入自检，通过后显示检查合格。数秒后接着显示电池电力情况，如电压过低，应关机更换电池。

全站仪开机主显示屏显示的测量模式一般是水平度盘和竖直度盘模式，要进行其他测量可通过菜单进行调节。

（4）设置仪器参数。根据测量的具体要求，测量前应通过仪器的键盘操作来选择和设置参数。主要包括：观测条件参数的设置、日期和时钟的设置、通信条件参数的设置和计量单位的设置等。

（5）其他方面。对于不同型号的全站仪，必要情况下，应根据测量的具体情况进行其他方面的设置。如：恢复仪器参数出厂设置、数据初始化设置、水平角恢复、倾角自动补偿、视准差改正及电源自动切断等。

5.2.3　全站仪的操作与使用

全站仪可以完成角度（水平角、竖直角）测量、距离（斜距、平距、高差）测量、坐标测量、放样测量、交会测量及对边测量等十多项测量工作。这里仅介绍水平角、距离、高程、坐标及放样测量等基本方法。

1. 水平角测量

（1）基本操作方法。

1）选择水平角显示方式。水平角显示具有左角 HAL（逆时针角）和右角 HAR（顺时针角）两种形式可供选择，进行测量前，应首先定义显示方式。

2）进行水平度盘读数设置。①水平方向置零。测定两条直线间的夹角，先将其中任一点作为起始方向，并通过键盘操作，将望远镜照准该方向时水平度盘的读数设置为 0°00′00″，简称为水平方向置零。②方位角设置（水平度盘定向）。当在已知点上设站，照准另一已知点时，则该方向的坐标方位角是已知量，此时可设置水平度盘的读数为已知坐标方位角值，称为水平度盘定向。此后，照准其他方向时，水平度盘显示的读数即为该方向的坐标方位角值。

（2）水平角测量。用全站仪测水平角时，首先选择水平角显示方式，然后精确照准后视点并进行水平方向置零（水平度盘的读数设置为 0°00′00″），再旋转望远镜精确照准前视点，此时显示屏幕上的读数，便是要测的水平角值，记入测量手簿即可。

（3）竖直角测量。如图 5-6 所示，一条视线与通过该视线的竖直面内的水平线的夹角称为竖直角，通常以 α 表示。视线在水平线之上称为仰角，符号为正，如图 5-6（a）所示。反之称为俯角，符号为负，如图 5-6（b）所示。角值范围为 0°～90°。

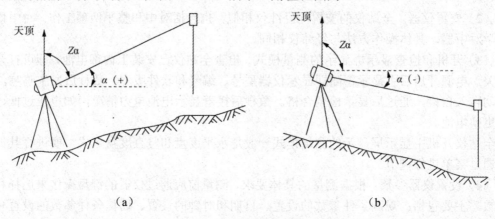

（a）   （b）

图 5-6　竖直角的测量

竖直角也可以天顶距表示。天顶距是指视线所在竖面内，天顶方向（即竖直方向）与视线的夹角，通常以 z 表示，天顶距无负值，角值范围为 0°～180°。

由图 5-6 可知：$z = 90° - \alpha$。

2. 距离测量

（1）参数设置。

①棱镜常数等参数。由于光在玻璃中的折射率为 1.5～1.6，而光在空气中的折射率近似等于 1，也就是说，光在玻璃中的传播要比空气中慢，因此光在反射棱镜中传播所用的超量时间会使所测距离增大某一数值，通常我们称作棱镜常数。棱镜常数的大小与棱镜直角玻璃锥体的尺寸和玻璃的类型有关，可按式（5-1）确定

$$棱镜常数\ PC = -(\frac{N_C}{N_R}a - b) \tag{5-1}$$

式中，N_C——光通过棱镜玻璃的群折射率；

$\qquad N_R$——光在空气中的群折射率；

$\qquad a$——棱镜前平面（透射面）到棱镜锥顶的距离；

$\qquad b$——棱镜前平面到棱镜装配支架竖轴之间的距离。

实际上，棱镜常数已在厂家所附的说明书或在棱镜上标出，供测距时使用。在精密测量中，为减少误差，应使用仪器检定时使用的棱镜类型。

②大气改正。由于仪器作业时的大气条件一般与仪器选定的基准大气条件（通常称为气象参考点）不同，光尺长度会发生变化，使测距产生误差，因此，必须进行气象改正（或称大气改正）。

（2）返回信号检测。当精确地瞄准目标点上的棱镜时，即可检查返回信号的强度。在基本模式或角度测量模式的情况下进行距离切换（如果仪器参数"返回信号音响"设在开启上，则同时发出音响）。如返回信号无音响，则表明信号弱，先检查棱镜是否瞄准，如果已精确瞄准，应考虑增加棱镜数，这对长距离测量尤为重要。

（3）距离测量。

①测距模式的选择。全站仪距离测量有精测、速测（或称粗测）和跟踪测等模式可供选择，故应根据测距的要求通过键盘预先设定。

②开始测距（斜距 S_{SET}，平距 H_{SET}，高差 V_{SET}）。精确照准棱镜中心，按距离测量键，开始测量距离，此时有关测量信息（距离类型、棱镜常数改正、气象改正和测距模式等）将闪烁显示在屏幕上。短暂时间后，仪器发出一短声响，提示测量完成，屏幕上显示出有关距离值（斜距 S，平距 H，高差 V）。

5.2.4　全站仪的其他功能

1. 红色激光指示功能

（1）提示测量。当持棱镜者看到红色激光发射时，就表示全站仪正在进行测量，当红色激光关闭时，就表示测量已经结束，如此可以省去打手势或者使用对讲机通知持棱镜者移站，提高作业效率。

（2）激光指示持棱镜者移动方向，提高施工放样效率。

（3）对天顶或者高角度的目标进行观测时，不需要配弯管目镜，激光指向哪里就意味着十字丝照准到哪，方便瞄准，如此在隧道测量时配合免棱镜测量功能将非常方便。

（4）新型激光指向系统，任何状态下都可以快速打开或关闭。

2. 免棱镜测量功能

（1）危险目标物测量。对于难于达到或者危险目标点，可以使用免棱镜测距功能获取数据。

（2）结构物目标测量。在不便放置棱镜或者贴片的地方，使用免棱镜测量功能获取数据，如钢架结构的定位等。

（3）碎部点测量。在碎部点测量中，如房角等的测量，使用免棱镜功能，效率高且非常方便。

（4）隧道测量。隧道测量中由于要快速测量，放置棱镜很不方便，使用免棱镜测量就变得非常容易及方便。

（5）变形监测。可以配合专用的变形监测软件，对建筑物和隧道进行变形监测。

5.3 全站仪的模块测量

5.3.1 坐标测量

全站仪可进行三维坐标测量，在输入测站点坐标、仪器高、目标高和后视方向坐标方位角（或后视点坐标）后，用其坐标测量功能可以测定目标点的三维坐标。

如图 5-7 所示，O 点为测站点，A 为后视点，1 点为待定点（目标点）。已知 A 点的坐标为 N_A、E_A、Z_A，O 点的坐标为 N_O、E_O、Z_O，并设 1 点的坐标为 N_1、E_1、Z_1。由坐标反算公式 $\alpha_{OA} = \arctan \dfrac{E_A - E_O}{N_A - N_O}$，计算 OA 边的坐标方位角 α_{OA}（称后视方位角）。

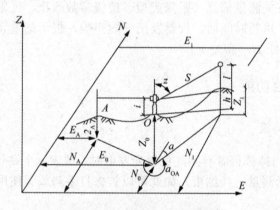

图 5-7 坐标测量计算原理图

由图 5-7 可以计算出待定点（目标点）1 的三维坐标为

$$N_1 = N_0 + S \cdot \sin z \cdot \cos \alpha$$
$$E_1 = E_0 + S \cdot \sin z \cdot \sin \alpha \qquad (5\text{-}2)$$
$$Z_1 = Z_0 + S \cdot \cos z + i - l$$

式中，N_1、E_1、Z_1——待测点坐标；

　　　N_O、E_O、Z_O——测站点坐标；

N_A、E_A、Z_A——后视点坐标；

s——测站点至待测点的斜距；

z——棱镜中心的天顶距；

α——测站点至待测点方向的坐标方位角；

i——仪器高；

l——目标高（棱镜中心高）。

对于全站仪来说，上述的计算通过操作键盘输入已知数据后，可由仪器内的计算系统自动完成，测量者通过操作键盘即可直接得到待测点的坐标。

坐标测量可按以下程序进行：

（1）坐标测量前的准备工作。仪器已正确地安置在测点上，电池电量充足，仪器参数已按观测条件设置好，度盘定标已完成，测距模式已准确设置，返回信号检验已完成，并适宜测量。

（2）输入仪器高。仪器高是指仪器的横轴中心（一般仪器上设有标志标明位置）至测站点的垂直高度。一般用 2 m 钢卷尺量出，在测前通过操作键盘输入。

（3）输入棱镜高。棱镜高是指棱镜中心至测站点的垂直高度。测前通过操作键盘输入。

（4）输入测站点数据。在进行坐标测量前，需将测站点坐标 N、E、Z 通过操作键盘依次输入。

（5）输入后视点坐标。在进行坐标测量前，需将后视点坐标 N、E、Z 通过操作键盘依次输入。

（6）设置气象改正数。在进行坐标测量前，应输入当时的大气温度和气压。

（7）设置后视方向坐标方位角。照准后视点，输入测站点和后视点坐标，通过键盘操作确定后，水平度盘读数所显示的数值，就是后视方向坐标方位角。如果后视方向坐标方位角已知（可以通过测站点坐标和后视点坐标反算得到），此时仪器可先照准后视点，然后直接输入后视方向坐标方位角数值。在此情况下，就无需输入后视点坐标。

（8）三维坐标测量。精确照准立于待测点的棱镜中心，按坐标测量键，短暂时间后，坐标测量完成，屏幕显示出待测点（目标点）的坐标值。测量完成。

5.3.2　放样测量

放样测量用于实地上测设出所要求的点。在放样过程中，通过对照准点角度、距离或者坐标的测量，仪器将显示出预先输入的放样数据与实测值之差以指导放样进行。显示的差值由下式计算：

$$水平角差值＝水平角实测值－水平角放样值$$
$$斜距差值＝斜距实测值－斜距放样值$$
$$平距差值＝平距实测值－平距放样值$$
$$高差差值＝高差实测值－高差放样值$$

全站仪均有按角度、距离放样和按坐标放样的功能。下面作以简要介绍。

1. 按角度、距离放样测量

按角度、距离放样测量又称为极坐标放样测量，是根据相对于某参考方向转过的角度和至测站点的距离测设出所需要的点位，如图 5-8 所示。

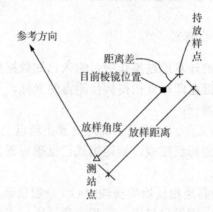

图 5-8 角度和距离放样测量

按角度、距离放样测量的具体放样步骤如下。

（1）全站仪安置于测站，精确照准选定的参考方向；并将水平度盘读数设置为0°00'00"。

（2）选择放样模式，依次输入距离和水平角的放样数值。

（3）进行水平角放样。在水平角放样模式下，转动照准部，当转过的角度值与放样角度值的差值显示为零时，固定照准部。此时仪器的视线方向即角度放样值的方向。

（4）进行距离放样。在望远镜的视线方向上安置棱镜，并移动棱镜被望远镜照准，选取距离放样测量模式，按照屏幕显示的距离放样引导，朝向或背离仪器方向移动棱镜，直至距离实测值与放样值的差值为零时，定出待放样的点位。

一般全站仪距离放样测量模式有：斜距放样测量、平距放样测量、高差放样测量。

2. 坐标放样测量

如图 5-8 所示，O 为测站点，坐标（N_O、E_O、Z_O）为已知，1 点为放样点，坐标（N_1、E_1、Z_1）已给定。根据坐标反算公式计算出 $O1$ 直线的坐标方位角和 O、1 两点的水平距离

$$\alpha_{O1} = \arctan \frac{E_1 - E_O}{N_1 - N_O} \tag{5-3}$$

$$D_{O1} = \sqrt{(N_1 - N_O)^2 + (E_1 - E_O)^2} = \frac{N_1 - N_O}{\cos \alpha_{O1}} = \frac{E_1 - E_O}{\sin \alpha_{O1}} \tag{5-4}$$

α_{O1} 和 D_{O1} 计算出后，即可定出放样点 1 的位置。实际上，上述的计算是通过仪器内软件完成的，无需测量者计算。

按坐标进行放样测量的步骤可归纳为：

（1）按坐标测量程序中的"（1）～（7）步"进行操作。

（2）输入放样点坐标，将放样点坐标 N_1、E_1、Z_1 通过操作键盘依次输入。

（3）参照按水平角和距离进行放样的步骤，将放样点 1 的平面位置定出。

（4）高程放样，将棱镜置于放样点 1 上，在坐标放样模式下，测量 1 点的坐标 Z，根据其与已知 Z_1 的差值，上、下移动棱镜，直至差值显示为零时，放样点 1 的位置即确定。

5.3.3　其他测量

全站仪除了能进行上述测量外，还具有后方交会测量、对边测量、悬高测量和偏心测量等高级功能。

（1）后方交会测量。将全站仪安置于待定点上，观测两个或两个以上已知的角度和距离，并分别输入各已知点的三维坐标和仪器高、棱镜高后，全站仪即可计算出测站点的三维坐标。由于全站仪后方交会既测角度，又测距离，多余观测数多，测量精度也就较高，也不存在位置上的特别限制，因此，全站仪后方交会测量也被称作为自由设站测量。

（2）对边测量。在任意测站位置，分别瞄准两个目标并观测其角度和距离，选择对边测量模式，即可计算出两个目标点间的平距、斜距和高差，还可根据需要计算出两个点间的坡度和方位角。

（3）悬高测量。要测量不能设置棱镜的目标高度，可在目标的正下方或正上方安置棱镜，并输入棱镜高。瞄准棱镜并测量，再仰视或俯视瞄准被测目标，即可显示被测目标的高度，如图 5-9（a）所示。

（4）偏心测量。若测点不能直接安置棱镜或全站仪，可将棱镜安置在测点附近通视良好、便于安置棱镜的地方，并构成等腰三角形。瞄准偏心点处的棱镜并观测，再旋转全站仪瞄准原先测点，全站仪即可显示出所测点位置，如图 5-9（b）所示。

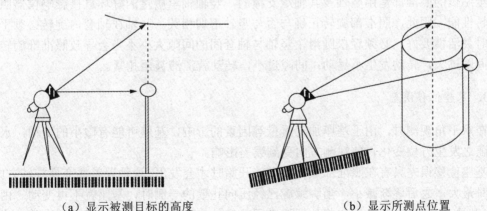

（a）显示被测目标的高度　　　　　　　　（b）显示所测点位置

图 5-9　全站仪其他测量功能

5.4 全站仪测量误差

测量误差主要分为两大类：一是系统误差；二是偶然误差。系统误差具有定量特性，通过一定的方法可以改正或消除。偶然误差具有定性特性，采取一定的方法和措施可以减弱其对测量结果的影响。

5.4.1 测角误差分析

全站仪角度观测的误差主要有度盘分划误差、照准部旋转正确性误差、基座位移误差、望远镜调焦时视准轴变动引起的测角误差和补偿器倾斜量测量误差。

1. 度盘分划误差

在全站仪中，无论是编码度盘还是光栅度盘，都要在度盘上按一定的规律均匀地刻制许多区间或光栅刻线，编码区间或光栅刻线之间的标准值与实际值之差就是度盘分划误差。

因刻度机或被刻制的区盘安置不正确，使度盘各部分分划不准确而产生周期性误差。该误差以度盘全周为周期（长周期）或以度盘一小弧段为周期（短周期）。在度盘全周内误差总和为零。度盘在刻制过程受外界条件（如温度）变化等偶然因素的影响，使刻线或偏左或偏右，具有偶然性。

对于静态度盘测角，把各测回均匀分配在度盘多个位置上进行观测，取其中数能减弱度盘分划误差的影响。

2. 照准部旋转正确性误差

全站仪的照准部是由竖轴及其轴承支撑的，竖轴轴承质量的好坏直接影响仪器照准部的运转性能，因此，照准部旋转正确与否与竖轴密切相关。竖轴在轴套内旋转必须平稳。旋转时灵活性要好，必须轻松圆滑。竖轴与轴套间的间隙大小不当会导致照准部旋转不正确。间隙过大，转动发生小晃动；间隙过小，转动就涩滞甚至扎紧。

3. 基座位移误差

在水平角观测时，由于基座加工质量等因素的影响，基座可能有微小的变动，水平度盘也随之发生方位变化，使观测方向受到误差影响。

基座位移误差只有在照准部顺转或逆转开始时才会发生，这种误差在变换旋转方向时，开始时最大，之后逐渐减小，当脚螺旋已经压向孔壁的一侧时，基座就不再变动。由此可见，当观测某一组方向时，首先将仪器沿着要旋转的方向转动 1～2 周，然后照准第一方向，在以后照准各方向时，保持同一方向旋转，就可以避免或减弱这项误差的影响。

4. 望远镜调焦时视准轴变动引起的测角误差

全站仪望远镜的作用有两个方面：一是将远方的目标通过成像放大，以便看清目标；

二是提供精确照准目标的视准轴，以确定目标的视线方向。为了保证观测结果的精度、要求望远镜的机械轴、光轴、视准轴三者重合。但由于望远镜调焦筒的螺纹间存在间隙或由于磨损及有杂物的影响，调焦筒在作轴间来回移动时，也引起调焦筒沿径向产生运动，使调焦镜的光心偏离视准轴，从而引起本来已照准的目标偏离原来的位置，产生测角误差。

为了减弱望远镜调焦误差的影响，当观测某一组方向时，目标距离应比较接近，以避免在方向之间重新调焦。如果在实际作业中，各被测目标到测站的距离长短相差较大，不可避免地需要调焦来照准目标时，应选择望远镜调焦误差较小的全站仪进行观测，并在测量方案制定中充分考虑这项误差的影响。

5. 补偿器倾斜量测量误差

在全站仪中，竖轴倾斜补偿器和电子度盘一样，也是角度测量中主要的光电传感器之一，全站仪角度测量结果包含补偿器测定的倾斜补偿量，因此，补偿器倾斜测量误差必然成为角度测量误差的一部分。

补偿器相对铅垂线的零位安置误差为系统误差，通过补偿器的指标差修正可以消除或减弱。除此之外，由于光敏元件的灵敏度、液面晃动等因素影响，致使补偿器所测量出的倾斜量存在偶然误差。为了减弱此项误差，在仪器旋转照准新的目标后，应稍等片刻，待液体补偿器液面稳定（反映在角度显示的稳定）之后再读数。在振动较大、仪器不易稳定的场合，全站仪测角时应关闭补偿器。

5.4.2　测距误差分析

全站仪距离测量中经过系统误差改正后的斜距边长计算公式为

$$D = \frac{c}{4\pi fn}(N \times 2\pi + \varphi) + \Delta D_C \tag{5-5}$$

式中，f——检定校准过的实际测距信号频率；

$\quad\quad n$——实测气象元素求得的大气折光率；

$\quad\quad N$——相位差 2π 的整倍数；

$\quad\quad \Delta D_C$——经检测得出的仪器改正常数。

由式（5-5），结合误差传播定律可知，引起测距误差的来源有折射率误差 m_n、测距频率误差 m_f、相位差误差 m_φ 和仪器常数检定误差 $m_{\Delta DC}$ 等。其中 m_n 与 m_f 对测距误差的影响与被测距离成比例关系，称该两项误差为比例误差；m_φ 与 $m_{\Delta DC}$ 与被测距离大小无关，称为固定误差。

5.4.3 测距频率误差

1. 测距频率误差来源

测距频率误差包含两个方面:频率校准误差和频率漂移误差。前者称为频率的准确度,后者称为频率的稳定度。因全站仪测距频率采用专门的频率计校准,而频率计的不确定度可优于 1×10^{-7},因此,经过测距频率校准后的全站仪,此项误差可忽略不计。

在全站仪的长期作业过程中,测距频率漂移误差是频率误差的主要因素。频率漂移误差是由振荡器元器件老化、温度变化、电源电压变化等因素引起的,此项误差的大小取决于仪器的质量,一般要求年漂移量不超过五百万分之一。

2. 减弱频率误差的措施

测距频率是决定测距精度的重要因素,它的稳定与否直接关系着测距结果的准确性,测距频率一般由石英晶体振荡器产生。实际测距时,环境气象条件的变化,特别是温度的变化将直接影响晶体振荡器的稳定,因此,生产厂家采取了很多措施来解决晶体振荡器的频率稳定性问题,主要方法介绍如下:

（1）采用温度补偿晶体振荡器。当温度变化时,温补网络里热敏电阻引起的频率变化量与晶体振荡器的频率变化量近似相等而符号相反,使振荡器在一个恒定的温度环境中工作,从而提高频率的稳定度。

（2）采用频率综合和锁相技术。在采用高稳定温补晶体振荡器的基础上,用频率合成的方法得到需要的频率,如精测、粗测振频率等,使各个频率之间严格相关,并具有与温补晶振相同的频率稳定度。

5.4.4 仪器常数改正误差

仪器常数改正数（加常数、乘常数）是在野外基线上通过比较法检定得来的,因检定基线场一般都有较好的观测条件,要求检定仪器改正常数时,其测距中误差要小于仪器标称中误差的二分之一。另外,仪器改正常数在较多的多余观测条件下通过最小二乘平差求得,具有较高的精度。仪器改正常数的检定误差值应小于常数值本身,一般为亚毫米或毫米级,否则不宜用该仪器常数改正其他距离。

检定基线本身距离的准确性对仪器常数测定,特别是乘常数的测定影响较大。因此,对基线的量值溯源应提出较高的要求,否则,同一全站仪在不同基线上可能检定出明显不同的加、乘常数改正数。

5.4.5 大气折射率误差

全站仪测距调制光在大气中传播时的实际折射率为

$$n = 1 + (ng - 1)\frac{273.16P}{(273.16+t) \times 1013.25} - \frac{11.27 \times 10^{-6}}{273.16+t} \times e \qquad (5\text{-}6)$$

式中，t——大气温度（℃）；

P——大气压[mbar，测定气压通常使用空气盒气压表，气压表所用的单位有毫巴（mba）r 和毫米汞柱（mmHg），两者换算关系为 1 mbar＝0.75 mmHg]；

e——水汽压（mbar）；

n_g——标准气象条件（$t＝0℃$，$P＝760$ mmHg，$e＝0$ mmHg）下调制光的折射率，当测距调制光波波长固定时，为已知常数。

式（5-6）为大气折射率的经验公式，该误差最大不超过 $1×10^{-6}$，一般情况下可以忽略不计。从式（5-6）可以看出，气象元素的测定误差是大气折射率求定误差源，将式（5-6）求微分并依据误差传播定理得

$$m_n^2 = \left[\frac{(n_g-1)\times 0.269588P - 11.27\times 10^{-6}e}{(273.16+t)^2}\right]^2 m_t^2 + \left[\frac{(n_g-1)\times 0.269588}{(273.16+t)^2}\right]^2 m_p^2 +$$

$$\left[\frac{11.27\times 10^{-6}}{273.16+t}\right]^2 m_e^2$$

$$（5-7）$$

设全站仪折射率 $n_g＝1.0002\,948$，测距温度为 $t＝20℃$，$P＝1010$ mbar，湿度 $e＝10$ mbar，代入式（5-7），得

$$m_n^2 = (0.93^2 m_t^2 + 0.27^2 m_p^2 + 0.04^2 m_e^2)10^{-12}$$

$$（5-8）$$

式（5-8）表明了温度、气压、湿度测量误差对折射率误差的影响关系。按等精度影响原则，设 $m_t＝1.0$ ℃，$m_p＝1.0$ mbar，$m_e＝1.0$ mbar，则各气象元素对大气折射率误差的影响大小主要取决于相关系数。根据式（5-8），可以算得温度测定误差引起的大气折射率求定误差所占比重最大，为 92%；大气压测定误差次之，为 7.8%；湿度（水汽压）最小，仅为 0.2%。由此可见，为了减弱大气折射率求定误差的影响，保证大气温度的测定精度是关键；而多数情况下短程测距中，可以不考虑湿度的影响，即在式（5-8）中可略去最后一项。一般来说，温度变化 1 ℃，或气压变化 4 mbar，将引起约 $1×10^{-6}$ 的折射率变化。

【实训 1】全站仪测量点的坐标

一、实训目的

（1）了解全站仪各主要部件的名称、作用和全站仪的基本操作要领。

（2）掌握全站仪测量水平角、竖直角、水平距离和高差方法。

（3）掌握利用全站仪测量坐标的方法。

二、仪器与工具

（1）全站仪 1 台、记录板 1 块、带三角支架棱镜组 1 个、2 m 标杆 1 根、木桩若干、斧子 1 把、气压计、温度计、50 m 钢尺 1 把、对讲机或无线电话等。

（2）自备：计算器、铅笔、草稿纸。

三、实训任务

测量某一闭合导线 1—2—3—4—1 各点间的水平角、水平距离和高差。

四、实训要点与流程

（1）在实习场地上用木桩定出一闭合导线 1—2—3—4—1，然后在木桩上打入小钉子作为标定点。

（2）在闭合导线外侧 50 m 的距离再标定出一后视 O 点，此点与闭合导线中某一点所形成的方向为所建闭合导线的起始方向控制点。

（3）在导线点 1 上安置全站仪（此点 x、y 坐标可分别假设为 100.000 m、100.000 m），对中、整平（使用全站仪电子整平时要先启动仪器），输入仪器高，同时在后视 O 点（此点 x、y 坐标可分别假设为 100.000 m、150.000 m）上安置棱镜，对中、整平，在仪器中输入"棱镜高"。棱镜面对测站。

（4）打开全站仪电源，上下转动望远镜、水平旋转仪器进行初始化，设置为角度测量状态模式。

（5）在 O 点处立标杆并用望远镜十字丝照准 O 点处标杆，然后在角度测量模式下设置水平度盘的方位角（此时的方位角可用计算器通过坐标反算求出）。

（6）在测站及第 2 镜站分别读记测前气压、温度，并量测棱镜高，将其高度值在坐标模式下输入全站仪的"棱镜高"项中。

（7）望远镜十字丝照准 2 号导线点方向的反射棱镜觇牌纵横标志线，读记水平角，测记斜距、平距、高差。

（8）将仪器设置为坐标测量状态，测得 2 号点的三维坐标值 N（x）、E（y）、z。

（9）检查本站测设记录，关闭仪器，结束本站测设。

（10）在导线点 2 上安置仪器，同时在导线点 3 上安置反射棱镜，棱镜面对测站（导线点 2），量记棱镜高。在导线点 1 上立标杆为后视方向，参考上述步骤（5），设置导线边 23 的方位角。

（11）照准导线点 3 方向，按上面（5）～（8）的顺序进行观测，同法测完全部导线点。

五、实训记录

填写实训记录表 5-3。

表 5-3　全站仪测量平面控制导线记录表

日期：＿＿＿＿＿　天气：＿＿＿＿＿　组别：＿＿＿＿＿　姓名：＿＿＿＿＿　学号：＿＿＿＿＿

后视点	置仪器点	仪器高/m	棱镜高/m	竖盘位置	水平角测量		距离高差测量			坐标测量值		
					水平度盘读数	方向值或角值	斜距/m	平距/m	高差/m	$N(x)$/m	$E(y)$/m	z/m

六、实训计算表

填写实训计算表 5-4。

表 5-4　全站仪测量平面控制导线坐标计算表

日期：＿＿＿＿＿　天气：＿＿＿＿＿　组别：＿＿＿＿＿　姓名：＿＿＿＿＿　学号：＿＿＿＿＿

点号	观测内角	改正数/(″)	改正后角值	方位角	距离/m	坐标增量/m		改正后坐标增量/m		坐标/m	
						$\triangle x$	$\triangle y$	Δ_x'	Δ_y'	x	y
辅助计算											

七、实训报告

填写实训报告表 5-5。

表 5-5　全站仪测量平面控制导线实习报告

日期：_____　天气：_____　组别：_____　姓名：_____　学号：_____

实习目的	全站仪测量平面控制导线	成绩	
实习目的			
主要仪器及工具			

一、实习场地布置图

二、主要操作步骤

三、实习总结

【实训 2】全站仪测设点的位置

一、实训目的

（1）熟悉全站仪的放样功能，掌握涵洞轴线的放样方法。

（2）进一步熟悉全站仪的使用，熟练掌握全站仪的操作方法，了解仪器其他功能使用。

二、仪器与工具

（1）全站仪 1 台、记录板 1 块、带三角支架棱镜组 1 个、2 m 标杆 1 根、木桩若干、斧子 1 把、气压计、温度计、50 m 钢尺 1 把、对讲机或无线电话等。

（2）自备：计算器、铅笔、草稿纸。

三、实训任务

涵洞轴线的测设。如图 5-10 所示，在实习场地上选择一点，打下一木桩，桩顶画十字线或在木桩顶面上钉入小钉子作为标志点，此点即为已知控制点 A。从 A 点用钢尺丈量一段 40.000 m 的距离定出另一点，同样打木桩，桩顶画十字线或在木桩顶面上钉入小钉子作为标定点，此点即为已知控制点 B。设 A、B 点的坐标为 $x_A = 100.000$ m，$y_A = 100.000$ m；$x_B = 100.000$ m，$y_B = 140.000$ m。以上数据为控制点 A、B 的已知数据。

某涵洞的涵轴线为点 P_1、P_2 的连线，其设计坐标分别为：

点 P_1：$x_1 = 109.425$ m，$y_1 = 107.286$ m

点 P_2：$x_2 = 109.425$ m，$y_2 = 137.286$ m

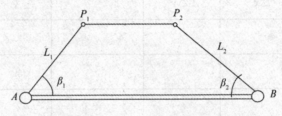

图 5-10　涵轴线 P_1、P_2 轴线的测设布置图

四、实训方法与步骤

1. 涵洞轴线放样前的准备

（1）测设数据的计算。根据控制点 A、B 和拟放样点 P_1、P_2 坐标反算出控制点 A、B 至放样点的水平距离和坐标方位角。其测设数据填在表 5-6 中。

（2）准备仪器和工具，使用的仪器必须在有效的检定周期内。给仪器充电，检查仪器常规设置（如单位、坐标方式、补偿方式、棱镜类型、棱镜常数、温度、气压等）。

2. 放样方法步骤

（1）如图 5-11 所示，在控制点 A 安置全站仪，初始化后检查仪器设置：气温、气压、棱镜常数；瞄准 B 点，设置水平度盘读数为直线 AB 的方位角；输入测站点的 N（x）、E（y）坐标，输入后视点坐标，马上测量后视点 B 的平面坐标与已知数据检核。

（2）旋转仪器照准部，使角度显示 AP_1 方向的方位角值，即形成图 5-11 中的方位角 β_1，沿此方向指挥司镜员移动棱镜至仪器视线方向上，测量水平距离 D。

（3）计算实测距离 D 与放样距离 D_0 的差值 $\triangle D = D - D_0$，指挥司镜员在视线上前进或后退 $\triangle D$。

（4）重复过程（3），直到 $\triangle D$ 小于放样限差，非坚硬地面此时可以打桩。

（5）检查仪器的方位角值，棱镜气泡严格居中（必要时重新架设三脚架），再测量一次，若 $\triangle D$ 小于限差要求，则可以精确标定点位 P_1。

（6）重复（2）～（5）的过程，放样出待放样点 P_2。

（7）将仪器安置在控制点 B 上，参照（1）～（6）的过程，放样出待放样点 P_1 和 P_2

点，对在 A 点放出的 P_1 和 P_2 点进行校核，其相对误差应不大于 1/3 000。

（8）可以用钢尺丈量 P_1、P_2 两点间的距离，与根据两点设计坐标算得的水平距离相比较，其相对误差也不大于 1/3 000。

五、实训记录计算表

根据实训记录进行计算，填写极坐标法测设涵洞涵轴线记录计算表，见表 5-6。

表 5-6 极坐标法测设洞轴线数据计算表

边	坐标增量/m		水平距离 D/m	坐标方位角 α	水平夹角 β
	$\triangle x$	$\triangle y$			
$A-B$					
$A-P_1$					
$B-A$					
$B-P_2$					
P_1-P_2					

六、实训报告

填写实训报告表 5-7。

表 5-7 全站仪进行涵洞轴线放样实习报告

日期：_____ 天气：_____ 组别：_____ 姓名：_____ 学号：_____

实习目的	全站仪放样涵洞轴线	成绩	
实习目的			
主要仪器及工具			

一、实习场地布置图

二、主要操作步骤

三、实习总结

本章小结

　　本章主要介绍了全站仪的构造及其辅助设备、全站仪的基本操作、全站仪的模块测量、全站仪测量误差。

　　本章的主要内容包括全站仪外部构造；全站仪键盘上各键的基本功能；各测量模式下功能键的功能，星键（★）模式；全站仪的辅助设备；全站仪的测量原理；测量前的准备工作；全站仪的操作与使用；全站仪的其他功能；坐标测量；放样测量；其他测量；测角误差分析；测距误差分析；测距频率误差；仪器常数改正误差和大气折射率误差。通过本章学习，读者可以了解全站仪测量基本原理、基本功能及操作方法；掌握全站仪基本测量方法；掌握全站仪模块测量方法。

习题 5

1. 全站仪的基本组成部分有哪些？
2. 全站仪有哪些主要功能？结合所使用的全站仪叙述如何进行仪器的功能设置？
3. 简述全站仪测量坐标的原理。
4. 结合所使用的全站仪，分别简述水平角、距离、坐标测量的操作步骤？
5. 仪器常数指的是什么？它们的具体含义是什么？
6. 测距成果为什么要进行气象改正？
7. 什么是棱镜常数？
8. 全站仪的测量误差有哪些？

第6章 全球定位系统

【本章导读】

全球定位系统（Global Positioning System，简称 GPS）起始于 1958 年美国军方的一个项目，1964 年投入使用。20 世纪 70 年代，美国陆、海、空三军联合研制了新一代卫星定位系统,主要目的是为陆、海、空三大领域提供实时、全天候和全球性的导航服务，并用于情报搜集、核爆监测和应急通讯等一些军事目的。

GPS 以全天候、高精度、自动化、高效益等显著特点，广泛应用于大地测量、工程测量、航空摄影测量、交通导航、地壳运动监测、资源勘查等学科。随着其不断发展，软硬件的不断完善，应用领域不断扩展，已遍及国民经济各个部门，并逐步深入人们的日常生活中。

【学习目标】

➢ 了解全球定位系统（GPS）基本知识；
➢ 掌握 GPD 定位原理；掌握 GPS 测量的实施方法步骤；
➢ 掌握常规 RTK 技术、CORS 技术应用方法。

6.1 卫星定位系统基本知识

全球定位系统即卫星定位系统，是一个由覆盖全球的 24 颗卫星组成的卫星系统。这个系统可以保证在任意时刻，地球上任意一点都可以同时观测到 4 颗卫星，卫星可以采集到该观测点的经纬度和高度，以便实现导航、定位、授时等功能。这项技术可以用来引导飞机、船舶、车辆以及个人，安全、准确地沿着选定的路线，准时到达目的地。

6.1.1 GPS 的组成

GPS 主要由三大部分组成，即空间星座部分（GPS 卫星星座）、地面监控部分（地面监控系统）和用户设备部分（GPS 接收机）。

1. 空间星座部分

GPS 的空间星座部分由 24 颗卫星组成，其中包括 3 颗可随时启用的备用卫星。工作卫星分布在 6 个轨道平面内，每个轨道面上有 4 颗卫星。卫星轨道面相对地球赤道面的倾角为 55°，各轨道平面升交点的赤经相差 60°，同一轨道上两卫星之间的升交角距相差 90°，轨道平均高度为 20 200 km，卫星运行周期为 11h58min。同时在地平线以上的卫星数目随时间和地点而异，最少为 4 颗，平均为 8 颗，最多时达 11 颗。GPS 卫星星座和 GPS 卫星如图 6-1 所示。

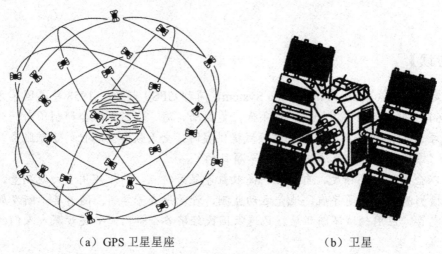

（a）GPS 卫星星座　　　　　　　　　　　　（b）卫星

图 6-1　GPS 卫星星座及卫星

上述 GPS 卫星的空间分布，保障了在地球上任何地点、任何时刻至少可同时观测到 4 颗卫星，加之卫星信号的传播和接收不受天气的影响，因此，GPS 是一种全球性、全天候的连续实时定位系统。GPS 卫星可连续向用户播发用于进行导航定位的测距信号和导航电文，并接收来自地面监控系统的各种信息和命令以维持正常运转。

2. 地面监控部分

GPS 的地面监控系统主要由分布在全球的五个地面站组成，按其功能分为主控站（MCS）、注入站（GA）和监测站（MS）三种。

主控站一个，设在美国科罗拉多的斯普林斯（Colorado Springs）。主控站负责协调和管理所有地面监控系统的工作，其具体任务有：根据所有地面监测站的观测资料推算、编制各卫星的星历、卫星钟差和大气层修正参数等，并把这些数据及导航电文传送到注入站；提供全球定位系统的时间基准；调整卫星状态和启用备用卫星等。

注入站又称地面天线站，其主要任务是通过一台直径为 3.6 m 的天线，将来自主控站的卫星星历、钟差、导航电文和其他控制指令注入到相应卫星的存储系统，并监测注入信息的正确性。注入站现有三个，分别设在印度洋的迭哥加西亚（Diego Garcia）、南太平洋的卡瓦加兰（Kwajalein）和南大西洋的阿松森群岛（Ascencion）。

监测站共有五个，除上述四个地面站具有监测站功能外，还在夏威夷（Hawaii）设有一个监测站，监测站分布情况如图 6-2 所示。监测站的主要任务是连续观测和接收所有 GPS 卫星发出的信号并监测卫星的工作状况，将采集到的数据连同当地气象观测资料和时间信息经初步处理后传送到主控站。

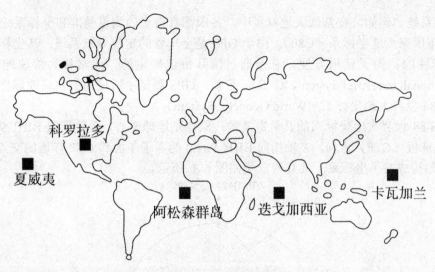

图 6-2　GPS 地面监测站

GPS 地面监控系统除主控站外均由计算机自动控制，而无需人工操作。各地面站间由现代化通讯系统联系，实现了高度的自动化和标化。

3. 用户设备部分

全球定位系统的用户设备部分，包括 GPS 接收机硬件、数据处理软件和微处理机及其终端设备等。

GPS 信号接收机是用户设备部分的核心，一般由主机、天线和电源三部分组成。其主要功能是跟踪接收 GPS 卫星发射的信号并进行变换、放大、处理，以便测量出 GPS 信号从卫星到接收机天线的传播时间；解译导航电文，实时地计算出测站的三维位置，甚至三维速度和时间。GPS 接收机根据其用途可分为导航型、大地型和授时型；根据接收的卫星信号频率，又可分为单频（L_1）和双频（L_1、L_2）接收机等。

在精密定位测量工作中，一般均采用大地型双频接收机或单频接收机。单频接收机适用于 10 km 左右或更短距离的精密定位工作，其相对定位的精度能达 10 mm±1 ppm·D（D 为基线长度，以 km 计）。双频接收机能同时接收到卫星发射的两种频率（L_1=1 575.42 MHz 和 L_2=1 227.60 MHz）的载波信号，故可进行长距离的精密定位工作，其相对定位的精度可优于 5 mm±1 ppm·D，但其结构复杂，价格昂贵。用于精密定位测量工作的 GPS 接收机，其观测数据必需进行后期处理，因此，必须配有功能完善的后处理软件，才能求得所需测站点的三维坐标。

6.1.2　GPS 坐标系统

坐标系是定义坐标如何实现的一套理论方法，包括定义原点、基本平面和坐标轴指向，同时还包括基本的数据和物理模型。大地测量中，按照坐标原点位置不同，可以将坐标系分为地心、参心和站心三种坐标系。

任何一项测量工作都离不开一个基准，都需要一个特定的坐标系统，GPS 定位同样离不开坐标系统。例如，在常规大地测量中，各国都有自己的测量基准和坐标系统，如我国的 1980 年国家大地坐标系（C80）。由于 GPS 是全球性的定位导航系统，其坐标系统也必须是全球性的；为了使用方便，它是通过国际协议确定的，通常称为协议地球坐标系（conventional terrestrial system，CTS）。目前，GPS 测量中所使用的协议地球坐标系统称为 WGS-84 世界大地坐标系（World Geodetic System）。

WGS-84 世界大地坐标系的几何定义是：原点是地球质心，Z 轴指向 BIHI 984.0 定义的协议地球极（CTP）方向，X 轴指向 BIHI 984.0 的零子午面和 CTP 赤道的交点，Y 轴与 Z 轴、X 轴构成右手坐标系。其几何定义如图 6-3 所示。

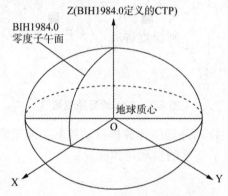

图 6-3　WGS84 世界大地坐标系

上述 CTP 是协议地球极（conventional terrestrial pole）的简称；由于极移现象的存在，地极的位置在地极平面坐标系中是一个连续的变量，其瞬时坐标（X_p，Y_p）由国际时间局（Bureau International deI' Heure，简称 BIH）定期向用户公布。WGS84 世界大地坐标系就是以国际时间局 1984 年第一次公布的瞬时地极（BIHI 984.0）作为基准，建立的地球瞬时坐标系，严格来讲属准协议地球坐标系。

在实际测量定位工作中，虽然 GPS 卫星的信号依据于 WGS84 坐标系，但求解结果则是测站之间的基线向量或三维坐标差。在数据处理时，根据上述结果，并以现有已知点（三点以上）的坐标值作为约束条件，进行整体平差计算，得到各 GPS 测站点在当地现有坐标系中的实用坐标，从而完成 GPS 测量结果向 C80 或当地独立坐标系的转换。

6.2　GPS 定位原理

测量学中有测距交会确定点位的方法。同理，无线电导航定位系统、卫星激光测距定位系统的定位原理也是利用测距交会的原理确定点位。根据用户接收天线在测量中所处的状态来，GPS 定位方法可分为静态定位和动态定位；若按定位的结果进行分类，则可分为绝对定位和相对定位。

GPS 绝对定位也叫单点定位，即利用 GPS 卫星和用户接收机之间的距离观测值直接确定用户接收机天线在 WGS84 坐标系中相对于坐标系原点——地球质心的绝对位置。相对定位同样在 WGS84 坐标系中，确定的则是观测站与某一地面参考点之间的相对位置，或两观测站之间相对位置的方法。

所谓静态定位，即在定位过程中，接收机天线（待定点）的位置相对于周围地面点而言，处于静止状态。而动态定位正好与之相反，即在定位过程中，接收机天线处于运动状态，也就是说定位结果是连续变化的，如用于飞机、轮船导航定位的方法就属动态定位。

各种定位方法还可有不同的组合，如静态绝对定位、静态相对定位、动态绝对定位、动态相对定位等。现就测绘领域中最常用的静态定位方法的原理进行简单介绍。

6.2.1　GPS 基本定位原理

GPS 定位原理是一种空间距离交会原理，利用空间分布的卫星以及卫星与地面点的距离交会得出地面点位置。以 GPS 卫星和用户接收机天线之间距离（或距离差）的观测量为基础，并根据已知的卫星瞬间坐标来确定用户接收机所对应的点位，即待定点的三维坐标 (x, y, z)。由此可见，GPS 定位的关键是测定用户接收机天线至 GPS 卫星之间的距离。

1. 伪距的概念及伪距测量

GPS 卫星能够按照星载时钟发射某一结构为"伪随机噪声码"的信号，称为测距码信号（即粗码 C/A 码或精码 P 码）。该信号从卫星发射经时间 t 后，到达接收机天线；用上述信号传播时间 t 乘以电磁波在真空中的速度 C，就是卫星至接收机的空间几何距离 ρ，即为伪距。

实际上，由于传播时间 t 中包含有卫星时钟与接收机时钟不同步的误差，测距码在大气中传播的延迟误差等，由此求得的距离值并非真正的站星几何距离，习惯上称之为"伪距"，与之相对应的定位方法称为伪距法定位。

为了测定上述测距码的时间延迟，即 GPS 卫星信号的传播时间，需要在用户接收机内复制测距码信号，并通过接收机内的可调延时器进行相移，使得复制的码信号与接收到的相应码信号达到最大相关，即使之相应的码元对齐。为此，所调整的相移量便是卫星发射的测距码信号到达接收机天线的传播时间，即时间延迟。

假设在某一标准时刻 T_a 卫星发出一个信号，该瞬间卫星钟的时刻为 t_a，该信号在标准时刻 T_b 到达接收机，此时相应接收机时钟的读数为 t_b；于是伪距测量测得的时间延迟，即为 t_b 与 t_a 之差。

由于卫星钟和接收机时钟与标准时间存在着误差，设信号发射和接收时刻的卫星和接收机钟差改正数分别为 V_a 和 V_b，$(T_b - T_a)$ 即为测距码从卫星到接收机的实际传播时间 $\triangle T$。由上述分析可知，在 ΔT 中已对钟差进行了改正；但由 $\Delta T \cdot C$ 所计算出的距离中，仍包含有测距码在大气中传播的延迟误差，必须加以改正。设定位测量时，大气中电离层折射改正数为 $\delta_{\rho I}$，对流层折射改正数为 $\delta_{\rho T}$，则所求 GPS 卫星至接收机的真正空间几何距离 $\rho = T \cdot C - \delta_{\rho I} - \delta_{\rho T}$。

伪距测量的精度与测量信号（测距码）的波长及其与接收机复制码的对齐精度有关。目前，接收机的复制码精度一般取 1/100，而公开的 C/A 码码元宽度（即波长）为 293 m，故上述伪距测量的精度最高仅能达到 3 m（293×1/100≈3 m），难以满足高精度测量定位工作的要求。

2. 绝对定位

GPS 绝对定位又称单点定位，即利用 GPS 卫星和用户接收机之间的距离观测值直接确定用户接收机天线在 WGS84 坐标系中相对坐标系原点——地球质心的绝对位置。其优点是只需用一台接收机即可独立确定待求点的绝对坐标；且观测方便，速度快，数据处理也较简单。主要缺点是精度较低，目前仅能达到米级的定位精度。

在伪距测量的观测方程中，若卫星钟和接收机时钟改正数 V_a 和 V_b 已知，且电离层折射改正和对流层折射改正均可精确求得，则测定伪距就等于测定了站星之间的真正几何距离 ρ，而与卫星坐标 (x_s, y_s, z_s) 和接收机天线相位中心坐标 (x, y, z) 之间有如下关系

$$\rho = \sqrt{(x_s - x)^2 + (y_s - y)^2 + (z_s - z)^2} \tag{6-1}$$

卫星的瞬时坐标 (x_s, y_s, z_s) 可根据接收到的卫星导航电文求得，故式中仅有三个未知数，即待求点三维坐标 (x, y, z)。如果接收机同时对三颗卫星进行伪距测量，从理论上说，就可解算出接收机天线相位中心的位置。因此，GPS 单点定位的实质，就是空间距离后方交会。

实际上，在伪距测量观测方程中，由于卫星上配有高精度的原子钟，且信号发射瞬间的卫星钟差改正数 V_a 可由导航电文中给出的有关时间信息求得。但用户接收机中仅配备一般的石英钟，在接收信号的瞬间，接收机的钟差改正数不可能预先精确求得。因此，在伪距法定位中，把接收机钟差 V_b 作为未知数，与待定点坐标在数据处理时一并求解。由此可见，在实际单点定位工作中，在一个观测站上为了实时求解四个未知数 x、y、z 和 V_b，便至少需要四个同步伪距观测值 ρ_i。也就是说，至少必须同时观测四颗卫星。伪距法的数学模型为

$$\rho_i - cV_b = \sqrt{(x_s - x)^2 + (y_s - y)^2 + (z_s - z)^2} \tag{6-2}$$

6.2.2 载波相位测量

载波相位测量顾名思义，是利用 GPS 卫星发射的载波为测距信号进行测量。由于载波的波长（$\lambda_{L1}=19$ cm，$\lambda_{L2}=24$ cm）比测距码波长要短得多，因此，对载波进行相位测量，就可能得到较高的测量定位精度。

假设卫星 S 在 t_0 时刻发出一载波信号，其相位为 $\varphi(S)$；此时若接收机产生一个频率和初相位与卫星载波信号完全一致的基准信号，在 t_0 瞬间的相位为 $\varphi(R)$。假设这两个相位之间相差个整周信号和不足一周的相位 $Fr(\psi)$，由此可求得 t_0 时刻接收机天线到卫星的距离。

载波信号是一个单纯的余弦波。在载波相位测量中，接收机无法判定所量测信号的整周数，但可精确测定其零数 $Fr(\psi)$，并且当接收机对空中飞行的卫星作连续观测时，接收机借助于内含多普勒频移计数器，可累计得到载波信号的整周变化数 $Int(\psi)$。因此，$\psi=$

$Int（\psi）$ 十 $Fr（\psi）$ 才是载波相位测量的真正观测值。而 N_0 称为整周模糊度，它是一个未知数，但只要观测是连续的，则各次观测的完整测量值中应含有相同的，也就是说，完整的载波相位观测值应为

$$\tilde{\psi} = \psi + N_0 = Int(\psi) + Fr(\psi) + N_0 \tag{6-3}$$

在 t_0 时刻首次观测值中 $Int（\psi）=0$，不足整周的零数为 $Fr_0（\psi）$，N_0 是未知数；在 t_1 时刻 N_0 值不变，接收机实际观测值 ψ 由信号整周变化数 $Int_i（\psi）$ 和其零数 $Fr_i（\psi）$ 组成。

与伪距测量一样，考虑到卫星和接收机的钟差改正数 V_a、V_b 以及电离层折射改正和对流层折射改正 δ_{OT} 的影响，可得到载波相位测量的基本观测方程为：$\rho = \psi \cdot \lambda$，$\lambda$ 为载波波长。

若在等号两边同乘上载波波长，并简单移项后，则有

$$\rho = \sqrt{(x_s - x)^2 + (y_s - y)^2 + (z_s - z)^2} - \delta_{\rho I} - \delta_{\rho T} + c \cdot V \tag{6-4}$$

由式（6-3）和式（6-4）比较可看出，载波相位测量观测方程中，除增加了整周未知数 N_0 外，与伪距测量的观测方程在形式上完全相同。

整周未知数的确定是载波相位测量中特有的问题，也是进一步提高 GPS 定位精度、提高作业速度的关键所在。目前，确定整周未知数的方法主要有三种：伪距法、N_0 作为未知数参与平差法和三差法。伪距法就是在进行载波相位测量的同时，再进行伪距测量；由两种方法的观测方程可知，将未经过大气改正和钟差改正的伪距观测值减去载波相位实际观测值与波长的乘积，便可得到，从而求出整周未知数 N_0，N_0 作为未知数参与平差，就是将 N_0 作为未知参数，在测后数据处理和平差时与测站坐标一并求解；根据对 N_0 的处理方式不同，可分为"整数解"和"实数解"。三差法就是从观测方程中消去 N_0 的方法，又称多普勒法，因为对于同一颗卫星来说，每个连续跟踪的观测中均含有相同的，因而将不同观测历元的观测方程相减，即可消去整周未知数 N_0，从而直接解算出坐标参数。

6.2.3 相对定位

相对定位是目前 GPS 测量中精度最高的一种定位方法，它广泛用于高精度测量工作中。在介绍绝对定位方法时已叙及，GPS 测量结果中不可避免地存在着种种误差；但这些误差对观测量的影响具有一定的相关性，所以利用这些观测量的不同线性组合进行相对定位，便可能有效地消除或减弱上述误差的影响，提高 GPS 定位的精度，同时消除了相关的多余参数，也大大方便了 GPS 的整体平差工作。实践表明，以载波相位测量为基础，在中等长度的基线上对卫星连续观测 1～3 小时，其静态相对定位的精度可达 10^{-6}～10^{-7}。

静态相对定位的最基本情况是用两台 GPS 接收机分别安置在基线的两端，固定不动；同步观测相同的 GPS 卫星，以确定基线端点在 WGS84 坐标系中的相对位置或基线向量，在测量过程中，通过重复观测取得了充分的多余观测数据，从而改善了 GPS 定位的精度。

考虑到 GPS 定位时的误差来源，当前普遍采用的观测量线性组合方法称之为差分法，其具体形式有三种，即所谓的单差法、双差法和三差法。

1. 单差法

所谓单差，即不同观测站同步观测相同卫星 p 所得到的观测量之差，也就是在两台接收机之间求一次差；它是 GPS 相对定位中观测量组合的最基本形式。

单差法并不能提高 GPS 绝对定位的精度，但由于基线长度与卫星高度相比，是一个微小量，因而两测站的大气折光影响和卫星星历误差的影响，具有良好的相关性。因此，当求一次差时，必然削弱了这些误差的影响；同时消除了卫星钟的误差（因两台接收机在同一时刻接收同一颗卫星的信号，则卫星钟差改正数相等）。由此可见，单差法只能有效地提高相对定位的精度，其求算结果应为两测站点间的坐标差，或称基线向量。

2. 双差法

双差就是在不同测站上同步观测一组卫星所得到的单差之差，即在接收机和卫星间求二次差。

在单差模型中仍包含有接收机时钟误差，其钟差改正数仍是一个未知量。但是由于进行连续的相关观测，求二次差后，便可有效地消除两测站接收机的相对钟差改正数，这是双差模型的主要优点；同时也大大地减小了其他误差的影响。因此，在 GPS 相对定位中，广泛采用双差法进行平差计算和数据处理。

3. 三差法

三差法就是用不同历元同步观测同一组卫星所得观测量的双差之差，即在接收机、卫星和历元间求三次差。引入三差法的目的，就在于解决前两种方法中存在的整周未知数和整周跳变待定的问题（前已叙及），这是三差法的主要优点。但由于三差模型中未知参数的数目较少，则独立的观测量方程的数目也明显减少，这对未知数的解算将会产生不良的影响，使精度降低。正是由于这个原因，通常将消除了整周未知数的三差法结果，仅用作前两种方法的初次解（近似值），而在实际工作中采用双差法结果更加适宜。

6.3　GPS 测量的实施

GPS 测量的外业工作主要包括选点、建立观测标志、野外观测以及成果质量检核等；内业工作主要包括 GPS 测量的技术设计、测后数据处理以及技术总结等。如果按照 GPS 测量实施的工作程序，则可分为技术设计、选点与建立标志、外业观测、成果检核与处理等阶段。现将 GPS 测量中最常用的精密定位方法——静态相对定位方法的工作程序作一简单介绍。

6.3.1　GPS 网的技术设计

GPS 网的技术设计是一项基础性的工作。这项工作应根据网的用途和用户的要求来进行，其主要内容包括精度指标的确定和网的图形设计等。

1. GPS 测量的精度指标

精度指标的确定取决于网的用途，设计时应根据用户的实际需要和可以实现的设备条件，恰当地确定 GPS 网的精度等级。精度指标通常以网中相邻点之间的距离误差来表示，其形式为

$$m_D = \sqrt{a^2 + (bD)^2}$$ （6-5）

式中，a——固定误差（mm）；

　　　b——比例误差系数（ppm）；

　　　D——相邻点间的距离（km）。

《工程测量规范》规定，各等级卫星定位测量控制网的主要技术指标，应符合表 6-1 的规定。

表 6-1　卫星定位系统测量控制网的主要技术要求

等级	平均边长/km	固定误差 a/mm	比例误差系数 $b/1×10^{-6}$	约束点间的边长相对中误差	约束平差后最弱边相对中误差
二等	9	≤10	≤2	1/250 000	1/120 000
三等	4.5	≤10	≤5	1/150 000	1/70 000
四等	2	≤10	≤10	1/100 000	1/40 000
一级	1	≤10	≤20	1/40 000	1/20 000
二级	0.5	≤10	≤40	1/20 000	1/10 000

2. 网形设计

GPS 网的图形设计就是根据用户要求，确定具体的布网观测方案，其核心是如何高质量、低成本地完成既定的测量任务。通常在进行 GPS 网设计时，必须顾及测站选址、卫星选择、仪器设备装置与后勤交通保障等因素；当网点位置、接收机数量确定以后，网的设计就主要体现在观测时间的确定、网形构造及各点设站观测的次数等方面。

根据不同的用途，GPS 网的图形布设通常有点连式、边连式和边点混合连式三种基本方式。选择什么样的组网，取决于工程所要求的精度、野外条件及 GPS 接收机台数等因素。

一般 GPS 网应根据同一时间段内观测的基线边，即同步观测边构成闭合图形（称同步环），例如三角形（需三台接收机同步观测三条边，其中两条是独立边）、四边形（需四台接收机）或多边形等，以增加检核条件，提高网的可靠性；然后，可按点连式、边连式和边点混合连式这三种基本构网方法，如图 6-4 所示。

将各种独立的同步环有机地连接成一个整体。由不同的连网方式，又可额外地增加若干条复测基线闭合条件（即对某一基线多次观测之差）和非同步图形（异步环）闭合条件（即用不同时段观测的独立基线联合推算异步环中的某一基线，将推算结果与直接解算的该基线结果进行比较，所得到的坐标差闭合条件），从而进一步提高了 GPS 网的几何强度

及可靠性。关于各点观测次数的确定，通常应遵循"网中每点必须至少独立设站观测两次"的基本原则。应当指出，布网方案不是唯一的，工作中可根据实际情况灵活布网。

 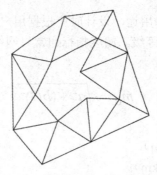 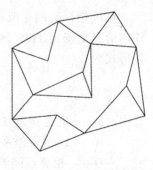

（a）点连式（7个三角形）　　　（b）边连式（15个三角形）　　　（c）边点混合连式（10个三角形）

图 6-4　GPS 基本网形

在实际布网设计时应注意以下几个原则。

（1）为顾及原有测绘成果资料的延续应用，应采用原有坐标系统。对符合 GPS 点要求的原有控制点，应充分利用其标石。

（2）尽管不要求 GPS 网的点与之点间通视，但考虑到利用常规测量加密的需要，每点应有一个以上通视方向。

（3）GPS 网必须由非同步独立观测边构成若干个闭合环或符合路线。各等级 GPS 网中各闭合环或符合线路中边数应符合表的规定。

（4）GPS 网形应有利于同步观测边、点的联结。

6.3.2　选点与建立标志

由于 GPS 测量观测站之间不要求通视，而且网形结构灵活，故选点工作远较常规大地测量简便；并且省去了建立高标的费用，降低了成本。但 GPS 测量又有其自身的特点，因此选点时，应满足以下要求：点位应选在交通方便、易于安置接收设备的地方，且视野开阔，以便于同常规地面控制网的联测；GPS 点应避开对电磁波接收有强烈吸收、反射等干扰影响的金属和其他障碍物体，如高压线、电台电视台、高层建筑、大范围水面等；点位应选在交通方便，有利于其他观测手段扩展和联测的地方。

点位选定后，应按要求埋置标石，以便保存。最后，应绘制点之记、测站环视图和 GPS 网选点图，作为提交的选点技术资料。

6.3.3　外业观测

外业观测是指利用 GPS 接收机采集来自 GPS 卫星的电磁波信号，其作业过程大致可分为天线安置、接收机操作和观测记录。外业观测应严格按照技术设计时所拟定的观测计划进行实施，详见表 6-2。只有这样，才能协调好外业观测的进程，提高工作效率，保证测量成果的精度。为了顺利地完成观测任务，在外业观测之前，还必须对所选定的接收设备进行严格的检验。

表 6-2　卫星定位系统控制测量作业的基本技术要求

等　　　级		二等	三等	四等	一级	二级
接收机类型		双频	双频或单频	双频或单频	双频或单频	双频或单频
仪器标称精度		10 mm +2 ppm	10 mm +5 ppm	10 mm +5 ppm	10 mm +5 ppm	10 mm +5 ppm
观测量		载波相位	载波相位	载波相位	载波相位	载波相位
卫星高度角（°）	静态	≥15	≥15	≥15	≥15	≥15
	快速静态	——	——	——	≥15	≥15
有效观测卫星数	静态	≥5	≥5	≥4	≥4	≥4
	快速静态	——	——	——	≥5	≥5
观 测 时 段 长 度（min）	静态	30～90	20～60	15～45	10～30	10～30
	快速静态	——	——	——	10～15	10～15
数据采样间隔（s）	静态	10～30	10～30	10～30	10～30	10～30
	快速静态	——	——	——	5～15	5～15
点位几何图形强度因子 PDOP		≤6	≤6	≤6	≤8	≤8

天线的妥善安置是实现精密定位的重要条件之一，其具体内容包括：对中、整平、定向并量取天线高。

接收机操作的具体方法步骤，详见仪器使用说明书。实际上，目前 GPS 接收机的自动化程度相当高，一般仅需按动若干功能键，就能顺利地自动完成测量工作；并且每做一步工作，显示屏上均有提示，大大简化了外业操作工作，降低了劳动强度。

观测记录的形式一般有两种：一种由接收机自动形成，并保存在机载存储器中，供随时调用和处理，这部分内容主要包括接收到的卫星信号、实时定位结果及接收机本身的有关信息。另一种是测量手簿，由操作员随时填写，其中包括观测时的气象元素等其他有关信息。观测记录是 GPS 定位的原始数据，也是进行后续数据处理的唯一依据，须妥善保管。

6.3.4　数据处理

为了获取 GPS 观测基线向量，并对观测成果进行质量检核，首先要进行 GPS 数据的预处理。根据预处理结果对观测数据的质量进行分析评价，保证观测成果的设计精度。

数据传输将 GPS 接收机记录的观测数据传输到计算机，采用随机软件将各种数据分类整理，剔除无效观测数据和冗余信息，形成各种数据文件。探测周跳、修复载波相位观测值，录入野外测站记录信息，如测站高等。基线结算利用随机软件对原始数据进行编辑、加工整理、分流并产生各个专用信息文件。基线解算利用随机软件采用自动处理方式进行。

6.3.5 观测成果的质量检核

1. 观测成果的外业检核

观测成果的外业检核是确保外业观测质量，实现预期定位精度的重要环节。所以，当观测任务结束后，必须在测区及时对外业观测数据进行严格的检核；并根据情况采取淘汰或必要的重测、补测措施。

（1）同步边观测数据的检核。剔除的观测值个数与应获取的观测值个数的比值称为数据剔除率。同一时段观测值的数据剔除率，其值应小于 10%。同步环的坐标分量相对闭合差和全长相对闭合差不得超过表 6-3 的限差规定。

表 6-3　同步坐标分量及环线全长相对闭合差限差（ppm*D）

等级 线差类型	二等	三等	四等	一级	二级
坐标分量相对闭合差	2.0	3.0	6.0	9.0	9.0
环线全长相对闭合差	3.0	5.0	10.0	15.0	15.0

（2）重复观测边的检核。若观测同一条基线边多个时段，则可得到多个边长结果。这种具有多个独立观测值的边就是重复观测边。对于重复观测边的任意两个时段的成果互差，均应小于相应等级规定精度（按平均边长计算）的 $2\sqrt{2}$ 倍。

（3）同步观测环检核。当环中各边为多台接收机同步观测时，由于各边是不独立的，所以其闭合差应恒为零。但由于模型误差和处理软件的内在缺陷，使得这种同步环的闭合差实际上仍可能不为零。这种闭合差的一般数值较小，不至于对定位结果产生明显影响，所以，也可把它作为成果质量的一种检核标准。

一般规定，所有闭合环的分量闭合差不应大于 $\dfrac{\sqrt{n}}{5}\sigma$，而环闭合差为

$$\omega = \sqrt{\omega_x^2 + \omega_y^2 + \omega_z^2} \leqslant \frac{\sqrt{3n}}{5} \tag{6-5}$$

式中，σ 为相应级别的规定中误差（按平均边长计算）。

（4）异步观测环检核。无论采用单基线或是多基线模式结算基线，都应在整个 GPS 网中选取一组完整的独立基线构成独立环，各独立环的坐标分量闭合差和全长闭合差应符合式（6-6）要求

$$\left.\begin{array}{l} \omega_x \leqslant 2\sqrt{n}\sigma \\ \omega_y \leqslant 2\sqrt{n}\sigma \\ \omega_z \leqslant 2\sqrt{n}\sigma \\ \omega \leqslant 2\sqrt{n}\sigma \end{array}\right\} \tag{6-6}$$

当发现边闭合数据或环闭合数据超出上述规定时，应分析原因并对部分或全部成果重测。需要重测的边，应尽量安排在一起进行同步观测。

按照《工程测量规范》要求，对各项检核内容严格检查，确保准确无误后才能进行后续的平差计算和数据处理。前已叙及，GPS 测量采用连续同步观测的方法，一般 15 秒钟自动记录一组数据，其数据之多、信息量之大是常规测量方法无法相比的；同时，采用的数学模型、算法等形式多样，数据处理的过程相当复杂。在实际工作中，借助于电子计算机，使得数据处理工作的自动化达到了相当高的程度，这也是 GPS 能够被广泛使用的重要原因之一。

2. 野外返工补测

对经过检核出现超限的基线，应进行野外返工观测，基线返工应注意以下问题：

（1）无论何种原因造成一个控制点不能与两条合格独立基线相连结，则在该点上应补测或重测不少于一条独立基线。

（2）可以舍弃在复测基线边长较差、同步环闭合差、独立环闭合差检验中超限的基线，但必须保证舍弃基线后的独立环所含基线数，不得超过表 6-4 的规定，否则，应重测该基线或者有关的同步图形。

表 6-4　闭合环或符合线路边数的规定

等级	二等	三等	四等	一级	二级
闭合环或符合路线的边数（条）	≤6	≤8	≤10	≤10	≤10

（3）由于点位不符合 GPS 测量要求而造成一个测站多次重测仍不能满足各项限差技术规定时，可按技术设计要求另增选新点进行重测。

3. GPS 网平差

经过前期数据预处理通过后，以所有独立基线组成闭合网形，以三维基线向量为观测信息，以一个点的 WGS84 三维坐标为起算依据，进行 GPS 网的无约束平差。无约束平差通过后，在国家坐标系或独立坐标系下进行三维约束平差或二维约束平差。控制点作为强制约束的固定值，利用随机软件进行加权平差。平差结果应输出在国家或城市独立坐标系中的三维或二维坐标，基线向量改正数，基线边长、方位以及坐标、基线边长、方位的精度信息；转换参数及其精度信息

无约束平差中，基线向量的改正数绝对值应满足式（6-7）要求

$$\left.\begin{array}{l} V_{\Delta x} \leqslant 3\sigma \\ V_{\Delta y} \leqslant 3\sigma \\ V_{\Delta z} \leqslant 3\sigma \end{array}\right\} \qquad (6\text{-}7)$$

式中，σ——该等级基线的精度（按平均边长计算）。

否则，应采用软件或人工方法剔除粗差基线，直至符合要求。约束平差中，基线向量的改正数与剔除粗差后的无约束平差结果的同名基线相应改正数的较差（$dv_{\Delta x}$、$dv_{\Delta y}$、$dv_{\Delta z}$）应符合式（6-8）要求

$$dv_{\Delta x} \leqslant 2\sigma$$
$$dv_{\Delta y} \leqslant 2\sigma \quad\quad\quad (6\text{-}8)$$
$$dv_{\Delta z} \leqslant 2\sigma$$

式中，σ——相应等级基线的规定精度（按平均边长计算）。

否则，认为作为约束的已知坐标、已知距离、已知方位等固定值与 GPS 网不兼容，应采用软件或人为的方法剔除某些误差大的约束值，直至符合上式要求后输出数据成果。

6.4　常规 RTK 技术

RTK（real time kinematic）是 GPS 实时动态定位的简称，这是一种将 GPS 与数据传输技术相结合，实时解算并进行数据处理，在 $1 \sim 2$ s 时间内得到高精度位置信息的技术。20世纪 90 年代初，这项技术一问世，极大拓展了 GPS 的使用空间，使 GPS 从只能做控制测量的局面摆脱出来，开始广泛应用于工程测量，产生了极其深刻的影响。

6.4.1　RTK 技术原理

实时动态测量的基本思想是：在基线上安置一台 GPS 接收机，对所有可见 GPS 卫星进行连续地测量，并将其观测数据通过无线电传输设备实时地发送给用户观测站。在用户站上，GPS 接收机在接收 GPS 卫星信号的同时，通过无线电接收设备接收基准站传输的观测数据，然后根据相对定位的原理，实时地计算并显示用户站的三维坐标及其精度。

进行常规 RTK 工作时，除需配备基准站接收机和流动站接收机外，还需要数据通讯设备基准站需将自己所获得的载波相位观测值及站坐标，通过数据通讯链实时播发给在其周围工作的动态用户。流动站数据处理模块使用动态差分定位的方式确定出流动站相对应基准的位置，然后根据基准站的坐标求得自己的瞬间绝对位置。

常规 RTK 技术是建立在相对定位中流动站与基准站之间误差相关假设基础上的，通过同步载波相位观测值进行差分（一般采用双差观测值），消除流动站与基准站共有的相关系统误差。其结果是消除卫星钟差、接收机钟差，消弱卫星星历误差、电离层延迟误差以及对流层误差影响。常规 RTK 技术极大地方便了需要动态高精度服务的用户，但它需满足以下生产作业条件：

（1）测量范围。由于差分技术的前提是做差分的两站的卫星信号传播路径相同或相似，这样，两站的卫星钟差、轨道误差、电离层误差、对流层误差均为强相关，所有这些误差大部分可以消除，要达到厘米级实时定位的要求，用户流动站和基准站的距离需小于 10km，当距离大于 50 km 时，以上误差的相关性大大减少，以致差分之后残差很大，求解精度降低，一般只能达到分米级精度。

（2）通信数据链路。常规 RTK 系统的数据传输多采用超高频 UHF、甚高频 VHF 播发 RTCM 差分信号，由于 UHF 和 VHF 的衍射性能差，而且都是站间直线传播，这要求站间的天线必须"准光学通视"，所以，在丘陵和山区实施 RTK 作业很不方便。

（3）模糊度求解。当流动站与参考站距离较近（即观测基线较短），上述系统误差相关假设成立，常规 RTK 利用几个甚至一个历元观测资料可以获得厘米级定位精度。但是，随着流动站与参考站间距离增大，上述系统误差相关性减弱，双差观测值中的系统误差残差迅速增大，导致难以正确确定整周未知数，无法取得固定解。同时定位精度迅速下降，当流动站与参考站间距大于 50 km 时，常规 RTK 单历元解精度仅为分米级。在这种情况下，使用常规 RTK 技术将无法得到更高精度的定位结果。

6.4.2　RTK 作业模式与应用

目前，实时动态测量采用的作业模式主要有以下几种。

（1）快速静态测量。采用这种测量模式，要求 GPS 接收机在每一用户站上静止地进行观测。在观测过程中，连同接收到的基准站的同步观测数据，实时地解算整周未知数和用户站的三维坐标。如果解算结果的变化趋于稳定，且其精度已满足设计要求，便可适时结束观测。

采用这种模式作业时，用户站的接收机在流动过程中，可以不必保持对 GPS 卫星的连续跟踪，其定位精度可达 1～2 cm。这种方法可应用于城市、矿山等区域性的控制测量、工程测量和地籍测量等。

（2）准动态测量。同一般的准动测量一样，这种测量模式通常要求流动的接收机在观测工作开始之前，首先在某一起始点上静止地进行观测，以便采用快速解算整周未知数的方法实时地进行初始化工作。初始化后，流动的接收场在每一观测站只需静止观测数历元，并连同基准站的同步观测数据，实时地解算流动站的三维坐标。目前，其定位的精度可达厘米级。

该方法要求接收机在观测过程中，保持对所测卫星的连续跟踪。一旦发生失锁，便需重新进行初始化的工作。

准动态实时测量模式，通常应用于地籍测量、碎部测量、路线测量和工程放样等。

（3）动态测量。动态测量模式，一般需首先在某一起始点上，静止地观测数分钟，以便进行初始化工作。之后，运动的接收机按预定的采样时间间隔自动地进行观测，并连同基准站的同步观测数据，实时确定采样点的空间位置。目前，其定位的精度可达厘米级。

这种测量模式，仍要求在观测过程中，保持对观测卫星的连续跟踪。一旦发生失锁，则需重新进行初始化的工作。这时，对陆上的运动目标来说，可以在卫星失锁的观测点上静止地观测数分钟，以便重新初始化，或者利用动态初始化（AROF）技术重新初始化，而对海上和空中的运动目标来说，则只有应用 AROP 技术，重新完成初始化的工作。

实时动态测量模式主要应用于航空摄影测量和航空物探中采样点的实时定位、航空测量，道路中线测量，以及运动目标的精度导航等。

6.4.3　RTK 作业模式注意的问题

尽管 RTK 作业模式还存在一些问题和不足之处，但在 CORS 覆盖不到的地方还是需要常规 RTK 作业，在作业中我们需要注意以下事项来更好地完成工作任务：

（1）RTK 基准站应选在远离大功率电视塔、微波站、高频大功率雷达和发射天线等干扰源，基准站和流动站之间距离控制在 5 km 之内。

（2）测量过程中，尽可能地检测一定数量测区内和测区外围的控制点，以便发现异常情况，剔除原控制网的粗差点，便于做好与已有地形图或测区的接边工作。

（3）测量时需采用一些方法来提高测量精度。如延长测量时间、选择有利观测时间、增加观测次数或改变基准站等。同精度两次测量值的较差取 3 cm 以下为宜。

（4）RTK 技术加密图根控制点和采集界址点坐标，其精度完全满足地形测量的要求，避免了常规测量方法连续支站所造成的误差累积，提高了成果的整体精度。

（5）由于存在卫星可见度、信号屏蔽等问题。会出现 RTK 失锁现象，对此要重新初始化，并在初始化完成后对已知点观测进行检核，对于出现连续失锁现象的地区，应使用全站仪进行观测数据的采集。

6.5　CORS 技术应用

CORS 是一种将 GNSS 导航定位技术、测绘技术、现代通讯技术、计算机技术等多种技术集成的实用性、分布式网络系统，它不仅提供动态、连续、高精度的空间定位信息服务，还通过 GNSS 技术建立统一、连续的空间坐标基准框架，是地球空间信息获取、处理、共享的基础，也是城市、地区和国家不可或缺的空间信息基础设施之一。

6.5.1　CORS 基本原理

CORS 基本工作原理是利用 GPS 导航定位技术，在一个区域根据需要按一定距离建立常年连续运行的一个或若干个固定 GPS 参考站，利用计算机、数据通信和互联网技术将各个参考站与数据中心组成网络，由数据中心从参考站采集数据，利用参考站网络软件进行处理，然后向各种用户自动发布不同类型的 GPS 原始数据、各种类型 RTK 改正数据等。进行野外作业时，用户只需一台 GPS 接收机，即可进行毫米级实时定位。

6.5.2　CORS 系统的构成

CORS 系统由基准站网、数据处理中心、数据传输系统、定位导航数据播发系统、用户应用系统五个部分组成，各基准站与监控分析中心间通过数据传输系统连接成一体，形成专用网络。

（1）基准站网。基准站网由范围内均匀分布的基准站组成。负责采集 GPS 卫星观测数据并输送至数据处理中心，同时提供系统完好性监测服务。

（2）数据处理中心。系统的控制中心接收各基准站数据，进行数据处理，形成多基准站差分定位用户数据，组成一定格式的数据文件分发给用户。数据处理中心是 CORS 的核心单元，也是高精度实时动态定位得以实现的关键所在。中心 24 小时连续不断地根据各基准站所采集的实时观测数据在区域内进行整体建模解算，自动生成一个对应于流动站点位的虚拟参考站（包括基准站坐标和 GPS 观测值信息），并通过现有的数据通信网络和无线数据播发网，向各类需要测量和导航的用户以国际通用格式提供码相位/载波相位差分修正信息，以便实时解算出流动站的精确点位。

（3）数据传输系统。各基准站数据通过光纤专线传输至监控分析中心，该系统包括数据传输硬件设备及软件控制模块。

（4）数据播发系统。系统通过移动网络、UHF 电台、Internet 等形式向用户播发定位导航数据。

（5）用户应用系统。用户应用系统主要包括用户信息接收系统、网络型 RTK 定位系统、事后和快速精密定位系统以及自主式导航系统和监控定位系统等。按照应用的精度不同，用户服务子系统可以分为毫米级用户系统、厘米级用户系统、分米级用户系统、米级用户系统等；而按照用户的应用不同，可以分为测绘与工程用户（厘米、分米级）、车辆导航与定位用户（米级）、高精度用户（事后处理）、气象用户等几类。

【实训】GPS 的认识与使用

一、实训目的

通过实训进一步深入了解 GPS 原理以及在测绘中的应用，巩固课堂所学的知识，掌握 GPS 仪器的设置和使用方法，学会 GPS 进行控制测量的基本方法。

二、实训仪器

中海达 GPS 两台、天宝 GPS 1 台（或根据学校设备状况）。

三、实训任务与原理

（1）实训任务。认识几种 GPS 包括手持机和静态机，用 GPS 静态机进行外业测量。

（2）GPS 定位的原理。GPS 卫星发射测距信号和导航电文，导航电文中含有卫星位置的信息，用户用 GPS 接收机在某一时刻接收三颗或三颗以上的 GPS 卫星，测出测站点（GPS 天线中心）到卫星的距离并解算出该时刻卫星的空间位置，根据距离交会法求测站点坐标。其基本思想是在基准站上安置一台 GPS 接收机，对所有可见卫星进行连续观测并将其观测数据通过无线电传输设备实时地发送给用户观测站，用户站在接收 GPS 卫星信号的同时，通过无线电接收机设备接收基准站传输的观测数据，实时计算测站点的三维坐标。

四、实训步骤

（1）在测量点架设仪器，对点器严格对中、整平。

（2）量取仪器高三次，各次间差值不超过 3 mm，取中数。仪器高应由测量点标石中心量至仪器上盖与下盖结合处的防水橡胶圈中线位置。

（3）记录点名、仪器号、仪器高（注明斜高还是垂直高），开始记录时间。

（4）开机，卫星灯闪烁表示正在搜索卫星。卫星灯由闪烁转入长亮状态表示已锁定卫星。状态灯每隔数秒采集，间隔默认是 5 秒闪一下，表示采集了一个历元。

（5）测量完成后关机，记录关机时间。

（6）撤站。

五、实训数据及记录

表 6-5　GPS 测量记录表

点号		点名		图幅编号	
观测员		日期段号		观测日期	
接收机名称及编号		无线类型及编号		存储介质编号数据文件及编号	
近似维度	° ′ "N	近似经度	° ′ "E	近似高度	m
采样间隔		开始记录时间	h min	结束记录时间	h min
天线高测定		天线高测定方法及略图		点位略图	
测前:　　测后: 测定值＿＿＿m 修正值＿＿＿m 天线高＿＿＿m 平均值＿＿＿m					

时间（UTC）	跟踪卫星（PRN）及信噪比	维度 ° ′ "	经度 ° ′ "	大地高/m	天气状况
记事					

六、实训结果分析

GPS 测量工作与经典大地测量工作相类似，按其性质可分为外业和内业两大部分。其中：外业工作主要包括选点（即观测站址的选择）、建立观测标志、野外观测作业以及成果质量检核等；内业工作主要包括 GPS 测量的技术设计、测后数据处理以及技术总结等。如果按照 GPS 测量实施的工作程序，则大体可分为这样几个阶段：技术设计、选点与建立标志、外业观测、成果检核与处理。

本章小结

本章主要介绍了卫星定位系统的基本知识、GPS 定位原理、GPS 测量的实施、常规 RTK 技术和 CORS 技术应用。

通过过学习本章内容，读者应该掌握 GPS 的组成与坐标系统；掌握 GPS 基本定位原理、载波相位测量；理解 GPS 网的技术设计、选点与建立标志、外业观测、数据处理和观测成果的质量检核；了解 RTK 技术原理、RTK 作业模式与应用、RTK 作业模式注意的问题；了解 CORS 基本原理和系统构成。

习题 6

1．怎样编写 GPS 测量技术设计书？
2．为什么要进行 GPS 网的基准设计？其目的是什么？
3．进行 GPS 网形设计主要考虑哪些因素？
4．GPS 测量外业观测在一个测点上要进行哪些工作？要注意什么？
5．CORS 系统的构成有哪些？

第7章 小地区控制测量

【本章导读】

测量的基本工作是确定地物和地貌特征点的位置，即确定空间点的三维坐标。这样的工作若从一个起点开始，逐步依据前一个点来测定后一点的位置，会将前一个点的误差带到后一个点上。这种测量方法会导致误差逐步积累，并将达到惊人的程度。所以，为了保证所测点的位置精度，减少误差积累，测量工作必须遵循"从整体到局部""先控制后碎步"的组织原则，即先在测区内测定少数控制点，建立统一的平面和高程系统

【学习目标】

➢ 了解控制测量的原理及方法；

➢ 掌握导线测量的一般方法；

➢ 掌握高程控制测量的方法步骤。

7.1 小地区控制测量基本知识

由控制点互相联系形成的网络，称为控制网。根据控制网的精度不同，可以分为基本控制网和图根控制网；后者是在前者的基础上补充加密而来，精度比前者低。基本控制网按其作用又分为平面控制网和高程控制网，二者所用测量仪器和测量方法完全不同，布点方案也有不同要求。专门测设平面控制网的工作称为平面控制测量，专门测设高程控制网的工作称为高程控制测量。因此，控制测量分为平面控制测量和高程控制测量。

在全国范围内建立的控制网，称为国家控制网。它是全国各种比例尺测图的基本控制，并为确定地球的形状和大小提供研究资料。国家控制网是用精密测量仪器和方法依照施测精度按一、二、三、四等四个等级建立的，它的低级点受高级点逐级控制。一等三角锁是国家平面控制网的骨干。二等三角网布设于一等三角锁环内，是国家平面控制网的全面基础。三、四等三角网为二等三角网的进一步加密。建立国家平面控制网，主要采用三角测量的方法。国家一、二等三角网如图 7-1 所示。

国家一等水准网是国家高程控制网的骨干，二等水准网布设于一等水准环内，是国家高程控制网的全面基础。三、四等水准网为国家高程控制网的进一步加密，建立国家高程控制网，采用精密水准测量的方法。

在城市或厂矿等地区，一般应在上述国家控制点的基础上，根据测区的大小、城市规划和施工测量的要求，布设不同等级的城市平面控制网，以供地形测图和施工放样使用。

直接供地形测图使用的控制点，称为图根控制点，简称图根点。测定图根点位置的工作，称为图根控制测量。

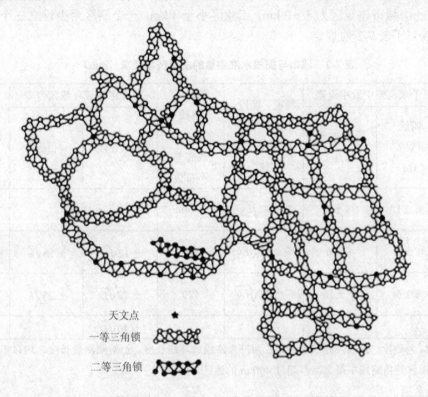

图 7-1　部分地区国家一、二等三角网示意图

图根点的密度（包括高级点），取决于测图比例尺和地物、地貌的复杂程度。至于布设哪一级控制作为首级控制，应根据城市或厂矿的规模。中小城市一般以四等网作为首级控制网。面积在 15 km² 以内的小城镇，可用小三角网或一级导线网作为首级控制。面积在 0.5 km² 以下的测区，图根控制网可作为首级控制。厂区可布设建筑方格网，公路工程，常规上采用导线测量的方法，其等级依次为三等、四等和一、二、三级导线，按 1985 年《城市测量规范》，其技术要求列于表 7-1 的规定。

表 7-1　城市导线及图根导线的主要技术要求

等级	测角中误差 /″	方向角 闭合差/″	附和导线 长度/km	平均边长 /m	测距中误差 /mm	全长 相对中误差
一级	±5	$\pm 10\sqrt{n}$	3.6	300	±15	1∶14000
二级	±8	$\pm 16\sqrt{n}$	2.4	200	±15	1∶10000
三级	±12	$\pm 24\sqrt{n}$	1.5	120	±15	1∶6000
四级	±30	$\pm 60\sqrt{n}$				1∶2000

城市或厂矿地区的高程控制分为二、三、四等水准测量和图根水准测量等几个等级，

它是城市大比例尺测图及工程测量的高程控制。同样，应根据城市或厂矿的规模确定城市首级水准网的等级，然后再根据等级水准点测定图根点的高程。水准点间的距离，一般地区为 2～3 km，城市建筑区为 1～2 km，工业区小于 1 km。一个测区至少设立三个水准点。其技术要求列于表 7-2 的规定。

表 7-2　城市与图根水准测量的主要技术要求（mm）

等级	每千米高差中数中误差		测段、区段、路线往私家测高差不符值	测段、路线的左右路线高差不符值	符合路线或环线闭合差		检测以测测段高差之差
	偶然中误差（$M\alpha$）	全中误差（$M\omega$）			平原丘陵	山区	
一级	$\leqslant \pm 1$	$\leqslant \pm 2$	$\leqslant \pm 4\sqrt{L_S}$	300	$\pm 4\sqrt{L}$		$\pm 6\sqrt{L}$
二级	$\leqslant \pm 3$	$\leqslant \pm 6$	$\leqslant \pm 12\sqrt{L_S}$	200	$\pm 12\sqrt{L}$	$\pm 15\sqrt{L}$	$\pm 20\sqrt{L}$
三级	$\leqslant \pm 6$	$\leqslant \pm 10$	$\leqslant \pm 20\sqrt{L_S}$	120	$\pm 20\sqrt{L}$	$\pm 25\sqrt{L}$	$\pm 30\sqrt{L}$
四级					$\pm 40\sqrt{L}$		

注：①L_S 为测段、区段或路线长度，L 为符合路线或环线长度，L_i 检测测段长度，均以千米计。

②山区是指路线中最大高差超过 400 m 的地区。

随着科学技术的发展和现代化测量仪器的出现，三角测量这一传统定位技术大部分已经被卫星定位技术所替代。国家制定的《GPS 控制测量规范》将 GPS 控制网分成 A～E 五级，见表 7-3。其中 A、B 相当于国家一、二等三角点，C、D 相当于城市三、四等。

表 7-3　GPS 控制网主要技术要求

级别 项目	A	B	C	D	E
固定误差 a/mm	$\leqslant 5$	$\leqslant 8$	$\leqslant 10$	$\leqslant 10$	$\leqslant 10$
比例误差系数 b/ 10^{-6}	$\leqslant 0.1$	$\leqslant 1$	$\leqslant 5$	$\leqslant 10$	$\leqslant 20$
相邻点最小距离/km	100	15	5	2	1
相邻点最大距离/km）	2 000	250	40	15	10
相邻点平均距离/km	300	70	15～10	10～5	5～2

本书主要讨论小地区（10 km^2 以下）控制网建立的有关问题。下面将分别介绍用导线测量建立小地区平面控制网的方法，用三、四等水准测量和三角高程测量建立小地区高程控制网的方法。

7.1.1　平面控制测量

建立平面控制网的常规方法有三角测量和导线测量。如图 7-2 所示，A、B、C、D、E、F 组成互相邻接的三角形，观测所有三角形的内角，并至少测量其中一条边长作为起算边，通过计算就可以获得它们之间的相对位置。这种三角形的顶点称为三角点，构成的网形称为三角网，进行这种测量成为三角测量。

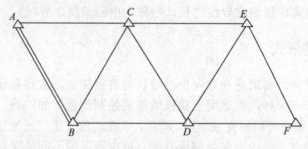

图 7-2　三角网

如图 7-3 所示，控制点 P_1、P_2、P_3…用折线连接起来，测量各边的长度和各转折角，通过计算同样可以获得它们之间的相对位置。这种控制点称为导线点，进行这种控制测量称为导线测量。用导线测量方法建立小地区平面控制网，通常分为一级导线、二级导线、三级导线和图根导线等几个等级。平面控制网除了经典的三角测量和导线测量外，还有卫星大地测量。目前常用的是 GPS 卫星定位。如图 7-4 所示，在 A、B、C、D 控制点上，同时接收 GPS 卫星 S_1、S_2、S_3、S_4…发射的无线电信号，从而确定地面点位，称为 GPS 测量。

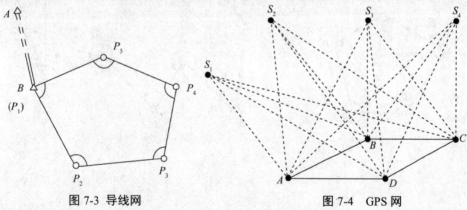

图 7-3　导线网　　　　　　　　　　　图 7-4　GPS 网

7.1.2　高程控制网

建立高程控制网的主要方法是水准测量。在山区可采用三角高程测量的方法来建立高程控制网，这种方法不受地形起伏的影响，工作速度快，但其精度水比准测量低。由于全站仪的出现，在地形复杂地区现在常采用全站仪高程控制测量或称 EDM 高程控制测量来代替二等以下水准测量。在平原地区，可采用 GPS 水准进行四等水准测量，在地形比较复杂的地区，采用 GPS 水准时，需进行高程异常改正。海上高程测量由于控制点和测量点分布受岛屿位置的影响，地面无法实现长距离水准测量，因此在海上可优先用 GPS 水准测量。

7.2　导线测量

将测区内相邻控制点连成直线而构成的折线，称为导线。这些控制点，称为导线点。导线测量就是依次测定各导线边的长度和各转折角值；根据起算数据，推算各边的坐标方位角，从而求出各导线点的坐标。用经纬仪测量转折角，用钢尺测定边长的导线，称为经纬仪导线；若用光电测距仪测定导线边长，则称为电磁波测距导线。

7.2.1　导线测量的形式

导线测量布设灵活，要求通视方向少，边长可直接测定，适宜布设在视野不够开阔的地区，如城市、厂矿、森林，也适用于狭长地带的控制测量，如铁路、隧道、渠道等。随着全站仪的普及，一测站可同时完成测距、测角，导线测量方法广泛地用于控制网的建立，特别是图根导线的建立，并成为主要测量方法。根据测区的不同情况和要求，导线可布设成下列三种形式。

（1）闭合导线。导线的起点和终点为同一个已知点，形成闭合多边形，如图 7-5a）所示，B 点为已知点，P_1、…、P_n 为待测点，AB 为已知方向。起讫于同一已知点的导线，称为闭合导线。

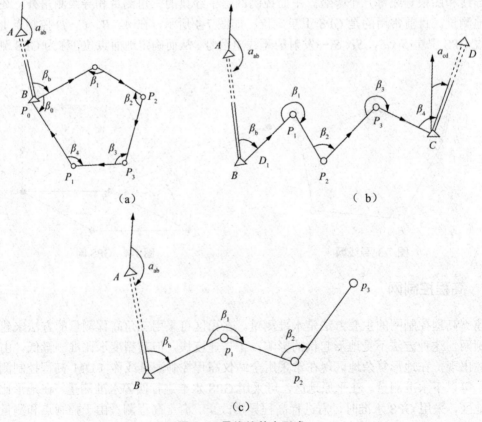

图 7-5　导线的基本形式

（2）附和导线布设在两已知点间的导线，称为附合导线。如图 7-5（b）所示，B 点为已知点，α_{AB} 为已知方向，经过 P_i 点最后附和到已知点 C 和已知方向 CD。

（3）支导线。支导线也称自由导线，它从一个已知点出发不回到原点，也不附和到另外已知点，如图 7-5（c）所示。由于支导线无法检核，故布设时应十分仔细，规范规定支导线不得超过三条边。

（4）导线网。由若干个闭合导线和附合导线组成的闭合网形称为导线网。导线网检核条件多，精度较高，多用于城市控制网。在地形复杂地区的高精度控制网也适宜布设成导线网的形式。

7.2.2　导线测量外业工作

导线测量的外业工作包括：踏勘选点及建立标志、量边、测角和连测。

1. 踏勘选点及建立标志

在踏勘选点前应尽量搜集测区的有关资料，如地形图、已有控制点的坐标和高程、控制点点之记。在图上规划导线布设方案，然后到现场选点，埋设标志。如果测区没有地形图资料，则需详细踏勘现场，根据已知控制点的分布、测区地形条件及测图和施工需要等具体情况，合理地选定导线点的位置。选点时，应注意以下事项：

（1）导线点应选在土质坚硬，能长期保存和便于安置测量仪器的地方。

（2）导线点视野开阔，便于测绘周围地物和地貌。

（3）相邻导线点间通视良好，便于测角、量边。

（4）导线点数量足够、密度均匀、方便测量，即导线边长应大致相等，避免过长、过短，相邻边长之比不应超过三倍。除特殊情形外，应不大于 350 m，也不宜小于 50 m。

（5）导线点选定后，应在地面上建立标志，并沿导线走向顺序编号。

（6）路线平面控制点的位置应沿路线布设，各点距路中心的位置大于 50 m，且小于 300 m，同时应便于测角、测距及地形测量和定线放样。

（7）构造物控制网宜布设成四边形，应以构造物一端路线控制网中的一个点为起算点，以该点到另一路线控制点的方向为起始方向，并利用构造物另一端路线控制网中的一个点为检核点。

导线点选定后，要在每一点位上打一大木桩，其周围浇灌一圈混凝土，桩顶钉一小钉，作为临时性标志，若导线点需要保存的时间较长，就要埋设混凝土桩或石桩，桩顶刻"十"字，作为永久性标志。导线点应统一编号。为了便于寻找，应量出导线点与附近固定而明显的地物点的距离，绘一草图，注明尺寸，称为点之记，如图 7-6 所示。

2. 量边

导线边长可用光电测距仪测定，测量时要同时观测竖直角，供倾斜改正时用。若用钢尺丈量，钢尺必须经过检定。对于一、二、三级导线，应按钢尺量距的精密方法进行丈量。对于图根导线，用一般方法往返丈量或同一方向丈量两次；当尺长改正数大于 1/10 000 时，应加尺长改正；量距时，平均尺温与检定时温度相差 10 ℃时，应进行温度改正；尺面倾斜大于 1.5％时，应进行倾斜改正；取其往返丈量的平均值作为成果，并要求其相对误差不大于 1/3 000。

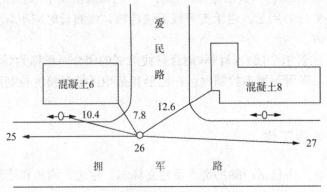

图 7-6　点之记

3. 测角

导线角度测量有转折角测量和连接角测量。用测回法施测导线左角（位于导线前进方向左侧的角）或右角（位于导线前进方向右侧的角）。一般在附合导线中，测量导线左角，在闭合导线中均测内角。若闭合导线按反时针方向编号，则其左角就是内角。图根导线，一般用 DJ$_6$ 级光学经纬仪测一个测回。若盘左、盘右测得角值的较差不超过 40″，则取其平均值。

测角时，为了便于瞄准，可在已埋设的标志上用三根竹杆吊一个大垂球，或用测钎、觇牌作为照准标志。

4. 连测

导线与高级控制点连接，必须观测连接角、连接边，作为传递坐标方位角和坐标之用。如果附近无高级控制点，则应用罗盘仪施测导线起始边的磁方位角，并假定起始点的坐标作为起算数据。

7.2.3 导线测量内业计算

导线内业计算之前，应全面检查导线测量外业工作、记录及成果是否符合精度要求。然后绘制导线略图，标注实测边长、转折角、连接角和起始坐标，以便于导线坐标计算，如图 7-7 所示。

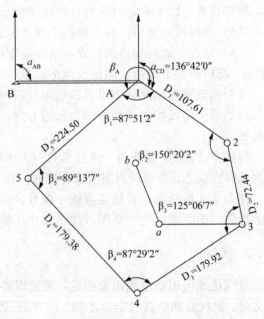

图 7-7　闭合导线略图

1. 闭合导线计算

闭合导线是由折线组成的多边形，必须满足多边形内角和条件以及坐标条件，即从起算点开始，逐点推算各待定导线点的坐标，最后推回到起算点，由于是同一个点，故推算出的坐标应该等于该点的已知坐标。

现以图 7-7 所示的图根闭合导线为例，介绍闭合导线计算步骤，闭合导线坐标计算表见表 7-4。

表 7-4　闭合导线测量计算

点号	观测角（右角）	改正后的角值	坐标方位角	边长/m	增量计算值		改正后的增量值		坐标		点号
					$\Delta x'$	$\Delta y'$	Δx	Δy			
1	2	3	4	5	6	7	8	9	10	11	12
1	−0.2 87°51′.2	87°51′.0	136°42′.0	107.61	−1 −78.32	−3 +73.80	−78.33	+73.77	800.00	1 000.00	1
2	−0.2 150°20′.2	150°20′.2	166°22′.0	72.44	−1 −70.40	−2 +17.07	−70.41	+17.05	721.67	1 073.77	2
3	−0.2 125°06′.7	125°05′.5	221°15′.5	179.92	−3 −135.25.	−4 +118.65	−135.28	−118.69	651.26	1 090.82	3
4	−0.2 187°29′.2	87°29′.0	313°46′.5	179.38	−3 +124.10	−4 −129.52	+124.07	−129.56	515.98	927.13	4
5	−0.2 89°13′.7	89°13′.7	44°33′.0	224.50	−4 +159.99	−6 +157.49	+159.95	+157.43	640.05	824.57	5
1			136°42′.0						800.00	1 000.00	1
2											
∑	540°01′.0	540°0′		763.85							

$$f_\beta = \pm 1' \quad f = \sqrt{f_x^2 + f_y^2} = \pm 0.22$$

$$f_{\beta容} = \pm 40'' \sqrt{n} = \pm 40'' \sqrt{5} = \pm 1'.5$$

$$K = \frac{f}{\sum D} = \frac{0.22}{763.85} = \frac{1}{3\ 390}$$

+284.09 −283.97	+284.36 −284.17	+284.02 −243.02	+284.27 −284.27
$f_x = +0.12$	$f_y = 0.19+$	$\sum \Delta x = 0$	$\sum \Delta y = 0$

（1）在表中填入已知数据。将导线略图中的点号、观测角、边长、起始点坐标、起始边方位角填入表 7-4 中。

（2）计算、调整角度闭合差。

由平面几何知识可知，n 边形闭合导线的内角和的理论值应为

$$\sum \beta_{理} = (n-2) \times 180° \tag{7-1}$$

在实际观测中，由于误差的存在，使实测的内角和 $\sum \beta_{测}$ 不等于理论值 $\sum \beta_{理}$，两者之

差称为闭合导线的角度闭合差 f_β。即

$$f_\beta = \sum \beta_测 - \sum \beta_理 = \sum \beta_测 - (n-2) \times 180° \qquad (7\text{-}2)$$

根据图根导线测量的限差要求，其闭合差的允许值为

$$f_{\beta允} = \pm 60\sqrt{n} \qquad (7\text{-}3)$$

式中， $f_{\beta允}$——容许角度闭合差（″）； n——闭合导线的内角个数。

各等级导线角度闭合差的允许值列于表 7-4 中。若 $f_\beta > f_{\beta允}$，则说明角度闭合差超限，应返工重测；若 $f_\beta < f_{\beta允}$，则说明所测角度满足精度要求，可将角度闭合差进行调整。每个角度的改正数用 V_β 表示，则有

$$V_\beta = -\frac{f_\beta}{n} \qquad (7\text{-}4)$$

式中， f_β——角度闭合差，（″）； n——闭合导线的内角个数。

角度闭合差的调整原则是：将 f_β 反符号平均分配到各观测角中，余数分配给短边的夹角。调整后的内角和应等于其理论值 $\sum \beta_理$。

（3）计算各边的坐标方位角。从图 7-9 中可以看出，根据起始边的已知坐标方位角及调整后的各内角值，按式 7-5 计算各边坐标方位角

$$\alpha_前 = \alpha_后 + 180° \pm \beta \qquad (7\text{-}5)$$

在计算时要注意以下几点：

①上式中的 $\pm \beta$，若是左角，则取 $+\beta$，若是右角，则取 $-\beta$。

②计算出来的 $\alpha_前$，若大于 360°，应减去 360°，着小于 0°时，则加上 360°，即保证坐标方位角在 0°～360° 的取值范围。

③ 起始边的坐标方位角最后推算出来，其推算值应与已知值相等，否则推算过程有错。

（4）坐标增量闭合差的计算与调整。闭合导线的起、终点是同一个点，所以坐标增量总和理论值为零，即

$$\left.\begin{array}{l} \sum \Delta x_i = 0 \\ \sum \Delta y_i = 0 \end{array}\right\} \qquad (7\text{-}6)$$

则坐标增量闭合差为

$$
\left.\begin{array}{l}
f_x = \sum \Delta x_{i测} \\
f_y = \sum \Delta y_{i测}
\end{array}\right\} \tag{7-7}
$$

由于坐标增量闭合差的存在，使导线不能闭合，这段距离 f_D 称为导线全长闭合差。按几何关系得

$$
f_D = \sqrt{f_x^2 + f_y^2} \tag{7-8}
$$

顾及导线愈长，误差累积愈大，因此，衡量导线的精度通常用导线全长相对闭合差来表示，即

$$
K = \frac{f_D}{\sum D} = \frac{1}{\dfrac{\sum D}{f_D}} \tag{7-9}
$$

式中，$\sum D$——导线边长总和（m）。

对于不同等级的导线全长相对闭合差的允许值 $K_允$，可查阅表 7-1 的规定。若 $K \leqslant K_允$，则说明导线测量结果满足精度要求，可进行调整。坐标增量闭合差的调整原则是：将 f_x、f_y 反其符号按与边长成正比的方法分配到各坐标增量上去，则坐标增量的改正数为

$$
\left.\begin{array}{l}
v_{\Delta xi} = -\dfrac{f_x}{\sum D} D_{ij} \\[3mm]
v_{\Delta yi} = -\dfrac{f_y}{\sum D} D_{ij}
\end{array}\right\} \tag{7-10}
$$

2. 附合导线计算

附合导线计算方法与闭合导线相同，也要满足角度闭合条件和坐标闭合条件。但附合导线是在两个已知点上布设的导线，从而使角度闭合差和坐标增量闭合差的计算方法也有所不同。

（1）角度闭合差的计算。如图 7-8 所示，由于附合导线两端方向已知，则由起始边的坐标方位角和测定的导线各转折角就可推算出导线终边的坐标方位角。但测角带有误差，致使导线终边坐标方位角的推算值 $\alpha'_终$ 不等于已知终边坐标方位角 $\alpha_终$，其差值即为附合导线的角度闭合差 f_β，即

$$
f_\beta = \alpha'_终 - \alpha_终 = \alpha_终 + \sum \beta_测 - n \times 180° \tag{7-11}
$$

式中，$\alpha'_始$——附合导线的起算边方位角（°）；$\alpha_终$——附合导线的终边方位角（°）；

　　　　f_β——方位角闭合差（″）；n——附合导线的折角个数。

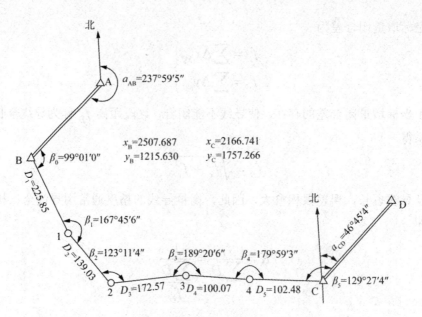

图 7-8 符合导线略图

附合导线方位角闭合差允许值的计算和调整与闭合导线相同，具体见表 7-5。

表 7-5 附合导线测量计算

点号	观测角（右角）	改正后的角值	坐标方位角	边长/m	增量计算值		改正后的增量值		坐标		点号
					Δx	Δy	$\Delta x'$	$\Delta y'$			
1	2	3	4	5	6	7	8	9	10	11	12
A			237°59'.5						2 507.687	1 215.630	B
B	+0.1 99°01'.0	99°01'.1									
			157°00'.6	225.82	+45 −207.911	−43 +88.210	−207.866	+88.167			
1	+0.1 167°45'.6	167°45'.7							2 299.821	1 303.797	1
			144°46'.3	139.03	+28 −113.568	+28 +80.198	−115.540	+80.172			
2	+0.1 123°11'.4	123°11'.5							2 186.281	1 383.969	2
			89°57'.8	172.57	+35 −6.133	−33 +172.461	+6.168	+172.428			
3	+0.1 199°20'.6	189°20'.7							2 192.449	1 556.397	3
			97°18'.5	100.07	+20 −12.730	−19 +99.257	−12.710	+99.238			
4	+0.1 179°59'.3	179°59'.4							2 179.739	1 655.635	4
			97°17'.9	102.48	+21 −13.019	−19 +101.650	−12.998	+101.6314			
C	+0.1 129°27'.4	129°27'.5							2 166.741	1 757.266	C
D			46°45'.4								D
				ΣD =740.00	$\sum(\Delta x)=$ −341.095	$\sum(\Delta y)=$ +541.776					

（续表）

		$\sum(\Delta x)=-341.095, \ \sum(\Delta y)=-341.095$	
$\alpha_{CD}=46°44'.8$	$f_{\beta容}=\pm40''\sqrt{6}$	$\dfrac{x_C-x_B=-340.96}{f_x=-0.149} \quad \dfrac{y_C-y_B=+541.636}{f_y=0.140}$	
$\alpha_{CD}=46°45'.4$	$=\pm1'.6$	$f=\sqrt{f_x^2+f_y^2}=0.20$	
$f_\beta=-0'.6$	$f_\beta<f_{\beta容}$	$K=\dfrac{0.20}{740}\approx\dfrac{1}{3\ 700}\langle\dfrac{1}{200}$	

（2）坐标增量闭合差的计算和调整。利用上述计算的各边坐标方位角和边长，可以计算各边的坐标增量。各边坐标增量之和理论上应与控制点 B、C 的坐标差一致，若不一致，产生的误差称为坐标增量闭合差。

$$\left.\begin{array}{l}f_x=\sum\Delta x_测-\sum\Delta x_理=\sum\Delta x_测-\left(x_终-x_始\right)\\ f_y=\sum\Delta y_测-\sum\Delta y_理=\sum\Delta y_测-\left(y_终-y_始\right)\end{array}\right\}\qquad(7\text{-}12)$$

符合导线全长闭合差全长相对闭合差和允许相对闭合差的计算，以及坐标增量闭合差的调整，与闭合导线相同。符合导线坐标计算过程见表 7-5。

3．支导线计算

由于电磁波测距仪和全站仪的发展和普及，测距和测角精度大大提高，当测区内已有控制点的数量不能满足测图或施工放样的需要时，可用支导线的方法来代替交会法来加密控制点。

由于支导线既不回到原起始点上，又不附合到另一个已知点上，故支导线没有检核限制条件，也就不需要计算角度闭合差和坐标增量闭合差，只要根据已知边的坐标方位角和已知点的坐标，由外业测定的转折角和转折边长，直接计算出各边方位角及各边坐标增量，最后推算出待定导线点的坐标即可。

4．角度闭合差超限检查方法

在外业结束时，发现角度闭合差超限，首先要检查外业记录手簿，看是否有记错、算错的数据，再找外业测量本身的原因。如果仅仅测错一个角度，则可用下述方法查找测错的角度。

若为闭合导线，可按边长和角度，用一定的比例尺绘出导线图，并在闭合差的中点作垂线。如果垂线通过或接近通过某导线点，则该点发生错误的可能性最大。若为附合导线，先将两个端点展绘在图上，则分别自导线的两个端点 B、C 按边长和角度绘出两条导线，在两条导线的交点处发生测角错误的可能性最大。如果误差较小，用图解法难以显示角度测错的点位，则可从导线的两端开始，分别计算各点的坐标，若某点两个坐标值相近，则该点就是测错角度的导线点。

7.3 交会测量

当控制点不能满足工程需要时,可用交会法加密控制点,这种定点工作称为交会测量。交会测量分测角交会定点、距离交会定点和边角交会定点三种形式。在测角交会中又分三种形式,即前方交会、侧方交会和后方交会。

7.3.1 前方交会

在两个已知控制点上,分别对待定点观测水平角以计算待定点的坐标,如图 7-9 所示。为了进行检核和提高点位精度,在实际工作中,通常要在 3 个控制点上进行交会,用 2 个三角形分别计算待定点的坐标,若两组坐标较差不大于两倍比例尺精度时,既可取其两组坐标的平均值作为所求结果。即

$$f_d = \sqrt{\delta_x^2 + \delta_y^2} \leqslant \ f_允 = 2 \times 0.1\,\text{M} \qquad (7\text{-}13)$$

如图 7-11 (a) 所示,A、B 为已知控制点,P 为待定点;A、B、P 三点按逆时针次序排列。

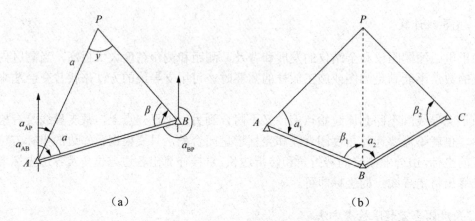

（a）　　　　　　　　　　　　　（b）

图 7-9　前方交会

1. 按导线推算 P 点的坐标

（1）用坐标反算公式计算 AB 边的坐标方位角 α_{AB} 和边长 D_{AB}

$$\alpha_{AB} = \arctan \frac{y_B - y_A}{x_B - x_A} \qquad (7\text{-}14)$$

$$D_{AB} = \sqrt{(x_B - x_A)^2 + (y_B - y_A)^2} \qquad (7\text{-}15)$$

（2）计算 AP、BP 边的坐标方位角 α_{AB}、α_{BP} 及边长 D_{AP}、D_{BP}

$$\alpha_{AP} = \alpha_{AB} - \alpha \tag{7-16}$$

$$\alpha_{BP} = \alpha_{AB} \pm 180° + \beta \tag{7-17}$$

$$D_{AP} = \frac{D_{AB}}{\sin\gamma}\sin\beta, \quad D_{BP} = \frac{D_{AB}}{\sin\gamma}\sin\alpha \tag{7-18}$$

式中，$\gamma = 180° - \alpha - \beta$，且应有 $\alpha_{AP} - \alpha_{BP} = \gamma$。

（3）按坐标正算公式计算 P 点的坐标

$$\begin{array}{ll} x_P = x_A + D_{AP}\cdot\cos\alpha_{AP} & x_P = x_B + D_{BP}\cdot\cos\alpha_{BP} \\ y_P = y_A + D_{AP}\cdot\sin\alpha_{AP} & y_P = y_B + D_{BP}\cdot\sin\alpha_{BP} \end{array} \text{或} \tag{7-19}$$

2. 按余切公式计算 P 点的坐标

将式 7-18 各量带入整理可得 P 点的坐标

$$x_P = \frac{x_A\cot\beta + x_B\cot\alpha + (y_B - y_A)}{\cot\beta + \cot\alpha} \tag{7-20}$$

$$y_P = \frac{y_A\cot\beta + y_B\cot\alpha + (x_B - x_A)}{\cot\beta + \cot\alpha}$$

应用上式计算 P 点坐标时，必须注意实测图形的编号与推到公式的编号要一致。

表 7-6 前方交会计算表

略图与公式						观测数据	α_1	54°48′00″
							β_1	32°51′5″
							α_2	56°23′21″
							β_2	48°30′58″
已知数据	x_A	1807.04	y_A	45 719.85	(1) cotα		0.705 422	0.664 67
	x_B	1648.38	y_B	45 830.66	(2) cotβ		1.5 479 029	0.884 224
	x_C	1756.50	y_C	45 998.65	(3)=(1)+(2)		2.253 325	1.548 894
(4) $x_A$cotβ+$x_B$cotα+y_B-y_A			4 069.325	2802.937	(6) $y_A$cotβ+$y_B$cotα+x_B+x_A		103 260.540	71 094.513
(5) x_P=(4)/(3)			1 805.920	1809.637	(7) y_P=(6)/(3)		45 825.837	45 871.126
P 点最后坐标			x_P=1 807.78			y_P=45 848.48		

略图公式区：$x_P = \dfrac{x_A\cot\beta + x_B\cot\alpha + (y_B - y_A)}{\cot\beta + \cot\alpha}$，$y_P = \dfrac{y_A\cot\beta + y_B\cot\alpha + (x_B - x_A)}{\cot\beta + \cot\alpha}$

7.3.2 侧方交会

侧方交会与前方交会相似，它是在 1 个已知控制点和 1 个待定点上观测水平角以计算待定点的坐标，如图 7-10 (a) 所示。为了进行检核，一般还在待定点观测第 3 个控制点方向的水平角，如图 7-10 (b) 所示。侧方交会与前方交会的基本原理一样，计算时只需计算出 B 点水平角 $\beta = 180° - (\alpha + \gamma)$，再根据 A、B 坐标和 α、β 值用前方交会方法计算 P 点坐标。

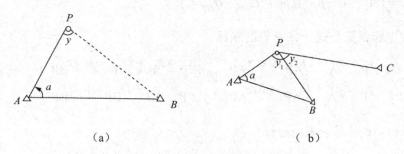

(a)   (b)

图 7-10   侧方交会

7.3.3 后方交会

在待定点上，对 3 个已知控制点观测 3 个方向间的水平角，以计算待定点的坐标。如图 7-11 (a) 所示。为了进行检核，一般还在待定点观测第 4 个控制点方向的水平角，如图 7-11 (b) 所示。为了提高交会点的精度，待定点上的交会角应大于 30° 和小于 120°；水平角应按方向观测法观测两个测回。

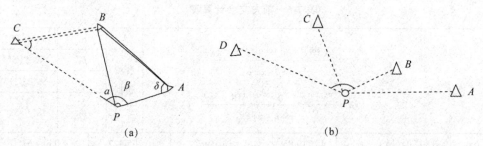

(a)   (b)

图 7-11   后方交会

设 A、B、C 为三个已知点，P 点为待定点，在 P 点观测 α、β 水平角，则可以计算出 P 点坐标。

如图 7-11 所示，设 $\varphi = \gamma + \delta$，则有

$$\varphi = 360° - \alpha - \beta - \angle CBA \tag{7-21}$$

由正弦定理得

$$\frac{D_{BP}}{\sin \gamma} = \frac{D_{BC}}{\sin \alpha} \tag{7-22}$$

$$\frac{D_{BP}}{\sin \delta} = \frac{D_{AB}}{\sin \beta} \tag{7-23}$$

由以上两式可得

$$\frac{D_{AB} \sin \alpha}{D_{BC} \sin \beta} = \frac{\sin \gamma}{\sin \delta} = \sin \varphi \cot \delta - \cos \varphi \tag{7-24}$$

$$\cot \delta = \cot \varphi + \frac{D_{AB} \sin \alpha}{D_{BC} \sin \beta \sin \varphi} \tag{7-25}$$

$$\delta = arc \cot(\cot \varphi + \frac{D_{AB} \sin \alpha}{D_{BC} \sin \beta \sin \varphi}) \tag{7-26}$$

$$\alpha_{AP} = \alpha_{AB} - \delta \tag{7-27}$$

$$D_{AP} = \frac{\sin(180^0 - \beta - \delta)}{\sin \alpha} D_{AB} \tag{7-28}$$

$$\left.\begin{aligned} x_P &= x_A + D_{AP} \cos \alpha_{AP} \\ y_P &= y_A + D_{AP} \sin \alpha_{AP} \end{aligned}\right\} \tag{7-29}$$

在用后方交会进行定点时，还应注意危险圆问题。如图 7-12 所示，当 P、A、B、C 四点共圆时，根据圆的性质，P 点无论在何处，α、β 的值都是固定值，即 P 点是一个不定解，这就是后方交会中的危险圆。在后方交会时，一定要使 P 点远离危险圆。

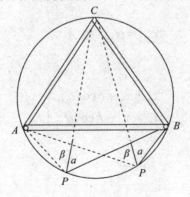

图 7-12　后方交会危险圆

7.3.4 测边交会定点

当不便于用测角交会的方法加密控制点时，可用钢尺直接在地面上进行距离交会，确定待定点的位置。如图 7-13 所示，在两个已知点 A、B 上分别量至待定 P 的边长 a、b，求解 P 点坐标，称为测边交会。为了提高测量精度和增加检核条件，可再从另一已知点 C 量距 c，可第二次求得 P 点坐标。

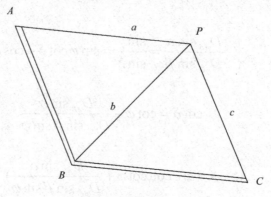

图 7-13　距离交会

计算过程如下。

（1）利用 A、B 已知坐标求方位角 α_{AB} 和 D_{AB}。

$$\alpha_{AB} = \arctan \frac{y_B - y_A}{x_B - x_A} \tag{7-30}$$

$$D_{AB} = \sqrt{(x_B - x_A)^2 + (y_B - y_A)^2} \tag{7-31}$$

（2）利用余弦定理求 $\angle A$。

$$\angle A = \cos^{-1}\left(\frac{D_{AB}^2 + b^2 - a^2}{2bD_{AB}}\right) \tag{7-32}$$

$$\alpha_{AP} = \alpha_{AB} - \angle A \tag{7-33}$$

（3）计算 P 点坐标。

$$\left.\begin{array}{l} x_P = x_A + b\cos\alpha_{AP} \\ y_P = y_A + b\cos\alpha_{AP} \end{array}\right\} \tag{7-34}$$

7.4　高程控制测量

小区域地形测图或施工测量,多采用三、四等水准测量作为高程控制测量的首级控制。三、四等水准测量起算点的高程一般引自国家一二等水准点,如果作为测区首级控制,一般设成闭合环路,加密时多采用符合水准路线或支水准路线。

7.4.1　每一站的观测顺序

(1) 后视水准尺黑面,精平,读取上、下、中丝读数,记为(1)、(2)、(3)。
(2) 前视水准尺黑面,精平,读取上、下、中丝读数,记为(4)、(5)、(6)。
(3) 前视水准尺红面,精平,读取中丝读数,记为(7)。
(4) 后视水准尺红面,精平,读取中丝读数,记为(8)。

这样的观测顺序简称为"后—前—前—后"或"黑—黑—红—红"。其优点是可以大大减弱仪器下沉误差的影响。四等水准测量每站观测顺序可为:"后—后—前—前"。

7.4.2　测站计算与检核

1. 视距计算

后视距离:(9) = [(1) - (2)]×100;
前视距离:(10) = [(4) - (5)]×100;
前后视距差:(11) = (9) - (10);
前后视距累积差:本站(12) = 本站(11) + 上站(12)。

前、后视距差,三等水准测量,不得超过 3 m,四等水准测量,不得超过 5 m。前、后视距累积差,三等水准测量,不得超过 6 m,四等水准测量,不得超过 10 m。

2. 同一水准尺红、黑面中丝读数的检核

前尺:(13) = (6)+K_1-(7);
后尺:(14) = (3)+K_2-(8)。

同一水准尺红、黑面中丝读数之差,应等于该尺红、黑面的常数差 K(4.687 或 4.787),三等水准测量,不得超过 2 mm,四等水准测量,不得超过 3 mm。

3. 计算黑面、红面的高差

黑面高差:(15) = (3) - (6);
红面高差:(16) = (8) - (7);
校核计算:红、黑面高差之差(17) = (15) - [(16)±0.100]或(17)
$$= (14) - (13)。$$

三等水准测量,不得超过 3 mm;四等水准测量,不得超过 5 mm。式内 0.100 为单、

双号两根水准尺红面零点注记之差，以米（m）为单位。

4. 计算平均高差

高差平均值：（18）＝[（15）＋（16）±0.100]/2。

5. 四等水准测量观测手簿

四等水准测量观测手簿见表 7-7。

表 7-7 四等水准测量观测手簿

测站编号	点号	后尺	下丝 上丝	前尺	下丝 上丝	方向及尺号	中丝水准尺读数		K+红 一黑	平均高差	备注
		后视距离		前视距离			黑色面	红色面			
		前后视距差		积累差							
		（1）	（4）			后	（3）	（8）	（14）		
		（2）	（5）			前	（6）	（7）	（13）	（18）	
		（9）	（10）			后一前	（15）	（16）	（17）		
		（11）	（12）								
1	A～转1	1.587	0.755			后	1.400	6.187	0		
		1.213	0.379			前	0.567	5.255	−1	+0.8325	
		37.4	37.5			后一前	+0.833	+0.932	+1		
		−0.2	−0.2								
2	转1～转2	2.111	2.186			后02	1.924	6.611	0		
		1.737	1.811			前02	1.998	1.998	−1	−0.07450	
		37.4	37.5			后一前	−0.074	−0.175	+1		
		−0.1	−0.3								
3	转2～转3	1.916	2.057			后01	1.728	6.515	0		
		1.541	1.680			前02	1.868	6.556	−1	−0.1405	
		37.5	37.7			后一前		−0.041	+1		
		−0.2	−0.5								
4	转3～转4	1.945	2.121			后02	1.812	6.499	0		
		1.680	1.854			前01	1.987	6.6773	+1	−0.1745	
		26.5	26.7			后一前	−0.175	−0.274	−1		
		−0.2	−0.7								
5	转4～B	0.675	2.902			后01	0.466	5.254	−1		
		0.237	2.466			前02	2.684	7.371	0	−2.2175	
		43.8	43.6			后一前	−2.218	−2.117	−1		
		+0.2	−0.5								

7.4.3　成果计算

计算方法与水准测量成果核算方法相同，参见本书第 2 章。

7.5　三角高程测量

当地面两点间地形起伏较大而不便于水准测量时，可应用三角高程测量的方法测定两点间的高差而求得高程。但必须用水准测量的方法在测区内引测一定数量的水准点，作为高程起算的依据。该方法较水准测量精度低，常用于山区各种比例尺测图的高程控制。根据所采用的仪器不同，三角高程测量分为光电测距三角高程测量和经纬仪三角高程测量。

7.5.1　三角高程测量原理与计算

1. 三角高程测量的原理

三角高程测量原理是根据测站与待测点两点间的水平距离和测站向目标点所观测的竖直角来计算两点间的高差。

如图 7-14 所示，已知 A 点高程 H_A，欲求 B 点高程 H_B。将仪器安置在 A 点，照准目标顶端 M，测得竖直角 α，量取仪器高 i 和目标高 s。如果测得 AM 之间的倾斜视线距离 D'，则高差 h_{AB} 和 B 点高程 H_B 为

$$h_{AB} = D'\sin\alpha + i - S = D\tan\alpha + i - S \qquad (7\text{-}35)$$

$$H_B = H_A + h_{AB} = H_A + D_{AB}\tan\alpha + i - S \qquad (7\text{-}36)$$

三角高程测量往返测所得的高差之差（经球气改正后）不应大于 $0.1D$ m（D 为边长，以公里为单位）。三角高程测量路线应组成闭合或附合路线。

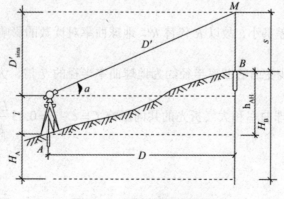

图 7-14　三角高程测量原理

2. 三角高程测量的测站观测工作

（1）安置经纬仪于测站上，量取仪器高 i 和目标高 v。

（2）当中丝瞄准目标时，将盘水准管气泡居中，读取竖盘读数。必须以盘左、盘右进行观测。

（3）用电磁波测距仪测量两点间的倾斜距离 D'，或用三角测量方法计算得两点间的水平距离 D。

（4）采用对向观测，方法同前三步。

7.5.2　地球曲率和大气折光对高差的影响

上述公式是在把水准面当作水平面和观测视线是直线的条件下导出的，当地面两点间的距离小于 300 m 时是适用的。两点间距离大于 300 m 时就要顾及地球曲率，并加以曲率改正，简称为球差改正。同时，观测视线受大气垂直折光的影响而成为一条向上凸起的弧线，必须加以大气垂直折光差改正，简称为气差改正。以上两项改正合称为球气差改正。如图 7-15 所示，O 为地球中心，R 为地球曲率半径（$R=6\,371$ mm），A、B 为地面上两点，D 为 A、B 两点间的水平距离，R' 为过仪器高 P 点的水准面曲率半径，PE 和 AF 分别为 P 点和 A 点的水准面。实际观测竖直角时，水平线交于 G 点，GE 就是由于地球曲率而产生的高程误差，即球差，用符号 C 表示。由于大气折光影响，来自目标 N 的光线沿弧线 PN 进入望远镜，而望远镜却位于弧线 PN 的切线 PM 上，MN 即为大气垂直折光带来的高程误差，即气差，用符号 γ 表示。

由于 A、B 两点间的水平距离 D 与曲率半径 R' 之比很小，例如当 $D=3$ km 时，其所对圆心角约为 2.8'，故可认为 PG 近似垂直 OM，则于是，A、B 二点高差为

$$h_{AB} = D_{AB}\tan\alpha + i - S + C - \gamma \tag{7-37}$$

B 点高程为

$$H_B = H_A + h_{AB} = H_A + D_{AB}\tan\alpha + i - s + c - \gamma \tag{7-38}$$

考虑到 R' 与 R 相差甚小，故以 R 代替 R'，地球曲率对读数的影响为 $c = \dfrac{D^2}{2R}$，因为大气垂直折光而产生的视线变曲的曲率半径约为地球曲率半径的 7 倍，大气折光对读数的影响

$r = \dfrac{1}{7}c = 0.07\dfrac{D^2}{R}$，地球曲率和大气折光的共同影响 $f = c - r = 0.43\dfrac{D^2}{R}$。

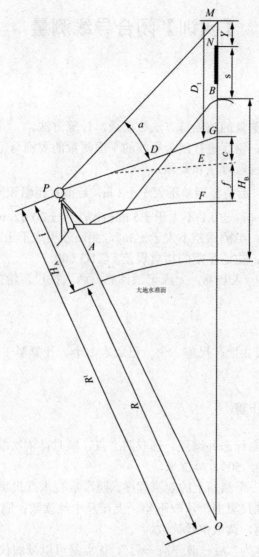

图 7-15 球气差对三角高程的影响

表 7-8 给出了 1 km 内不同距离的球气差改正数。三角高程测量一般都采用对向观测，即由 A 点观测 B 点，再由 B 点观测 A 点，取对向观测所得高差绝对值平均可以抵消两差的影响。

表 7-8 球气差改正数

D（km）	0.1	0.2	0.3	0.4	0.5	0.6	0.7	0.8	0.9	1.0
$f=6.7D2$（cm）	0	0	1	1	2	2	3	4	6	7

【实训】闭合导线测量

一、实训目的与要求

（1）掌握四等水准测量的观测量方法与记录、计算方法。

（2）掌握用经纬仪、钢尺进行闭合导线的平面测量的观测与记录、计算方法。

（3）掌握导线点的选取方法和要领。

（4）高程精度要求：后前视距差不大于 ± 3 m，后前视距累积差不大于 ± 10 m；$K+$黑—红不大于 ± 3 mm，$h_黑 - (h_红 \pm 0.1)$ 不大于 ± 5 mm；$\Delta h_容 = \pm 20 \sqrt{L}$ mm 或 $\Delta h_容 = \pm 6 \sqrt{n}$ mm。

（5）角度精度要求：半测回差不大于 $\pm 36''$，测回差不大于 $\pm 24''$。

（6）距离精度要求：往返量距的相对误差 $k \leqslant 1/3\ 000$，

（7）5~6人一组，一人观测，一人记录计算，两人扶尺，轮换操作。

二、仪器与工具

水准仪1台、水准尺2把、尺垫2个、记录本1个、计算器1个、经纬仪1台、视距尺1把、钢尺1把。

三、观测方法与记录计算

（1）踏勘选点及建立标志并编号。选取四个点，顺时针依次编号 A、B、C、D。假设 A 点的坐标为（500，500，50），单位米。

（2）四等水准测量一个测站上的观测程序。照准后视水准尺黑面，读取下丝、上丝及中丝读数；照准前视水准尺黑面，读取下丝、上丝及中丝读数；照准前视尺红面，读取中丝读数；照准后视尺红面，读取中丝读数。

这样的观测顺序简称为"后—前—前—后"，优点是可以减弱仪器下沉误差的影响。每个测站读取8个读数，立即进行测站计算与检核，满足四等水准测量的有关限差要求后方可迁站。

一共四个测站（已知点 A—B，B—C，C—D，D—A）。

（3）距离测量。往返法测距，一共测四段距离（已知点 A—B，B—C，C—D，D—A）。

（4）角度测量。采用一测回法测水平角，一共测五个角（∠MAB，∠ABC，∠BCD，∠CDA，∠DAB）。

（5）记录计算。记录及计算内容见表7-9~表7-13。

表 7-9　四等水准测量记录计算

测站编号	点号	后尺下丝 / 后尺上丝 / 后距 / 后前距差 d	前尺下丝 / 前尺上丝 / 前距 / 累积差 $\sum d$	方向及尺号	水准尺读数 黑面	水准尺读数 红面	$K+$黑$-$红	平均高差
	A|B			后__				
				前__				
				高差=后－前				
	B|C			后__				
				前__				
				高差=后－前				
误差计算				$\Delta h=$ Δh 容 $=\pm20\sqrt{L}$ mm$=$ 　　　Δh 容 $=\pm\sqrt{n}$ mm$=$				

表 7-10　水准测量记录表（内业计算）

测站	测点	高差（m）	改正数（mm）	改正高差（m）	高程（m）
	A				
	B				
	C				
	D				
	A				
计算校核					
误差计算					

表 7-11　钢尺一般量距记录计算（单位：m）

	A－B	B－C	C－D	D－A
往测				
返测				
往返平均值 $L_0＝（L_往＋L_返）/2＝$				
较差 $\Delta L＝L_往－L_返＝$				
计算相对误差= $$K=\frac{|\Delta L|}{l_0}=\frac{1}{l_0\big/|\Delta L|}=$$				

表 7-12　水平角测量记录计算（测回法）

测站（测回）	目标	竖盘位置	水平度盘读数 ° ′ ″	半测回角值 ° ′ ″	一测回角值 ° ′ ″
		盘左			
		盘右			
		盘左			
		盘右			
		盘左			
		盘右			
		盘左			
		盘右			
		盘左			
		盘右			

表 7-13　闭合导线坐标计算表（内业计算）

点号	角度观测值°_'_"	改正数"	改正后角值°_'_"	坐标方位角°_'_"	边长 m	增量计算值 m		改正后增量值		坐标 m	
						Δx	Δy	Δx	Δy	x	y
A										500.00	500.00
				AB							
B											
				BC							
C											
				CD							
D											
				DA							
A											
Σ											
辅助计算											

四、误差分析

五、实习心得

本章小结

本章主要介绍了小地区控制测量基本知识；导线测量；交会测量；高程控制测量和三角高程测量。

本章的主要内容包括平面控制测量；高程控制网；导线测量的形式；导线测量外业工作；导线测量内业计算；前方交会；侧方交会；后方交会；测边交会定点；每一站的观测顺序；测站计算与检核；成果计算；三角高程测量原理与计算；地球曲率和大气折光对高差的影响。通过学习本章内容，读者应了解控制测量的原理及方法；掌握导线测量的一般方法；掌握高程控制测量的方法步骤。

习题 7

1．测量控制网有哪几种形式？各在什么情况下采用？
2．根据图 7-16 中 *AB* 边坐标方位角及观测角，计算其余各边的方位角。

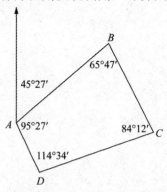

图 7-16　题 2 图

3．导线布设形式有哪几种形式？选择导线点应注意哪些事项？导线外业工作有哪些？
4．交会测量有哪几种形式？各适合于什么场合？
5．试完成表 7-14 中的附合导线计算。

表 7-14 附合导线测量计算

测点	观测角度（左角）（ ° ′ ″）			坐标方位角（ ° ′ ″）			边长（m）	坐标增量ΔX（m）	坐标增量ΔY（m）	坐标 X（m）	坐标 Y（m）
A				127	20	30					
B	231	02	30							3 509.580	2 675.890
1	64	52	00				40.510				
2	182	29	00				79.040				
C	138	42	30				59.120			3 529.000	2 801.540
D				24	26	45					
∑											
辅助计算											

第 8 章　大比例尺地形图测绘及应用

【本章导读】

按一定法则，有选择地在平面上表示地球表面各种自然现象和社会现象的图，通称地图。按内容，地图可分为普通地图及专题地图。普通地图是综合反映地面上物体和现象一般特征的地图，内容包括各种自然地理要素（例如水系、地貌、植被等）和社会经济要素（例如居民点、行政区划及交通线路等），但不突出表示其中的某一种要素。专题地图是着重表示自然现象或社会现象中的某一种或几种要素的地图，如地籍图、地质图和旅游图等。地形图是按一定的比例尺，用规定的符号表示地物、地貌平面位置和高程的正射投影图。

【学习目标】

➤ 了解地形图和比例尺；
➤ 了解大比例尺地形图的分幅与编号；
➤ 了解数字地形图的测绘；
➤ 掌握地物、地貌的图上表示方法；
➤ 掌握大比例尺地形图的工程应用方法。

8.1　地形图的比例尺

地面上各种地物不可能按真实的大小描绘在图纸上，通常总是将实地尺寸缩小为若干分之一来描绘的。地形图上任意一线段的长度与地面上相应线段的实际水平长度之比，称为地形图的比例尺。

8.1.1　比例尺的种类

比例尺主要分为数字比例尺和图示比例尺两种类型。

（1）数字比例尺。以分数形式表示的比例尺叫数字比例尺。数字比例尺一般用分子为1的分数形式表示。设图上某一直线的长度为 d，地面上相应线段的水平长度为 D，则图的比例尺为

$$\frac{d}{D} = \frac{1}{D/d} = \frac{1}{M} \text{或} 1 : M \qquad (8\text{-}1)$$

式 8-1 中，M 为比例尺分母。当图上 1 cm 代表地面上水平长度 10 m（即 1 000 cm）

时比例尺就是 1：1 000。由此可见，分母 1 000 就是将实地水平长度缩绘在图上的倍数。比例尺的大小是以比例尺的比值来衡量的，分数值越大（分母 M 越小），比例尺越大。

（2）图示比例尺。为了用图方便，以及减弱由于图纸伸缩而引起的误差，在绘制地形图时，常在图上绘制图示比例尺。图示比例尺分为直线比例尺和斜线比例尺，在此只介绍常用的直线比例尺。如 1：1 000 的图示比例尺，绘制时先在图上绘两条平行线，再把它分成若干相等的线段，称为比例尺的基本单位，一般为 2 cm；将左端的一段基本单位又分成十等分，每等分的长度相当于实地 2 m。而每一基本单位所代表的实地长度为 2 cm×1 000＝20 m。

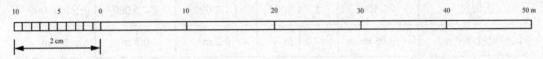

图 8-1　直线比例尺

8.1.2　地形图按比例尺分类

为了满足经济建设和国防建设的需要，需要测绘和编制各种不同比例尺的地形图。通常称 1：1 000 000、1：500 000、1：250 000 为小比例尺地形图；1：100 000、1：50 000、1：25 000 和 1：10 000 为中比例尺地形图；1：5 000、1：20 00、1：1 000 和 1：500 为大比例尺地形图。按照地形图图式规定，比例尺书写在图幅下方正中处。

中比例尺地形图为国家的基本地图，由国家专业测绘部门负责测绘，目前采用航空摄影测量方法成图；小比例尺地形图由中比例尺地形图缩编而成。建筑类各专业通常使用大比例尺地形图，其中 1：500 和 1：1 000 地形图一般采用全站仪、RTK 和无人机等技术测绘；1：2 000 和 1：5 000 比例尺地形图一般由 1：500 或 1：1 000 比例尺地形图缩编成图。大面积的大比例尺地形图也可采用航空摄像测量方法成图。

工程建设中地形图比例尺的选择应根据经济合理的原则，按照相关技术规定进行。地形图测图的比例尺，应根据工程的设计阶段、规模大小和运营管理需要，可按表 8-1 选用。

表 8-1　地形图测图比例尺的选用

比例尺	用　　途
1：5 000	可行性研究、总体规划、厂址选择、初步设计等
1：2 000	可行性研究、初步设计、矿山总图管理、城镇详细规划等
1：1 000	初步设计、施工图设计，城镇、工矿总图管理，竣工验收等
1：500	

8.1.3　比例尺的精度

一般认为，人的眼睛由于视觉的限制，正常眼睛能分辨的图上最小距离是 0.1 mm，在测量工作中称相当于图上 0.1 mm 的实地水平距离为比例尺的精度。根据比例尺的精度，可以确定在测图时量距应准确到什么程度，例如，测绘 1：1 000 比例尺地形图时，其比例尺的精度为 0.1 m，故量距的精度只需 0.1 m，小于 0.1 mm 在图上表示不出来。另外，当设计规定需在图上能量出的实地最短长度时，根据比例尺的精度，可以确定测图比例尺。比例尺越大，表示地物和地貌的情况越详细，精度越高。但是必须指出，同一测区，采用较大比例尺测图往往比采用较小比例尺测图的工作量和投资将增加数倍，因此采用哪一种比例尺测图，应从工程规划、施工实际需要的精度出发，不应盲目追求更大比例尺的地形图。表 8-2 为几种比例尺的比例尺精度。

表 8-2　比例尺精度

比例尺	1：500	1：1 000	1：2 000	1：5 000	1：10 000
比例尺精度（m）	0.05 m	0.1 m	0.2 m	0.5 m	1.0 m

因此，根据比例尺的精度可以参考以下两个解决问题的方法。

（1）根据测图的比例尺，可以确定实地测量的最小尺寸。

（2）根据工作需要，多大的地物须在图上表示或测量地物需要的精度可以参考选择合适的比例尺。

8.2　地形图的分幅和编号

为了便于测绘、管理和使用地形图，需要将各种比例尺的地形图进行统一的分幅和编号。地形图分幅和编号的方法分为两类，一类是按经纬线分幅的梯形分幅法（又称为国际分幅），另一类是按坐标格网正方形或矩形分幅法。

8.2.1　地形图的梯形分幅与编号

1. 1：1 000 000 比例尺图的分幅与编号

按国际上的规定，1：1 000 000 的世界地图实行统一的分幅和编号。即自赤道向北或向南分别按纬差 4°分成横列，各列依次用 A、B···V 表示。自经度 180°开始起算，自西向东按经差 6°分成纵行，各行依次用 1、2···60 表示。每一幅图的编号由其所在的"横列—纵行"的代号组成。

2. 1：500 000~1：5 000 比例尺图的分幅和编号

1：500 000~1：5 000 比例尺图的图幅编号，由图幅所在的"1：1 000 000 图行号（字符码）1 位，列号（数字码）1 位，比例尺代码 1 位，该图幅行号（数字码）3 位，列号（数字码）3 位"共 10 位代码组成。

大比例尺图的分幅编号都是以 1：100 000 比例尺为基础的。每幅 1：100 000 的图，划分成 4 幅 1：50 000 的图，分别在 1：100 000 的图号后写上各自的代号 A、B、C、D。每幅 1：50 000 的图又可分为 4 幅 1：25 000 的图，分别以 1、2、3、4 编号。每幅 1：100 000 图分为 64 幅 1：10 000 的图，分别以（1）、（2）…（64）表示。1：5 000 和 1：2 000 比例尺图的分幅编号是在 1：10 000 图的基础上进行的。每幅 1：10 000 的图分为 4 幅 1：5 000 的图，分别在 1：10 000 的图号后面写上各自的代号 a、b、c、d。每幅 1：5000 的图又分成 9 幅 1：2 000 的图，分别以 1、2…9 表示。

8.2.2　地形图的矩形分幅与编号

1：500、1：1 000、1：2 000 大比例尺地形图一般采用 50 cm×50 cm 正方形分幅和 40 cm×50 cm 矩形分幅，它是按统一的直角坐标格网划分的。分幅的图幅大小见表 8-3；采用正方形或矩形分幅的地形图的图幅编号，一般采用图廓西南角坐标公里数编号法。采用图廓西南角坐标公里数编号时，x 坐标公里数在前，y 坐标公里数在后；比例尺为 1：500 地形图，坐标值取至 0.01 km，而 1：1 000、1：2000 地形图取至 0.1 km。如某幅图其西南角的坐标 $x=3 530.0$ km，$y=531.0$ km，所以其编号为"3530.0—531.0"。

表 8-3　矩形分幅的图幅大小

比例尺	50×40 分幅		50×40 分幅		
	图幅大小 /cm×cm	实地面积 /km²	图幅大小 /cm×cm	实地面积 /km²	一幅 1：5 000 图内幅数
1：5 000	50×40	5	50×50	4	1
1：2 000	50×40	0.8	50×50	1	4
1：1 000	50×40	0.2	50×50	0.25	16
1：500	50×40	0.05	50×50	0.0625	64

编号时，也可选用流水编号法和行列编号法。

带状测区或小面积测区可按测区统一顺序编号，一般从左到右，从上到下排列，以阿拉伯数字 1、2、3、4…编定，如图 8-2 中的 XX-6（XX 为测区代号）。

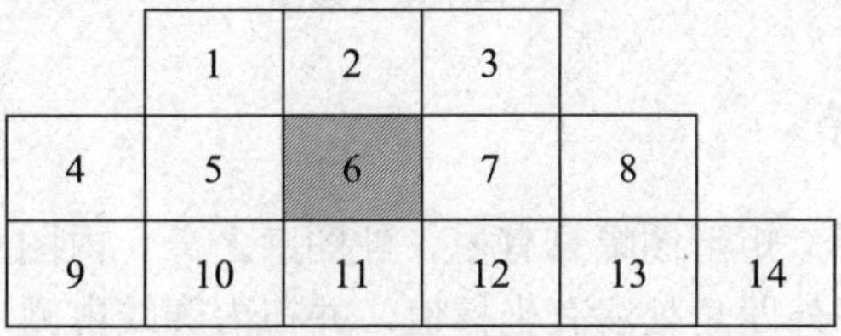

图 8-2　顺序编号法

行列编号法一般以字母（A、B、C、D…）为代号的横行由上到下排列，以阿拉伯数字为代号的纵列从左到右排列来编定的。先行后列如图 8-3 中的 B-3。

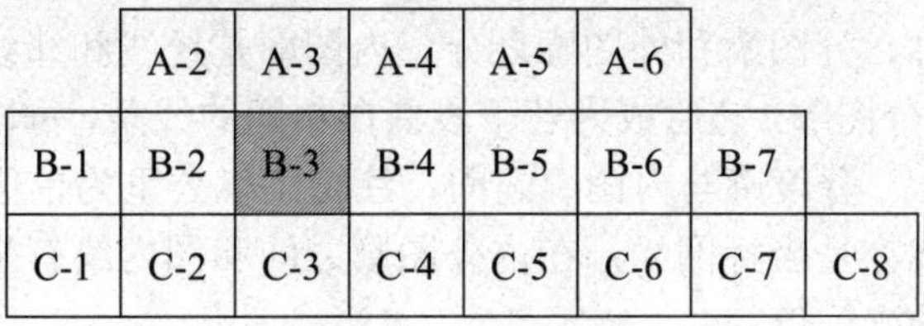

图 8-3　行列编号法

8.3 地形图图外注记

8.3.1 图名和图号

图名即幅图的名称，是以所在图幅内主要地名、厂矿企业和村庄的名称来命名的。为了区别各幅地形图所在的位置关系，每幅地形图上都编有图号。图号是根据地形图分幅和编号方法编定的，并把它标注在北图廓上方的中央。大比例尺地形图大多采用矩形分幅法，它是按统一的直角坐标格网划分的。采用矩形分幅时，大比例尺地形图的编号，一般采用图幅西南角坐标公里数编号法。其西南角的坐标 $x=3\,530.0$ km，$y=531.0$ km，所以其编号为 "3530.0—531.0"。

8.3.2 接合图表

说明本图幅与相邻图幅的关系，供索取相邻图幅时用。通常是中间一格画有斜线的代表本图幅，四邻分别注明相应的图号（或图名），如图 8-4 所示，并绘注在图廓的左上方。在中比例尺各种图上，除了接图表以外，还把相邻图幅的图号分别注在东、西、南、北图廓线中间，进一步表明与四邻图幅的相互关系。

57.00-507.50	57.00-507.75	57.00-508.00
56.75-507.50		56.75-508.00
56.50-507.50	56.50-507.75	56.50-508.00

图 8-4 接合表图

8.3.3 图廓及坐标网格

图廓是地形图的边界，矩形图幅只有内、外图廓之分。内图廓就是坐标格网线，也是图幅的边界线。在内图廓外四角处注有坐标值，并在内廓线内侧，每隔 10 cm 绘有 5 mm 的短线，表示坐标格网线的位置。在图幅内绘有每隔 10 cm 的坐标格网交叉点。外图廓是最外边的粗线。

在城市规划以及线路工程设计等工作中，有时需用 1：10 000 或 1：25 000 的地形图。这种图的图廓有内图廓、分图廓和外图廓之分。内图廓是经线和纬线，也是该图幅的边界线。内、外图廓之间为分图廓，它绘成为若干段黑白相间的线条，每段黑线或白线的长度，表示实地经差或纬差 1′。分度廓与内图廓之间，注记了以公里为单位的平面直角坐标值。

矩形图幅的内廓线亦是坐标网线，在内外图廓之间和图内绘有坐标格网交点短线，图廓四角注记有该交点的坐标值。

8.3.4　三北方向关系图

在许多中、小比例尺图的南图廓线右下方，还绘有真子午线 N、磁子午线 N′和纵坐标轴 X 这三者之间的角度关系图，称为三北方向线。如图 8-5 所示，该图磁偏角为 2°36′，子午线收敛角为 0°21′。利用该关系图，可对图上任一方向的真方位角、磁方位角和坐标方位角三者间作相互换算。此外，在南、北内固廓线上，还绘有标志点 P 和 P′，该两点的连线即为该图幅的磁子午线方向，有了它利用罗盘可将地形图进行实地定向。

图 8-5　三北方向关系图

8.4　大比例尺地形图图式

地形是地物和地貌的总称。地物是地面上天然或人工形成的物体，如湖泊、河流、房屋、道路等。地面上的地物和地貌，应按国家标准《国家基本比例尺地形图图式》中规定的符号表示于图上。地形图图式是表示地物与地貌的符号和方法。地形图图式中的符号按地图要素分为九类：测量控制点、水系、居民地及设施、交通、管线、境界、植被与土质和注记；按类可分为地物符号、地貌符号和注记符号三类。

8.4.1　地物符号

地物符号主要有依比例符号和半比例符号两种。

1.　依比例符号

有些地物的轮廓较大，如房屋、稻田和湖泊等，它们的形状和大小可以按测图比例尺缩小，并用规定的符号绘在图纸上，这种符号称为比例符号。

如三角点、水准点、独立树和里程碑等，轮廓较小，无法将其形状和大小按比例绘到图上，则不考虑其实际大小，而采用规定的符号表示之，这种符号称为非比例符号。

非比例符号不仅其形状和大小不按比例绘出，而且符号的中心位置与该地物实地的中心位置关系，也随各种不同的地物而异，在测图和用图对应注意下列几点。

（1）规则的几何图形符号（圆形、正方形、三角形等），以图形几何中心点为实地地物的中心位置。

（2）底部为直角形的符号（独立树、路标等），以符号的直角顶点为实地地物的中心位置。

（3）宽底符号（烟囱、岗亭等），以符号底部中心为实地地物的中心位置。

（4）几种图形组合符号（路灯、消火栓等），以符号下方图形的几何中心为实地地物的中心位置。

（5）下方无底线的符号（山洞、窑洞等），以符号下方两端点连线的中心为实地地物的中心位置。各种符号均按直立方向描绘，即与南图廓垂直。

2. 半比例符号（线形符号）

对于一些带状延伸地物（如道路、通讯线、管道、垣栅等），其长度可按比例尺缩绘，而宽度无法按比例尺表示的符号称为半比例符号。这种符号的中心线一般表示其实地地物的中心位置，但是城墙和垣栅等地物中心位置在其符号的底线上。

8.4.2 地貌符号

地形图上表示地貌的主要方法为等高线。等高线分首曲线、计曲线和间曲线，在计曲线上注记等高线的高程；在谷地、鞍部、山头及斜坡方向不易判读的地方和凹地的最高、最低一条等高线上，绘制与等高线垂直的短线，称为示坡线，用以指示坡底方向；当梯田比较缓和且范围较大时，也可用等高线表示。

8.4.3 注记

用文字、数字或特有符号对地物加以说明者，称为地物注记。诸如城镇、工厂、河流、道路的名称，房屋的结构、层数；桥梁的长宽及载重量，江河的流向、流速及深度，道路的去向及森林、果树的类别等，都以文字或特定符号加以说明。

8.5 等高线

地貌是指地表面的高低起伏状态，它包括山地、丘陵和平原等。在图上表示地貌的方法很多，而测量工作中通常用等高线表示，因为用等高线表示地貌，不仅能表示地面的起伏形态，并且还能表示出地面的坡度和地面点的高程。本节讨论用等高线表示地貌的方法。

等高线是地面上高程相同的点所连接而成的连续闭合曲线。如图 8-6 设有一座位于平静湖水中的小山头，山顶被湖水恰好淹没时的水面高程为 115 m。然后水位下降 5 m，露出山头，此时水面与山坡就有一条交线，而且是闭合曲线，曲线上各点的高程是相等的，这就是高程为 110 m 的等高线。随后水位又下降 5 m，山坡与水面又有一条交线，这就是高程为 105 m 的等高线。依次类推，水位每降落 5 m，水面就与地表面相交留下一条等高线，从而得到一组高差为 5m 的等高线。设想把这组实地上的等高线沿铅垂线方向投影到水平面上，并按规定的比例尺缩绘到图纸上，就得到用等高线表示该山头地貌的等高线图。

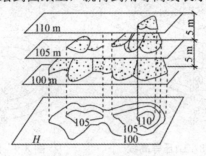

图 8-6　山头等高线

8.5.1　典型地貌的等高线

地面上地貌的形态是多样的，仔细分析后，就会发现它们基本上是几种典型地貌的综合。了解和熟悉用等高线表示典型地貌的特征，将有助于识读、应用和测绘地形图。典型地貌有山丘、洼地、山脊、山谷、鞍部和悬崖等，其等高线表示方法如图 8-7 所示。

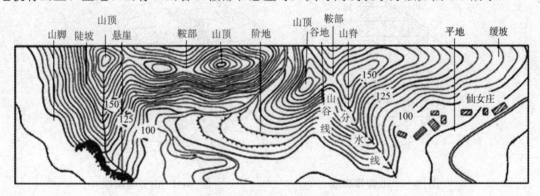

图 8-7　综合地貌的等高线

1. 山丘和洼地（盆地）

山丘和洼地的等高线都是一组闭合曲线，如图 8-8 和图 8-9 所示。在地形图上区分山丘或洼地的方法是：凡是内圈等高线的高程注记大于外圈者为山丘，小于外圈者为洼地。如果等高线上没有高程注记，则用示坡线来表示。

示坡线是垂直于等高线的短线，用以指示坡度下降的方向。示坡线从内圈指向外圈，说明中间高，四周低，为山丘。示坡线从外圈指向内圈，说明四周高，中间低，为洼地。

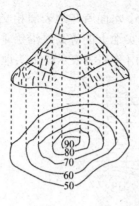

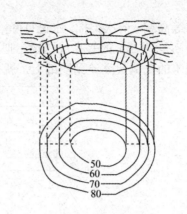

图 8-8　山丘等高线　　　　　图 8-9　洼地等高线

2. 山脊和山谷

山脊是沿着一个方向延伸的高地，如图 8-10 所示。山脊的最高棱线称为山脊线。山脊等高线表现为一组凸向低处的曲线。山谷是沿着一个方向延伸的洼地，位于两山脊之间，如图 8-11 所示。贯穿山谷最低点的连线称为山谷线。山谷等高线为一组凸向高处的曲线。

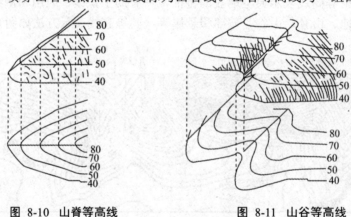

图 8-10　山脊等高线　　　　　图 8-11　山谷等高线

山脊附近的雨水必然以山脊线为分界线，分别流向山脊的两侧，因此，山脊又称分水线。而在山谷中，雨水必然由两侧山坡流向谷底，向山谷线汇集，因此山谷线又称集水线。

3. 鞍部

鞍部是相邻两山头之间呈马鞍形的低凹部位，如图 8-12 所示。鞍部往往是山区道路通过的地方，也是两个山脊与两个山谷会合的地方。鞍部等高线的特点是在一圈大的闭合曲线内套有两组小的闭合曲线。

4. 陡崖和悬崖

陡崖是坡度在 70°以上的陡峭崖壁，有石质和土质之分，如图 8-13 和 8-14 所示。悬崖是上部突出，下部凹进的陡崖，这种地貌的等高线出现相交。俯视时隐蔽的等高线用虚线表示，如图 8-15 所示。

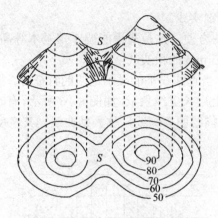

图 8-12　鞍部等高线

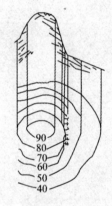

图 8-13　石质陡崖等高线

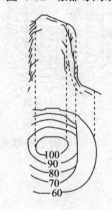

图 8-14　土质陡崖等高线

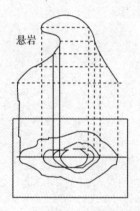

图 8-15　悬崖等高线

8.5.2　等高线的特性

深刻理解等高线的特性十分重要，这样才能正确地绘制等高线。等高线的规律和特性可归纳如下几条。

（1）同一条等高线上各点的高程都相等。因为等高线是水平面与地表面的交线，而在一个水平面上的高程是一样的。但高程相等的点一定在同一条等高线上。因为在一个地区内，相同高程的等高线可能有多条。

（2）等高线是闭合曲线，如不在本图幅内闭合，则必在相邻图内闭合。

（3）除在悬崖或绝壁处外，等高线在图上不能相交或重合。

（4）等高线的平距小，表示坡度陡；平距大，表示坡度缓；平距相等，则坡度相等。

（5）等高线与山脊线、山谷线成正交。

8.5.3　等高线的分类

等高线分为首曲线、计曲线、间曲线和助曲线。

（1）首曲线。在同一幅图上，按规定的等高距描绘的等高线称首曲线，也称基本等高线。它是宽度为 0.15 mm 的细实线。

（2）计曲线。为了读图方便，凡是高程能被 5 倍基本等高距整除的等高线加粗描绘，称为计曲线。它是宽度为 0.3 mm 的粗实线。

（3）间曲线和助曲线。当首曲线不能显示地貌的特征时，按二分之一基本等高距描绘的等高线称为间曲线，在图上用长虚线表示，如图 8-16 所示。有时为显示局部地貌的需要，可以按四分之一基本等高距描绘的等高线，称为助曲线。其宽度和首曲线一样为 0.15 mm 的细虚线。

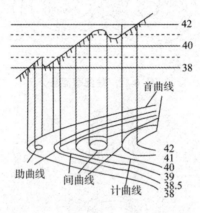

图 8-16　四种类型的等高线

8.6　大比例尺地形图的测绘

通常所说的大比例尺地形图测绘指的是 1∶500～1∶1 000 比例尺地形图测绘，而 1∶2.000～1∶50 000 比例尺测图目前多用航测法成图。1∶100 000～1∶1 000 000 比例尺图是根据较大比例尺地图缩编而成。

传统的地形测图实质上是将测得的观测数据（角度、距离、高差），经过内业数据处理，而后图解绘制出地图形。随着科学技术的进步，计算机和测绘新仪器、新技术的发展及其在测绘领域的广泛应用，逐步形成野外测量数据采集系统与内业计算机辅助成图系统结合，建立了从野外数据采集到内业绘图全过程的实现数字化和自动化的测量成图系统，通常称为数字化测图（简称数字测图）或机助成图系统。这使得测量的成果不仅可在纸上绘制地形图，更重要的是提交可供传输、处理、共享的数字地形信息。

数字测图的实质是将图形模拟量（地面模型）转换为数字，这一转化过程通常称为数据采集。然后由计算机对其进行处理，得到内容丰富的电子图件，需要时由计算机的图形输出设备（如显示器、绘图仪）恢复地形图或各种专题图。因此，数字测图系统是以计算机为核心，在硬、软件的支持下，对地形空间数据进行采集、输入、成图、绘图、输出、管理的测绘系统。

8.6.1　数字测图作业过程

数字化测图的作业过程可以分为数据获取、数据处理、数据输入、图形编辑和成果输出五个阶段。下面主要介绍测记式数字化测图的基本作业过程。

1. 资料准备

收集高级控制点成果资料，将其代码及三维坐标（x, y, h）及其他成果录入电子手簿或记录卡。目前，在野外数据采集时，要求绝大多数测图系统绘制较详细的草图。绘制草图一般在准备的工作底图上进行。工作底图最好用旧地形图、平面图复制件，也可用航片放大影像图。另外，为了便于野外观测，在野外采集数据之前，通常要在工作底图上对测区进行分区。一般以沟渠、道路等明显线状地物将测区划分为若干个作业区。

2. 控制测量

数字测图一般不必按常规控制测量逐级发展。对于大测区（$\geqslant 15 \, \text{km}^2$）通常先用 GPS 或导线网进行四等控制测量，而后布设二级导线网。对于小测区（$< 15 \, \text{km}^2$），通常直接布设二级导线网，作为首级控制。等级控制点的密度，根据地形复杂、稀疏程度，可有很大差别。等级控制点应尽量选在制高点或主要街区中，最后进行整体平差。对于图根控制，可采用 RTK 或 CORS 系统施测，一般采用多测回法，测回间应对仪器重新进行初始化，测回间时间间隔应超过 $60 \, \text{s}$，测回间的坐标分量较差不应超过 $2 \, \text{cm}$，垂直坐标分量较差不应超过 $3 \, \text{cm}$。取各测回平均值作为最终观测成果。

3. 野外碎部测量

野外数据（碎部点三维坐标）采集的方法随仪器配置不同及编码方式不同有所区别。一般用"测算法"采集碎部点定位信息及其绘图信息，并用电子手簿记录下来。记录时的点号每次自动生成并顺序加 1。绘图信息输入主要区分为全码输入、简码输入、无码输入 3 种。大部分情况下采集数据时要及时绘制草图。

8.6.2　数字测图系统

数字测图系统是以计算机及其软件为核心在外接输入输出设备的支持下，对地形空间数据进行采集、输入、成图、绘图、输出、管理的测绘系统。

1. 数字测图成图软件

数字测图的图件绘制，除有计算机、绘图仪等硬件设备外，还必须有相应成图软件支持。国内市场上成图软件较多，具有代表性的有：南方测绘仪器公司的 CASS、清华山维公司的 EPSW 电子平板、武汉瑞得公司的 RDMS、中翰测绘仪器公司的 MAP 等。

2. 内业处理的主要作业过程

数据采集过程完成之后，即进入到数据处理与图形处理阶段，亦称内业处理阶段。内业处理主要包括数据传输、数据处理、图形编辑与整饰直至最后的图形输出。数字测图系统的内业主要是计算机屏幕操作。成熟的数字测图软件的操作界面都是采用屏幕菜单和对话框进行人机交互操作，完成数据处理、图形编辑、图幅整饰、图形输出。

（1）数据传输。数据传输是将采集的数据按一定的格式传送到装有绘图软件的计算机中，生成数据文件，供内业处理使用。目前的数据传输主要有数据通讯线传输、数据存储卡拷贝和蓝牙传输。

（2）数据处理。用某种数据采集方法获取了野外观测信息（点号、编码、三维坐标等）后，将这些数据传输到计算机中，并对这些数据进行适当的加工处理，才能形成适合于图形生成的绘图数据文件。

数据处理主要包括两个方面的内容：数据转换和数据计算。数据转换是将野外采集到的带简码的数据文件或无码数据文件转换为带绘图编码的数据文件，供计算机识别绘图使用。对于简码数据文件的转换，软件可自动实现；对于无码数据文件，则还需要通过地物关系编制引导文件来实现转换。数据计算主要针对地貌关系，当数据输入到计算机后，为建立数字地面模型绘制等高线，需要进行插值模型建立、插值计算、等高线光滑三个过程的工作。在计算过程中，需要给计算机输入必要的数据，如插值等高距、光滑的拟合步距等。必要时需对插值模型进行修改，其余的工作都由计算机自动完成。数据计算还包括对房屋类呈直角拐弯的地物进行误差调整，消除非直角化误差。

经过数据处理即可建立绘图文件，未经整饰的地形图即可显示在计算机屏幕上，同时计算机将自动生成以数字形式表示的各种绘图数据文件，存于计算机储存设备中供后续工作调用。

（3）图形编辑与整饰。图形处理就是对经数据处理后所生成的图形数据文件进行编辑、整理。要想得到一幅规范的地形图，除要对数据处理后生成的"原始"图形进行修改、整理外，还需要加上文字注记、高程注记，进行图幅整饰和图廓整饰，并填充各种地物符号。利用编辑功能菜单项，对图形进行删除、断开、修改、移动、比例缩放、剪切、复制等操作，补充插入图形符号、汉字注记和图廓整饰等，最后编辑好的图形即为我们所需要的地形图。编辑好的图形存入记录介质或用绘图仪输出。

（4）图形输出。经过图形处理以后，可得到由计算机保存图形文件。数字化成图通过对层的控制，可以编制和输出各种专题地图（包括平面图、地籍图、地形图），以满足不同用户的需要。在用绘图仪输出图形时，还可按层来控制线划的粗细或颜色，绘制美观、实用的图形。还可通过图形旋转、剪辑、绘制工程部门所需的工程用图。

为了使用方便，往往需要用绘图仪或打印机将图形或数据资料输出。用绘图仪输出图形时，首先将绘图仪与计算机连接好，并设置好各种参数，然后在图形界面下按菜单提示操作。

（5）检查验收。按照数字化测图规范的要求，对数字地图及由绘图仪输出的模拟图进行检查验收。

数字化测图明显地物点的精度很高。外业检查主要检查隐蔽点的精度和有无漏测。内业验收主要看采集的信息是否丰富与满足要求，分层情况是否符合要求，能否输出不同目的的图件。通过检查验收的成果即可应用于工程建设等。

8.7　大比例尺地形图的应用

大比例尺地形图是建筑工程规划设计和施工中的重要地形资料。特别是在规划设计阶段，不仅要以地形图为底图进行总平面的布设，而且还要根据需要，在地形图上进行一定的量算工作，以便因地制宜地进行合理的规划和设计。

8.7.1　地形图的识读

地形图是用各种规定的符号和注记表示地物、地貌及其他有关资料。通过对这些符号和注记的识读，可使地形图成为展现在人们面前的实地立体模型，以判断其相互关系和自然形态，这就是地形图识读的主要目的。

为了正确地应用地形图，要求能看懂地形图。首先了解测图的年月和测绘单位，以判定地形图的新旧；然后了解图的比例尺、坐标系统、高程系统和基本等高距以及图幅范围和接图表。在识读地形图时，还应注意地面上的地物和地貌不是一成不变的。由于城乡建设事业的迅速发展，地面上的地物、地貌也随之发生变化，因此，在应用地形图进行规划以及解决工程设计和施工中的各种问题时，除了细致地识读地形图外，还需进行实地勘察，以便对建设用地作全面、正确的了解。

8.7.2　地形图的应用

1. 确定点的坐标和高程

（1）确定点的坐标。欲确定图上点的坐标，首先根据固廓坐标注记和点的图上位置，绘出坐标方格，再按比例尺量取长度。但是，由于图纸会产生伸缩，使方格边长往往不等于理论长度。为了使求得的坐标值精确，可采用乘伸缩系数进行计算。如图 8-17 所示，欲求图上 A 点的坐标，首先将 A 点所在方格网的顶点 a、b、c、d 用直线连接，其西南角 a 点的坐标为 (x_a, y_a)，然后过 A 点作格网线的平行线 gh、ef，再量出 ae 和 ag 的长度。

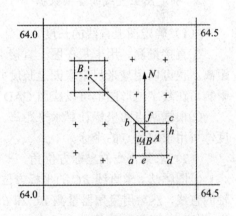

图 8-17　确定图上点的平面坐标

则可以获得 A 点的平面坐标

$$x_A = x_a + a \cdot M$$
$$y_A = y_a + ae \cdot M$$

（8-2）

（2）确定点的高程。在地形图上的任一点，可以根据等高线及高程标记确定其高程。如图 8-18 所示，如果所求点在等高线上，则该点高程等于等高线高程，A 点的高程 $H_A=26$ m。如果该点不在某等高线上，则应根据比例内插法确定点的高程。图 8-18 中，B 点位于两等高线之间，则可以通过 B 点作一条大致垂直于两相邻等高线的线段 MN，则 B 点的高程为

$$H_B = H_M + \frac{MB}{MN}h \qquad (8\text{-}3)$$

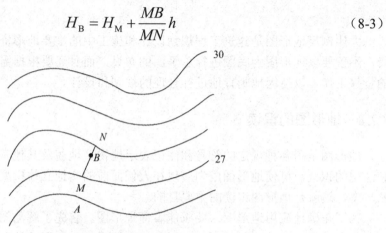

图8-18　确定图上点的高程

式中，H_M——M 点的高程；

　　　h——等高距。

在图 8-18 上求某点的高程时，通常可以根据相邻两等高线的高程目估确定，B 点可以目估为 27.8 m。

2. 确定图上直线的各项数据

（1）确定图上直线的长度。

①直接量测。用卡规在图上直接卡出线段长度，再与图示比例尺比量，即可得其水平距离。也可以用毫米尺量取图上长度并按比例尺换算为水平距离，但后者会受图纸伸缩的影响。在数字地形图上可以应用 CAD 等软件直接查询两点间的长度。

②根据两点的坐标计算水平距离。当距离较长时，为了消除图纸变形的影响以提高精度，可用求取两点的坐标。

（2）求某直线的坐标方位角。

①图解法。求直线 BC 的坐标方位角时，可先过 B、C 两点精确地作平行于坐标格网纵轴的直线，然后用量角器量测 BC 和 BC 的坐标方位角。同一直线的正、反坐标方位角之差为 180°。

②解析法。先求出 B、C 两点的坐标，然后再计算 BC 的坐标方位角，当直线较长时，解析法可取得较好的结果。

（3）确定直线的坡度。如图 8-18 所示，欲确定直线 AB 的坡度，用前面所述的方法确定直线 AB 的长度和 A、B 两点的高程，则 AB 直线的平均坡度 i 为

$$i = \frac{h}{D} = \frac{H_B - H_A}{dM} \qquad (8\text{-}4)$$

式中，h——A、B 两点间的高差；

  D——A、B 两点间的实地水平距离；

  d——A、B 两点在图上的距离；

  M——比例尺分母。

坡度常以百分率或千分率表示。

3. 面积量算

在规划设计中，常需要在地形图上量算一定范围内的面积，常用的计算方法主要有以下两种。

（1）用量算软件量取面积。在有电子地形图的情况下，可以利用软件的面积量算功能进行面积量算，方便快捷。如南方 CASS "工程应用" 菜单下有查询实体面积功能，首先选定需量算面积的范围边界，即利用 "工程应用" 菜单查询实体面积。如图 8-19 所示，查询一圆形水塘面积为 1 308.71 m²。

图 8-19　利用 CASS 软件面积量算

图形面积的确定也可以采用透明方格纸法或平行线法。透明方格纸法要注意图形边缘处两个半格折算一个整格，面积计算时考虑比例尺。平行线法是将图形分解成曲边梯形和曲边三角形，近似按梯形和三角形计算面积，考虑比例尺即可。

（2）解析法。如果图形为任意多边形，且各顶点的坐标已在图上量出或已在实地测定，可利用各点坐标以解析法计算面积。如果图形边界为任意多边形，可以在地形图上求出各顶点的坐标（或全站仪测得），直接用坐标计算面积。

如图 8-20 所示，将任意多边形各顶点按顺时针方向编号为 1、2、3、4、5，其坐标分别为 (x_1, y_1)、(x_2, y_2)、(x_3, y_3)、(x_4, y_4)、(x_5, y_5)。由图可知：

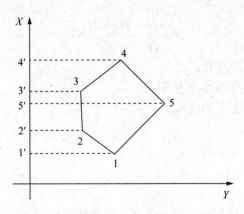

图 8-20　解析法面积量算

五边形 12345 的面积＝梯形 4′455′的面积＋梯形 5′511′的面积－梯形 4′433′的面积－梯形 3′322′的面积－梯形 2′211′的面积。用坐标表示即为

$$P = \frac{1}{2}[(Y_4 + Y_5)(X_4 - X_5) + (Y_1 + Y_5)(X_5 - X_1)]$$

$$\frac{1}{2}[(Y_4 + Y_3)(X_4 - X_3) + (Y_2 + Y_3)(X_3 - X_2)(Y_1 + Y_2)(X_2 - X_1)] \qquad (8\text{-}5)$$

若图形有 n 个顶点，则一般形式为

$$P = \frac{1}{2}\sum_{i}^{n} X_i(Y_{i+1} - Y_{i-1}) \text{ 或 } P = \frac{1}{2}\sum_{i}^{n} Y_i(X_{i+1} - X_{i-1}) \qquad (8\text{-}6)$$

式中，P——面积；

X_i、Y_i——多边形第 i 个点坐标；

n——多边形的顶点数。

4. 绘制纵断面图

在各种线路工程设计中，为了进行填挖方量的概算，以及合理地确定线路的纵坡，都需要了解沿线路方向的地面起伏情况，为此，常需利用地形图绘制沿指定方向的纵断面图。

如图 8-21 所示，欲沿 AB 方向绘制断面图，可在绘图纸或方格纸上绘制 AB 水平线，过 A 点作 AB 的垂线作为高程轴线。然后在地形图上用卡规自 A 点分别卡出 A 点至各点的距离，并分别在图上自 A 点沿 AB 方向截出相应的点。再在地形图上读取各点的高程，按高程轴线向上画出相应的垂线。最后，用光滑的曲线将各高程线顶点连接起来，即得 AB 方向的断面图。

断面过山脊、山顶或山谷处的高程变化点的高程，可用比例内插法求得。绘制断面图时，高程比例尺比水平比例尺大 10 至 20 倍是为了使地面的起伏变化更加明显。如水平比例尺是 1∶1 000，高程比例尺为 1∶200。

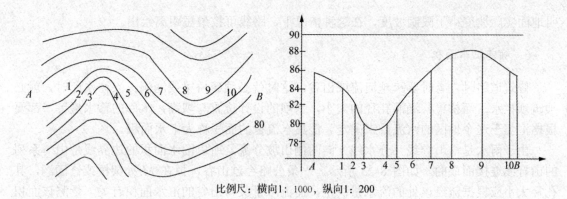

比例尺：横向1：1000，纵向1：200

图 8-21 绘制纵断面图

5. 选定线路

在道路、管线、渠道等工程设计中，都要求线路在不超过某一限定坡度的条件下，选择一条最短或者等坡路线。

如图 8-22 所示，从 A 点到 B 点选择一条公路线，要求其坡度不大于 i（限制坡度）。设计用的地形图比例尺为 $1/M$，等高距为 h。则路线通过相邻等高线的最小等高平距 d 为

$$d = \frac{h}{i \cdot M} \tag{8-7}$$

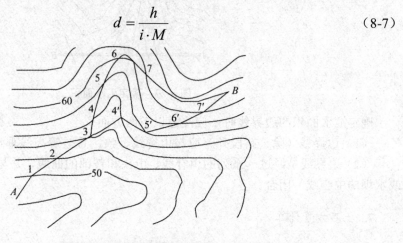

图 8-22 确定限制坡度路线

例如，地形图比例尺为 1：2 000，限制坡度为 5%，等高距为 2 m，则路线通过相邻等高线的最小等高平距 $d=20$ mm。选线时，在图上用分规以 A 为圆心，脚尖设置成以 20 mm 为半径，作弧与上一根等高线交于 1 点；再以 1 点为圆心，仍以 20 mm 为半径作弧，交另一等高线于 2 点。依此类推，直至 B 点为止。将各点连接即得限制坡度的最短路线 1、2…B。还有一条路线，即在交出点 3 后，以 3 为圆心时，交上一根等高线于 4 和 4′点，得到另外的一条路线 1、2、3、4′…B。由此可选出多条路线。在比较方案进行决策时，主要根据线形、地质条件、占用耕地、拆迁量、施工方便、工程费用等因素综合考虑，最终确定路线的最佳方案。

如遇到等高线之间的平距大于计算值时，以 d 为半径的圆弧不会与等高线相交。这说

明地面实际坡度小于限制坡度，在这种情况下，路线可按最短距离绘出。

6. 确定汇水面积

修筑道路时，有时要跨越河流或山谷，这时就必须建桥梁或涵洞；兴修水库时，就必须筑坝拦水。而桥梁、涵洞孔径的大小，水坝的设计位置与坝高，水库的蓄水量等，都要根据汇集于这个地区的水流量来确定。汇集水流量的面积称为汇水面积。

由于雨水是沿山脊线（分水线）向两侧山坡分流，所以汇水面积的边界线是由一系列的山脊线连接而成的。如图 8-23 所示，一条公路经过山谷，拟在 M 处架桥或修涵洞，其孔径大小应根据流经该处的流水量决定，而流水量又与山谷的汇水面积有关。量测该面积的大小，再结合气象水文资料，便可进一步确定流经公路 M 处的水量，从而为桥梁或涵洞的孔径设计提供依据。

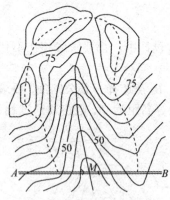

图 8-23　确定汇水面积

确定汇水面积的边界线时，应注意以下两方面。

（1）边界线（除公路段外）应与山脊线一致，且与等高线垂直；

（2）边界线是经过一系列的山脊线、山头和鞍部的曲线，并与河谷的指定断面（公路或水坝的中心线）闭合。

7. 土石方量计算

在工业和民用建筑中，通常要对拟建地区的自然地貌加以改造，整理为水平或倾斜的场地，使改造后的地貌适于建筑物的布置施工，便于排泄地面水，满足交通运输和敷设地下管线的需要。在场地平整过程中，要满足挖方与填方基本平衡，同时要概算出挖或填土石方工程量，并测设出挖填土石方的分界线。场地平整的方法很多，这里主要介绍等方格网法。

（1）设计成水平场地。图 8-24 为一块待平整的场地，其比例尺为 1：1 000，等高距为 1 m，要求在划定的范围内将其平整为某一设计高程的平地，以满足填、挖平衡的要求。计算土方量的步骤如下。

①绘方格网并求方格角点高程。在拟平整的范围打上方格，方格大小可根据地形复杂程度、比例尺的大小和土方估算精度要求而定，边长一般为 10 m 或 20 m，然后根据等高

线内插方格角点的地面高程，并注记在方格角点右上方。本例是取边长为 10 m 的格网。

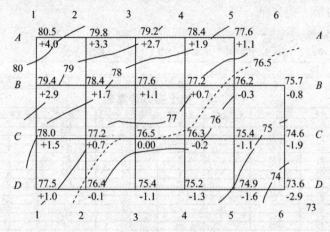

图 8-24　方格网法估算土石方量

②计算设计高程。把每一方格 4 个顶点的高程加起来除以 4，得到每一个方格的平均高程。再把每一个方格的平均高程加起来除以方格数，即得到设计高程

$$H_{设}=\frac{H_1+H_2+\cdots+H_n}{n}=\frac{1}{n}\sum_{i=1}^{n}H_i \qquad (8\text{-}8)$$

式中：H_i——每一方格的平均高程；

n——方格总数。

为了计算方便，我们从设计高程的计算中可以分析出角点 A_1、A_5、B_6、D_1、D_6 的高程在计算中只用过一次，边点 A_2、A_3、C_1 $\cdots$ 的高程在计算中使用过二次，拐点 B_5 的高程在计算中使用过三次，中点 B_2、B_3、C_2、C_3 $\cdots$ 的高程在计算中使用过四次，这样设计高程的计算公式可以写成

$$H_{设}=\frac{\sum H_{角}\times1+\sum H_{边}\times2+\sum H_{拐}\times3+\sum H_{中}\times4}{4n}=76.94\ \text{m}$$

式中，n——方格总数。

用上式计算出的设计高程为 76.94 m，在图 8-24 中用虚线描出 76.94 m 的等高线，称为填挖分界线或零线。

③计算方格顶点的填、挖高度。根据设计高程和方格顶点的地面高程，计算各方格顶点的填、挖高度

$$h=H_{地}-H_{设} \qquad (8\text{-}9)$$

式中，h——填、挖高度（施工厚度），正数为挖，负数为填；

$H_{地}$——地面高程；

$H_{设}$——设计高程。

④计算填、挖方量。填、挖方量计算一般在表格中进行，可以使用图 8-25 所示的 Excel 表计算图 8-24 中的填、挖方量。

填、挖土石方计算表

点号	挖深（m）	填高（m）	点的性质	代表面积（m²）	挖方量（m³）	填方量（m³）
A1	3.54		角	100	354	0
A2	2.84		边	200	568	0
A3	2.24		边	200	448	0
A4	1.44		边	200	288	0
A5	0.64		角	100	64	0
B1	2.44		边	200	488	0
B2	1.24		中	400	496	0
B3	0.64		中	400	256	0
B4	0.24		中	400	96	0
B5		-0.76	拐	300	0	-228
B6		-1.26	角	100	0	-126
C1	1.04		边	200	208	0
C2	0.24		中	400	96	0
C3		-0.46	中	400	0	-184
C4		-0.66	中	400	0	-264
C5		-1.56	中	400	0	-624
C6		-2.36	边	200	0	-472
D1	0.54		角	100	54	0
D2		-0.56	边	200	0	-112
D3		-1.56	边	200	0	-312
D4		-1.76	边	200	0	-352
D5		-2.06	边	200	0	-412
D6		-3.36	角	100	0	-336
求和				5600	3416	-3422

图 8-25　使用 Excel 计算填挖土石方量

如图 8-25 所示，A 列为各方格顶点点号；B/C 列为各方格顶点的填、挖高度；D 列为方格顶点的性质；*E* 为顶点所代表的面积；F 列为挖方量，其中 *F*3 单元的计算公式为“＝B3*E3”，其他单元计算类推；G 为填方量，其中 G3 单元的计算公式为“＝C3*E3”，其他单元计算类推，总挖方（F26 单元）和总填方（G26 单元）计算公式分别为“＝SUM（F3：F25）”和“＝SUM（G3：G25）”。

挖、填方量的计算：

$$\left.\begin{array}{l}\text{角点：填（挖）方高度}\times\frac{1}{4}\text{方格面积}\\ \text{边点：填（挖）方高度}\times\frac{2}{4}\text{方格面积}\\ \text{拐点：填（挖）方高度}\times\frac{3}{4}\text{方格面积}\\ \text{中点：填（挖）方高度}\times\frac{4}{4}\text{方格面积}\end{array}\right\}\quad(8\text{-}10)$$

根据图 8-25 数据表计算可知，挖方总量为 3416 m^3，填方总量为 3422 m^3，两者基本相等，满足填挖平衡的要求。

（2）设计成一定坡度的倾斜地面。如图 8-26 所示，根据地形图将地面平整为倾斜场地，设计要求是倾斜面的坡度，从北到南的坡度为 - 2%，从西到东的坡度为 - 1.5%。

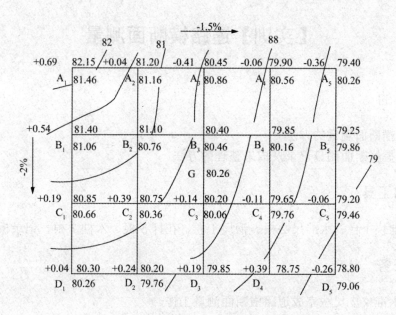

图 8-26　将场地平整为一定坡度的倾斜场地

倾斜平面的设计高程应使得填、挖土石方量基本平衡，具体步骤如下。

①绘制方格网并求方格顶点的地面高程。与将场地平整成水平地面同法绘制方格网，并将各方格顶点的地面高程注于图上，图中方格边长为 20 m。

②计算各方格顶点的设计高程。根据填、挖土石方量基本平衡的原则，按与将场地平整成水平地面计算设计高程相同的方法，计算场地几何形重心点 G 的高程，并作为设计高程。用图 8-26 中的数据计算得 $H_{设}$＝80.26 m，重心点及设计高程确定以后，由方格点间距和设计坡度，自重心点起沿方格方向向四周推算各方格顶点的设计高程。

南北两方格点间的设计高差＝20 m×2%＝0.4 m

东西两方格点间的设计高差＝20 m×1.5%＝0.3 m

则：B_3 点的设计高程＝80.26 m＋0.2 m＝80.46 m

A_3 点的设计高程＝80.46 m＋0.4 m＝80.86 m

C_3 点的设计高程＝80.26 m－0.2 m＝80.06 m

D_3 点的设计高程＝80.06 m－0.4 m＝79.66 m

同理可推算得其他方格顶点的设计高程，并将高程注于方格顶点的右下角。

推算高程时应进行以下几项检核。

① 从一个角点起沿边界逐点推算一周后到起点，设计高程应闭合。

② 对角线各点设计高程的差值应完全一致。

③ 计算方格顶点的填、挖高度，并注于相应点的左上角。

④ 计算填、挖土石方量。根据方格顶点的填、挖高度及方格面积，分别计算各方格内的填、挖方量及整个场地总的填、挖方量。

【实训】道路横断面测量

一、实训目的

(1) 熟横断面测量的方法。
(2) 掌握横断面测量记录及成果整理的方法。

二、仪器与工具

每组水准仪 1 台、水准尺 2 根、钢尺 1 卷、花杆 5 根、木桩 3 根、记录板 1 块。

三、实训任务

每组用水准仪皮尺法完成道路横断面测量工作。

四、实训步骤与方法

(1) 按 20 m 的桩距设置中桩，在桩位处钉木桩，并标记桩号。

(2) 确定中桩的横断面方向。在直线段，横断面方向应与路线方向垂直，一般用方向架确定；在曲线段，横断面方向应与测点切线方向垂直，一般用球心方向架测定。

(3) 如图 8-27 所示，用水准仪皮尺法测量横断面。安置水准仪后，以中桩为后视，在横断面方向的边坡点上立尺进行前视读数，并用钢尺量出边坡点距中桩的水平距离，填写记录表格。

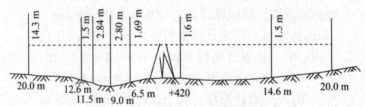

图 8-27 横断面测量示意图

五、实训记录

横断面测量实训记录建表 8-4。

表 8-4　横断面测量实训记录

日期：_____　班级：_____　组别：_____　姓名：_____　学号：_____

桩号	各变坡点距中桩距离 /m	后视读数 /m	前视读数 /m	各变坡点与中桩点间高差/m	备注
	左侧				
	右侧				
	左侧				
	右侧				

本章小结

　　本章主要介绍了地形图的比例尺、地形图的分幅和编号、地形图图外注记、大比例尺地形图图式、等高线、大比例尺地形图的测绘、大比例尺地形图的应用。

　　本章的主要内容包括比例尺的种类；地形图按比例尺分类；地形图的梯形、矩形分幅与编号；图名和图号；接合图表；图廓及坐标网格；三北方向关系图；地形符号；地貌符号；注记；典型地貌的等高线；等高线的特性；等高线的分类；数字测图作业过程；数字测图系统；地形图的读识和应用。通过学习本章内容，读者可以了解地形图和比例尺，了解大比例尺地形图的分幅与编号；掌握数字地形图的测绘；掌握地物、地貌的图上表示方法；掌握大比例尺地形图的工程应用方法。

习题 8

1. 简述阅读地形图的步骤和方法。

2. 比例尺精度在测绘工作中有何作用？

3. 地物符号有几类？各有何特点？

4. 同一幅图上，等高距选用的原则是什么？等高距、等高线平距与地面坡度的关系如何？

5. 测图前有哪些准备工作？控制点展绘后，怎样检查其正确性？

6. 等高线分哪几类？在图上怎样表示？等高线有哪些基本特性？

7. 如何进行地形图检查？为确保地形图质量，应采取哪些主要措施？

8. 试述数字化测图的作业过程。测定碎部点坐标的方法主要有哪几种？

9. 图 8-28 等高线地形图中，按符号标出山顶"△"、鞍部"〇"、山脊线（点划线）、山谷线（虚线）。

图 8-28　题 9 图

第9章 建筑工程施工测量

【本章导读】

建筑工程测量的目的是把设计图纸上的建筑物、构筑物的平面位置和高程，按设计要求，用测量仪器以一定的方法和精度在地面上确定下来，并设置标志作为施工的依据，这一过程通常称为测设。在施工过程中需要进行一系列的测设工作，以衔接和指导各工序的施工。

【学习目标】

➢ 了解建筑工程测量施工测量的原则和施测程序；
➢ 了解地面点平面位置的测设方法；
➢ 了解水平距离、角度、高程和坡度的测设方法；
➢ 掌握建筑施工控制测量方案的制定及具体施测方法。

9.1 建筑施工测量基本知识

建筑工程测量贯穿于整个施工过程中，其主要内容包括：施工前的施工控制网建立；建筑物定位和基础放线；工程施工中各道工序的细部测设，如基础模板的定位、构件和设备安装的定位等；工程竣工后，为了便于管理、维修和扩建，还必须绘制竣工平面图；有些高大或特殊的建（构）筑物，在施工期间和管理运营期间还要进行定期沉降、倾斜和水平位移测量等（这一工作常称为变形观测）。

9.1.1 建筑工程测量的原则

施工现场上有各种建（构）筑物，且分布较广，往往又不是同时开工兴建。为保证各个建（构）筑物的平面和高程位置都符合设计要求，互相连成统一的整体，建筑工程测量和测绘地形图一样，也要遵循"从整体到局部，先控制后碎部"的原则。即先在施工现场建立统一的平面控制网和高程控制网，然后以此为基础，测设出各个建筑物和构筑物位置。

9.1.2 施工测量的精度

一般地，建筑工程测量的精度应比测绘地形图的精度高，因为测量误差将以 1 : 1 的比例影响建筑物的位置、尺寸和形状。所以，应根据建筑物、构筑物的重要性，结合材料及施工方法的不同，采用不同的施工测量精度。例如，工业建筑的测设精度高于民用建筑，钢结构建筑物测设的精度高于钢筋混凝土的建筑物，装配式建筑物的测设精度高于非装配式的建筑物，高层建筑物的测设精度高于低层建筑物等。由于施工测量贯穿于施工全过程，施工测量工作直接影响工程质量及施工进度，所以，测量人员必须了解设计内容、性质及对测量工作的精度要求，熟悉有关图纸，了解施工的全过程，密切配合施工进度进行工作。

另外，建筑施工现场多为地面与高空各工种交叉作业，并有大量的土方填挖，地面情况变动很大，再加上动力机械及车辆来往频繁，因此，测量标志的埋设应特别稳固，且不被损坏，并要妥善保护，经常检查，如有损坏应及时恢复。在高空或危险地段施测时，应采取安全措施，以防事故发生。

9.1.3　施工坐标系与测量坐标系的坐标转换

施工坐标系亦称建筑坐标系，为便于进行建筑物的放样，其坐标轴一般应与建筑物主轴线相同或平行。因为施工坐标系与测量坐标系往往不一致，所以施工测量前常常需要进行施工坐标系与测量坐标系的坐标换算。

如图 9-1，设 XOY 为测量坐标系，$X'O'Y'$ 为施工坐标系，x_0、y_0 为施工坐标系的原点 O' 在测量坐标系中的坐标，α 为施工坐标系的纵轴 $O'X'$ 在测量坐标系中的方位角。设已知 P 点的施工坐标为（x_p'，y_p'），可按下式将其换算为测量坐标（x_p，y_p）：

$$\begin{pmatrix} x_p \\ y_p \end{pmatrix} = \begin{pmatrix} x_0 \\ y_0 \end{pmatrix} + \begin{pmatrix} \cos\alpha & -\sin\alpha \\ \sin\alpha & \cos\alpha \end{pmatrix} \begin{pmatrix} x' \\ y' \end{pmatrix} \tag{9-1}$$

若已知 P 点的测量坐标（x_p，y_p），则可将其换算为施工坐标（x_p'，y_p'）：

$$\begin{pmatrix} x_p' \\ y_p' \end{pmatrix} = \begin{pmatrix} \cos\alpha & \sin\alpha \\ -\sin\alpha & \cos\alpha \end{pmatrix} \begin{pmatrix} x_P - x_0 \\ y_P - y_0 \end{pmatrix} \tag{9-2}$$

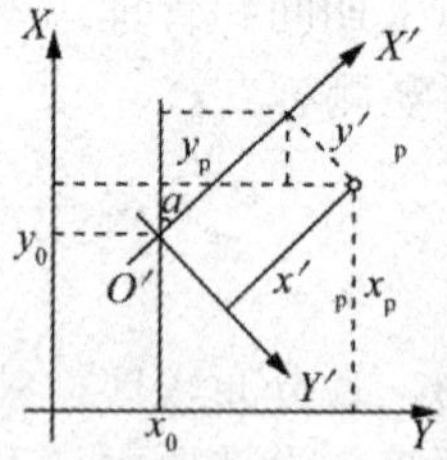

图 9-1　施工坐标与测量坐标的转换

9.2　测设的基本工作

测设工作是根据工程设计图纸上待建的建筑物、构筑物的轴线位置、尺寸及其高程，算出待建的建筑物、构筑物各特征点（或轴线交点）与控制点（或已建成建筑物特征点）之间的距离、角度、高差等测设数据，然后以地面控制点为根据，将待建的建筑物、构筑物的特征点在实地的桩定出来，以便施工。

不论测设对象是建筑物还是构筑物，测设的基本工作是测设已知的水平距离、水平角度和高程。

9.2.1　已知水平距离的测设

在地面上丈量两点间的水平距离时，首先是用尺子量出两点间的距离，再进行必要的改正，以求得准确的实地水平距离。而测设已知的水平距离时，其程序恰恰相反，现将其作法叙述如下：

1. 一般方法

测设已知距离时，线段起点和方向是已知的。若要求以一般精度进行测设，可在给定的方向上，用钢尺丈量的一般方法从起点量到线段的另一端点。为了检核起见，应往返丈量测设的距离，往返丈量的较差，若在限差之内，取其平均值作为最后结果。

2. 精确方法

当测没精度要求较高时，应按钢尺量距的精密方法进行测设，具体作业步骤如下：

（1）将经纬仪安置在起点 A 上，并标定给定的直线方向，沿该方向概量并在地面上打下尺段桩和终点桩，桩顶刻十字标志。

（2）用水准仪测定各相邻桩桩顶之间的高差。

（3）按精密丈量的方法先量出整尺段的距离，并加尺长改正、温度改正和高差改正，计算每尺段的长度及各尺段长度之和，得最后结果为 D。但改正数的符号与精确量距时的符号相反，即

$$S = D - \Delta_l - \Delta_t - \Delta_h \tag{9-3}$$

式中，S——实地测设的距离；

　D——待测设的水平距离；

　Δ_l——尺长改正数，$\Delta_l = \dfrac{\Delta l}{l_0} \cdot D$，$l_0$ 和 Δl 分别是所用钢尺的名义长度和尺长改正数；

　Δ_t——温度改正数，$\Delta_t = \alpha \cdot D \cdot (t - t_0)$，$\alpha = 1.25 \times 10^{-5}$ 为钢尺的线膨胀系数；

　t——测设时的温度；

　t_0——钢尺的标准温度，一般为 20°C；

　Δ_h——倾斜改正数，$\Delta_h = -\dfrac{h^2}{2D}$；

h——线段两端点的高差。

（4）用已知应测设的水平距离 *D* 减去 *D*′，得余长 *q*，然后计算余长段应测设的距离 *q*′。

（5）根据地面上测设余长段，并在终点桩上作出标志，即为所测设的终点 *B*。如终点超过了原打的终点桩时，应另打终点桩。

【例1】用名义长度为 30 m，而实际长度为 30.006 m 的钢尺放样 200 m 的距离（钢尺的检定温度为 20℃，丈量时的环境温度为 36℃）。两端点间的高差不计，试说明其放样的方法。

【解】（1）计算尺长改正数。

因为钢尺的实际长度为 30.006 m，即每量出一整尺段的距离就比名义长度 30 m 多了 0.006 m，所以每尺段应减去 0.006 m，即尺长改正数 $\Delta L_0 = 30.006 \text{ m} - 30 \text{ m} = 0.006 \text{ m}$。

（2）计算温度改正数。

因钢尺的检定温度为 20℃，丈量时的环境温度为 36℃，尺膨胀系数 $\alpha = 1.25 \times 10^{-5}$，则一尺段的温度改正数是 $30 \text{ m} \times 1.25 \times 10^{-5} \times (36 - 20) = 0.006 \text{ m}$，即钢尺伸长了 0.006 m。因此考虑尺长和温度的影响，每量 30 m 尺长，就应从尺上读数减少 0.006 m。

（3）计算实地要测设的长度。

当用这根钢尺去放样 200 m 的长度时，应在实地测设的距离为

$$D' = DL_0 - \Delta L_t - \Delta L_h$$

$$= 200 - \frac{200}{30} \times 0.006 - \frac{200}{30} \times 0.006$$

$$= 199.920 \text{ m}$$

3. 用红外测距仪测设水平距离

安置红外测距仪于 *A* 点，瞄准已知方向。沿此方向移动反光棱镜位置，使仪器显示值略大于测设的距离 *D*，定出 *C*′ 点。在 *C*′ 点安置反光棱镜，测出反光棱镜的竖直角以及斜距（加气象改正）。计算水平距离，求出 *D*′ 与应测设的水平距离 *D* 之差。根据差值的符号在实地用小钢尺沿已知方向改正 *C*′ 至 *C* 点，并用木桩标定其点位。为了检核，应将反光棱镜安置于 *C* 点再实测 *AC* 的距离，若不符合应再次进行改正，直到测设的距离符合限差为止。

如果用具有跟踪功能的测距仪或电子速测仪测设水平距离，则更为方便，它能自动进行气象改正及倾斜改正算成平距并直接显示。测设时，将仪器安置在 *A* 点，瞄准已知方向，测出气温及气压，并输入仪器，此时按功能键盘上的测量水平距离和自动跟踪键（或钮），一人手持反光棱镜杆（杆上圆水准气泡居中，以保持反光棱镜杆竖直）立在 *C* 点附近。只要观测者指挥手持棱镜者沿已知方向线前后移动棱镜，观测者即能在速测仪显示屏上测得瞬时水平距离。当显示值等于待测设的已知水平距离值，即可定出 *C* 点。如图 9-2 所示。

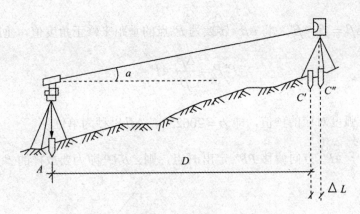

图 9-2　光电测距仪（全站仪）测设平距

9.2.2　测设已知水平角

己知水平角的测设是根据水平角的已知数据和一个已知方向，把该角的另一个方向测设在地面上。

1. 一般方法

当测设水平角 β 的精度要求不高时，可用盘左、盘右取中数的方法，设地面上已有 OA 方向线，从 OA 向右测设已知水平角度值。如图 9-3 所示，将经纬仪安置在 O 点，用盘左瞄准 A 点，读取度盘数值；松开水平制动螺旋，旋转照准部，使度盘读数增加测角值，在此视线方向上定出 B_1 点。为了消除仪器误差和提高测设精度，用盘右重复上述步骤，再测设一次，得 B_2 点，取 B_1 和 B_2 的中点 B，则 OB 就是要测设的 β 角。此法又称盘左盘右分中法。

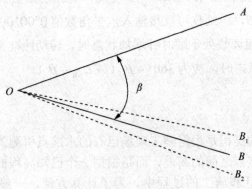

图 9-3　一般方法测设水平角

2. 经纬仪垂线改正法

当测设精度要求较高时，如图 9-4 所示，先按盘左盘右分中法初步放样，定出 P' 点，再用经纬仪观测 $\angle BAP$ 数个测回，测回数由精度要求决定，求出各测回的平均角值 β'，

则角度修正值 $\Delta\beta = \beta - \beta'$。将 $\Delta\beta$ 转换为 P' 点的垂距来修正角度值，垂距计算公式为

$$P'P = \frac{\Delta\beta}{\rho}AP' \tag{9-4}$$

式中，ρ——1 弧度对应的秒值，即 $\rho = 20625''$，$\Delta\beta$ 以秒为单位。

将 P' 垂直于 AP' 方向偏移 PP' 定出 P 点，则 $\angle BAP$ 即为要放样的 β 角。

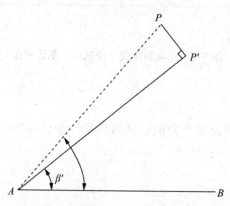

图 9-4　经纬仪垂线改正法放样已知角

3. 全站仪放样

全站仪放样水平角的原理同经纬仪，只是操作上略有所不同。仍以图 9-4 来说明，已知放样水平角 β，放样方向 AP 在已知边 AB 左侧，先在已知点 A 上安置全站仪，对中、整平，后视另一已知点 B，全站仪可直接输入水平角数值 0°00'00"（或已知边的坐标方位角 α_{AB}），当全站仪水平角读数处于顺时针增加状态时，转动照准部使水平角读数为 β（或 $\alpha_{AB} + \beta$）。逆时针增加状态时，应为 360° $- \beta$（或 $\alpha_{AB} - \beta$）。

9.2.3　测设已知高程

测设由设计所给定的高程是根据施工现场已有的水准点引测的。它与水准测量不同之处在于：不是测定两固定点之间的高差，而是根据一个已知高程的水准点，测设设计所给定点的高程。在建筑设计和施工的过程中，为了计算方便，一般把建筑物的室内地坪用 ±0.000 标高表示，基础、门窗等的标高都是以 ±0.000 为依据，相对于 ±0.000 测设的。

1. 水准测量法

如图 9-5 所示，A 为已知水准点，其高程为 H_A，B 为待测设高程点，其设计高程为 H_B。将水准仪安置在 A 和 B 之间，后视 A 点水准尺的读数为 a，则 B 点的前视读数 b 应为视线高减去设计高程 H_B，即

$$b=(H_A+a)-H_B \tag{9-5}$$

测设时，将 B 点水准尺贴靠在木桩的一侧，上、下移动尺子直至前视尺的读数为 b 时，再沿尺子底面在木桩侧面画一刻线，此线即为 B 点的设计高程 H_B 的位置。

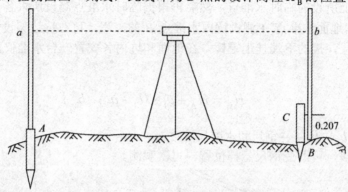

图 9-5　水准测量法放样已知高程

【例 2】 已知水准点 A 高程 $H_A=1\,020.986$ m，欲测 B 点，使其高程 $H_B=1\,020.000$ m，试说明放样方法。

【解】（1）安置仪器并读取后视读数 a。

在 AB 间安置水准仪，先在 A 点竖立水准尺，读取水准尺读数 $a=1.148$ m；

（2）计算视线高程。

根据后视水准点高程和后视水准尺读数，得出水准仪的视线高程为：

$$H_i=H_A+a=1\,020.986+1.48=1\,022.134 \text{ m}$$

（3）计算前视读数 b。

要使 B 点桩顶的高程为 1020.000m，则竖立于 B 点水准尺的读数应为：

$$b=H_i-H_B=1\,022.134-1\,020.000=2.134 \text{ m}$$

（4）放样高程点位。

逐渐把 B 点木桩打入土中，使桩顶水准尺的读数逐渐增加至 2.134 m，这时 B 点高程即为设计高程 $1\,020.000$ m。

2. 三角高程法

用三角高程测量的方法放样，已知高程的基本操作步骤和水准测量的方法相同，具体操作如下。

（1）将仪器（经纬仪和测距仪或全站仪）安置于已知高程点 A 上，量取仪器高 i。

（2）在待测高程点 B 上立棱镜，量取觇标高 τ。

（3）测出 A 点与 B 点间的水平距离 D 和仪器视线的倾角 α，按公式 $H'_B=D\tan\alpha+i-\tau+f$（$f$ 为地球和大气的改正数），并于已知高程 H_B 进行比较。

（4）改变觇牌标高，重复第（3）步，直至 $H'_B=H_B$，即放样完成。

3. 高程传递测设法

当要测定较深的基槽，或将高程引测到建筑上部时，只用水准尺已无法满足测设要求，就必须采用高程传递法，即用钢尺将地面水准点的高程（或室内地坪±0.000）传递到楼层地坪上或吊车梁上所设的临时水准点，然后再根据临时水准点测设所求各点的高程。如图9-6所示，欲根据地面水准点 A 测设坑内水准点 B 的高程，可在坑边架设吊杆，杆顶吊一根零点向下的钢尺，尺的下端挂上重锤，在地面和坑内各安置一台水准仪，那么 B 点的高程为

$$H_B = H_A + a_1 - (b_1 - a_2) - b_2 \qquad (9\text{-}6)$$

式中，a_1、a_2、b_1、b_2——钢尺和水准尺读数。

为了进行检核，可改变钢尺悬挂位置，再次观测。

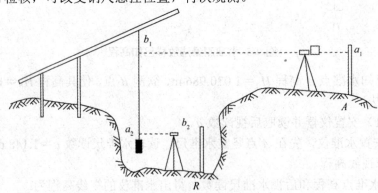

图 9-6　高程传递测设

9.2.4　已知坡度直线的测设

已知坡度直线的测设就是在地面上定出一条直线，使其坡度值等于已给定的设计坡度。在交通线路工程、排水管道施工和敷设地下管线等项工作中经常涉及到该问题。

在坡度线中间的各点即可用经纬仪的倾斜视线进行标定。若坡度不大也可用水准仪。如图9-7所示，A 和 B 为设计坡度线的两端点，若已知 A 点的设计高程为 H_A，设计坡度为 i_{AB}，则可求出 B 点的设计高程 H_B 为

$$H_B = H_A - i_{AB} \cdot D_{AB} \qquad (9\text{-}7)$$

测设 B 点时，安置水准仪于 A 点，在 B 点竖立水准尺，使视线在水准尺上截取的读数恰好等于紧靠尺底在木桩侧面划一道横线，此线即为 B 点的设计高程。

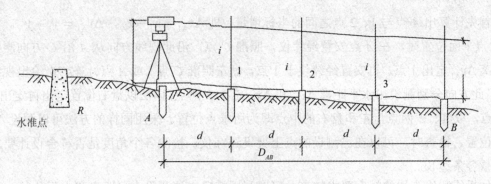

图 9-7　已知坡度的直线测设

9.3　点的平面位置的测设

点的平面位置的测设是根据已布设好的控制点的坐标和待测设点的坐标，反算出测设数据，即控制点和待测设点之间的水平距离和水平角，再利用上述测设方法标定出设计点位。测设点的平面位置的方法主要有下列几种，可根据施工控制网的形式，控制点的分布情况、地形情况、现场条件及待建建筑物的测设精度要求等进行选择。

9.3.1　直角坐标法

直角坐标法是根据直角坐标原理测设地面点的平面位置。当建筑物附近已有彼此垂直的主轴线时，可采用此法。此方法计算简单，施测方便，精度较高，是应用较广泛的一种方法。

如图 9-8 所示，A、B、C、D 为建筑方格网或建筑基线控制点，1、2、3、4 点为待测设建筑物轴线的交点，建筑方格网或建筑基线分别平行或垂直于待测设建筑物的轴线。根据控制点的坐标和待测设点的坐标可以计算出两者之间的坐标增量。下面以测设 1、2 点为例，说明测设方法。

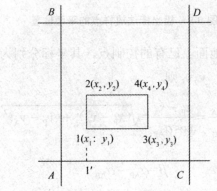

图 9-8　直角坐标法放样点的平面位置

首先计算出 A 点与 1、2 点之间的坐标增量，即 $\Delta x_{A1} = x_1 - x_A$，$\Delta y_{A1} = y_1 - y_A$。测设 1、2 点平面位置时，在 A 点安置经纬仪，照准 C 点，沿此视线方向从 A 沿 C 方向测设水平距离 Δy_{A1} 定出 1′点。再安置经纬仪于 1′点，盘左照准 C 点（或 A 点），转 90°给出视线方向，沿此方向分别测设出水平距离 Δx_{A1} 和 Δx_{12} 定 1、2 两点。同法以盘右位置定出再定出 1、2 两点，取 1、2 两点盘左和盘右的中点即为所求点位置。采用同样的方法可以测设 3、4 点的位置。检查时，可以在已测设的点上架设经纬仪，检测各个角度是否符合设计要求，并丈量各条边长。

如果待测设点位的精度要求较高，可以利用精确方法测设水平距离和水平角。

9.3.2　极坐标法

极坐标法是指在建立的极坐标系中，通过待测点的极径和极角，也就是根据水平角和水平距离测设点的平面位置的方法。此方法适用于经纬仪配合测距仪或全站仪测设。

在施工现场通常是以导线边、施工基线或建筑物的主轴线为极轴；以某一个已在现场标定出来的点为极点。放样时先根据待测点的坐标和已知点的坐标，反算待测点到极点的水平距离 D（极径）和极点到待测点方向的坐标方位角，再根据方位角求算出水平角 β（极角），然后由 D 和 β 进行点的放样，在这里 D 和 β 称为放样数据。

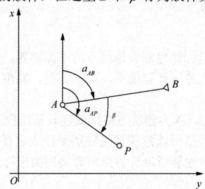

图 9-9　极坐标法放样点的平面位置

如图 9-9 所示，A、B 为地面上已有的控制点，其坐标分别为 x_A、y_A 和 x_B、y_B；欲测设 P 点，其设计坐标为 x_P、y_P。则

$$D = \frac{y_P - y_A}{\sin \alpha_{AP}} = \frac{x_P - x_A}{\cos \alpha_{AP}} = \sqrt{(x_P - x_A)^2 + (y_P - y_A)^2} \qquad (9\text{-}8)$$

$$\beta = \alpha_{AP} - \alpha_{AB} \qquad (9\text{-}9)$$

其中

$$\alpha_{AB} = \arctan \frac{y_B - y_A}{x_B - x_A} = \arctan \frac{\Delta y_{AB}}{\Delta x_{AB}} \quad\quad (9\text{-}10)$$

$$\alpha_{AP} = \arctan \frac{y_P - y_A}{x_P - x_A} = \arctan \frac{\Delta y_{AP}}{\Delta x_{AP}} \quad\quad (9\text{-}11)$$

测设时，在 A 点安置经纬仪，瞄准 B 点，先测设出 β 角，得 AP 方向线。在此方向线上测设水平距离 D，即得到 P 点。

9.3.3　角度交会法

此法又称方向线交会法。当待测设点远离控制点且不便量距时，采用此法较为适宜。但必须有第三个方向进行检核，以免错误。

如图 9-10 所示，A、B、C 为三个控制点，其坐标为已知，P 为待测设点，设计坐标亦为已知。先用坐标计算出测设数据 β_1、β_2 和 β_4，用经纬仪先定出 P 点的概略位置，在概略位置处打一个顶面积约为 $10\ \text{cm} \times 10\ \text{cm}$ 的木桩，然后在木桩的顶面上精确测设。由观测者指挥，用铅笔在桩顶面分别在 AP、BP、CP 方向上各标定两点（见图 91-10 的右图中 1、2、3、4、5、6），将各方向上的两点连起来，就得 12、34、56 三个方向线。三个方向线理应交于一点，但实际上由于测设误差存在，将形成一个误差三角形。一般规定，若误差三角形的最大边长不超过 $3 \sim 4\ \text{cm}$ 时，取误差三角形内切圆的圆心或误差三角形角平分线的交点作为 P 点的最后位置。如超限，则应重新交会。

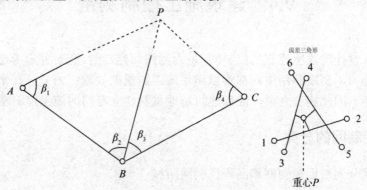

图 9-10　角度交会法放样点的平面位置

9.3.4　距离交会法

距离交会法是根据两段已知的距离交会出地面点的平面位置。此法适用于待测设点至控制点的距离不超过一整尺的长度，且便于量距的地方。如图 9-11 所示，先根据控制点 A、B 的坐标及 P 点的设计坐标，计算出测设距离 D_1 和 D_2。测设时，用钢尺分别从控制点 A、B 量取距离 D_1、D_2 后，其交点即为 P 点的平面位置。

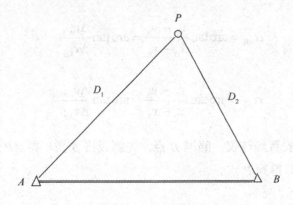

图 9-11　距离交会法放样点的平面位置

9.3.5　全站仪坐标法

目前，由于全站仪能适合各类地形情况，而且精度高，操作简便，在生产实践中已被广泛采用。采用全站仪测设时，将全站仪置于测设（放样）模式，向全站仪输入测设站点坐标、后视点坐标（或方位角），再输入待测设点的坐标。准备工作完成后，一人持反光棱镜立在待测设点附近，用望远镜照准棱镜，按相应的功能键，即可立即显示当前棱镜位置与待测设点的坐标差。根据坐标差值，移动棱镜的位置，直至坐标差为零，这时所对应的位置就是待测设点的位置。为了能够发现错误，每个测设点位置确定后，可以再测定其坐标作为检核。

9.4　建筑施工控制测量

由于在勘探设计阶段所建立的控制网，是为测图而建立的，有时并未考虑施工的需要，所以控制点的分布、密度和精度，都难以满足施工测量的要求；另外，在平整场地时，大多控制点被破坏。因此施工之前，应在建筑场地重新建立专门的施工控制网。

9.4.1　施工控制网的分类

施工控制网分为平面控制网和高程控制网两种。

1. 施工平面控制网

施工平面控制网可以布设成三角网、导线网、建筑方格网和建筑基线四种形式。

（1）三角网。对于地势起伏较大，通视条件较好的施工场地，可采用三角网。

（2）导线网。对于地势平坦，通视又比较困难的施工场地，可采用导线网。

（3）建筑方格网。对于建筑物多为矩形且布置比较规则和密集的施工场地，可采用建筑方格网。

（4）建筑基线。对于地势平坦且又简单的小型施工场地，可采用建筑基线。

2. 施工高程控制网

施工高程控制网采用水准网。

9.4.2　施工场地的平面控制测量

1. 建筑基线

建筑基线是建筑场地的施工控制基准线，即在建筑场地布置一条或几条轴线。它适用于建筑设计总平面图布置比较简单的小型建筑场地。

（1）建筑基线的布设形式。建筑基线的布设形式，应根据建筑物的分布、施工场地地形等因素来确定。常用的布设形式有"一"字形、"L"形、"十"字形和"T"形，如下图9-12 所示。

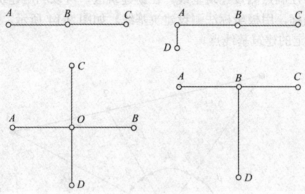

图 9-12　建筑基线布设形式

建筑基线的布设要点如下。

（1）建筑基线应尽可能靠近拟建的主要建筑物，并与其主要轴线平行，以便使用比较简单的直角坐标法进行建筑物的定位。

（2）建筑基线上的基线点应不少于三个，以便相互检核。

（3）建筑基线应尽可能与施工场地的建筑红线相连系。

（4）基线点位应选在通视良好和不易被破坏的地方，为能长期保存，要埋设永久性的混凝土桩。

（2）建筑基线的测设方法。根据施工场地的条件不同，建筑基线的测设方法通常有以下两种。

①根据建筑红线测设建筑基线。由城市测绘部门测定的建筑用地界定基准线，称为建筑红线。在城市建设区，建筑红线可用作建筑基线测设的依据。如图 9-13 所示，AB、AC 为建筑红线，1、2、3 为建筑基线点，利用建筑红线测设建筑基线的方法如下：

首先，从 A 点沿 AB 方向量取 d_1 定出 P 点，沿 AC 方向量取 d_1 定出 Q 点。然后，过 B 点作 AB 的垂线，沿垂线量取 d_1 定出 2 点，作出标志；过 C 点作 AC 的垂线，沿垂线量取 d_1 定出 3 点，作出标志；用细线拉出直线 $P3$ 和 $Q2$，两条直线的交点即为 1 点，作出标志。

最后，在 1 点安置经纬仪，精确观测∠213，其与 90° 的差值应小于±20″。

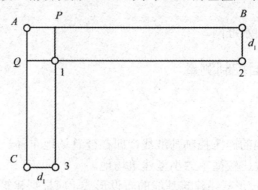

图 9-13　根据建筑红线测设建筑基线

②根据附近已有控制点测设建筑基线。在新建筑区，可以利用建筑基线的设计坐标和附近已有控制点的坐标，用极坐标法测设建筑基线。如图 9-14 所示，A、B 为附近已有控制点，1、2、3 为选定的建筑基线点。

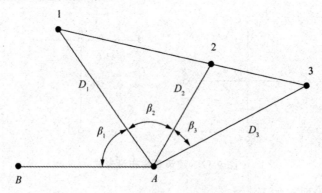

图 9-14　根据控制点测设建筑基线

具体测设方法如下。

首先，根据已知控制点和建筑基线点的坐标，计算出测设数据 β_1、D_1、β_2、D_2、β_3、D_3。然后，用极坐标法测设 1、2、3 点。

由于存在测量误差，测设的基线点往往不在同一直线上，且点与点之间的距离与设计值也不完全相符，因此，需要精确测出已测设直线的折角 β'和距离 D'，并与设计值相比较。如图 9-15 所示，如果 $\Delta\beta=\beta'-180°$ 超过±15″，则应对 1′、2′、3′点在与基线垂直的方向上进行等量调整，调整量按式（9-12）计算：

$$\delta = \frac{ab}{a+b}\left(90°-\frac{\angle 1'2'3'}{2}\right)\frac{1}{\rho} \tag{9-12}$$

式中，δ——各点的调整值（m）；

a、b——分别为 12、23 的长度（m）。

如果测设距离超限，如 $\dfrac{\Delta D}{D}=\dfrac{D'-D}{D}>\dfrac{1}{1\,000}$ ，则以 2 点为准，按设计长度沿基线方

向调整 1′、3′点。

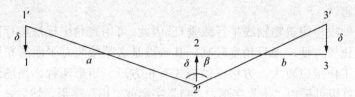

图 9-15　基线点的调整

2. 建筑方格网

由正方形或矩形组成的施工平面控制网，称为建筑方格网，或称矩形网，如图 9-16 所示。建筑方格网适用于按矩形布置的建筑群或大型建筑场地。

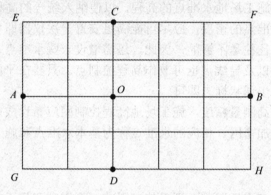

图 9-16　建筑方格网

（1）建筑方格网的布设。布设建筑方格网时，应根据总平面图上各建（构）筑物、道路及各种管线的布置，结合现场的地形条件来确定。如图 9-16 所示，先确定方格网的主轴线 AOB 和 COD，然后再布设方格网。

（2）建筑方格网的测设。

①主轴线测设。主轴线测设与建筑基线测设方法相似。首先，准备测设数据。然后，测设两条互相垂直的主轴线 AOB 和 COD，如上图所示。主轴线实质上是由 5 个主点 A、B、O、C 和 D 组成。最后，精确检测主轴线点的相对位置关系，并与设计值相比较，如果超限，则应进行调整。建筑方格网的主要技术要求如表 9-1 所示。

表 9-1　建筑方格网的主要技术要求

等级	边长/m	测角中误差	边长相对中误差	测角检测限差	边长检测限差
Ⅰ 级	100～300	5″	1/30 000	10″	1/15 000
Ⅱ 级	100～300	8″	1/20 000	16″	1/10 000

②方格网点测设。如上图所示，主轴线测设后，分别在主点 A、B 和 C、D 安置经纬仪，后视主点 O，向左右测设 90°水平角，即可交会出田字形方格网点。随后再作检核，测量相

邻两点间的距离，看是否与设计值相等，测量其角度是否为 90°，误差均应在允许范围内，并埋设永久性标志。

建筑方格网轴线与建筑物轴线平行或垂直，因此，可用直角坐标法进行建筑物的定位，计算简单，测设比较方便，而且精度较高。其缺点是必须按照总平面图布置，其点位易被破坏，而且测设工作量也较大。方格网的形式有正方形、矩形两种。当场地面积不大时，常分两级布设，首级可采用"十"字形、"口"字形或"田"字形，然后，再加密方格网。

9.4.3　施工场地的高程控制测量

1. 施工场地高程控制网的建立

建筑施工场地的高程控制测量一般采用水准测量方法，应根据施工场地附近的国家或城市已知水准点，测定施工场地水准点的高程，以便纳入统一的高程系统。

在施工场地上，水准点的密度，应尽可能满足安置一次仪器即可测设出所需的高程。而测图时敷设的水准点往往是不够的，因此，还需增设一些水准点。在一般情况下，建筑基线点、建筑方格网点以及导线点也可兼作高程控制点。只要在平面控制点桩面上中心点旁边，设置一个突出的半球状标志即可。

为了便于检核和提高测量精度，施工场地高程控制网应布设成闭合或附合路线。高程控制网可分为首级网和加密网，相应的水准点称为基本水准点和施工水准点。

2. 基本水准点

基本水准点应布设在土质坚实、不受施工影响、无震动和便于实测，并埋设永久性标志。一般情况下，按四等水准测量的方法测定其高程，而对于为连续性生产车间或地下管道测设所建立的基本水准点，则需按三等水准测量的方法测定其高程。

3. 施工水准点

施工水准点是用来直接测设建筑物高程的。为了测设方便和减少误差，施工水准点应靠近建筑物。

此外，由于设计建筑物常以底层室内地坪高±0.000 标高为高程起算面，为了施工引测设方便，常在建筑物内部或附近测设±0.000 水准点。±0.000 水准点的位置，一般选在稳定的建筑物墙、柱的侧面，用红漆绘成顶为水平线的"▼"形，其顶端表示±0.000 位置。

【实训 1】平面点位的测设

一、实训目的与要求

练习水平角、高程和平面点位的测设方法和测设数据的计算。要求每组测设两个点，且轮换作业,其距离测设相对误差<1/3 000,角度测设误差<±40″,高程测设误差<±5 mm。

二、场地布置

各组在一空旷、平坦的场地选择相距 50 m 的 A、B 两点坐标作为实地两已知控制点，并在其上打下木桩，在木桩上钉上小钉，若 A、B 坐标为 $x_A = 500.000$ m，$y_A = 223.730$ m；$x_B = 500.000$ m，$y_B = 273.730$ m。P 为待测设的点，$x_P = 520.000$ m，$y_P = 260.000$ m。并设 $H_A = 50.000$ m，$H_P = 50.247$ m。

三、仪器与工具

DJ_2 经纬仪、DS_3 型水准仪、水准尺、记录板、钢尺、铁锤、垂球各 1，测钎 1 串，测伞 2 把，木桩 6 个，标杆 3 支，小铁钉若干。

四、实训方法与步骤

（1）直角坐标法测设 P 点。计算出平面点的测设数据，画出测设点的方案略图，写出测设步骤。

（2）极坐标法测设 P 点。计算出平面点的测设数据，画出测设点的方案略图，写出测设步骤。

（3）角度交会法测设 P 点。计算出平面点的测设数据，画出测设点的方案略图，写出测设步骤。

（4）距离交会法测设 P 点。计算出平面点的测设数据，画出测设点的方案略图，写出测设步骤。

五、注意事项

平面点位的测设应根据具体条件选择以上一种方法测设。测设数据经检核无误后才能使用。实际工作中，当测设完后，必须对测设的边、角、高程等进行检核，其误差应满足精度要求；否则应重新测设。

【实训 2】设计高程及坡度线的测设

一、实训目的

（1）掌握两点（或多点）间高程测设的方法步骤。

（2）掌握测设已知设计坡度的直线，就是每隔一定距离测设一个符合设计高程位置桩，使之构成已知坡度。

二、仪器与工具

水准仪、木桩 6 个、双面尺、锤子、铅笔等。

三、实训任务

（1）已知水准点 A，其高程为 H_A、现要求把建筑物的室内地坪高程 $H_设$ 测设到木桩 B 上，如图 9-17 所示。

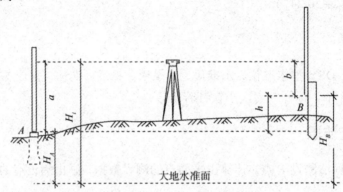

图 9-17　地面设计高程的测设

（2）已知 A、B 为设计坡度的两个端点，已知 A 点高程 H_A，AB 的设计的度 i，则 B 点的设计高程 $H_B = H_A + iD_{AB}$，依次类推，分别计算出 1、2…B 点的设计高程测设到木桩上，如图 9-18 所示。

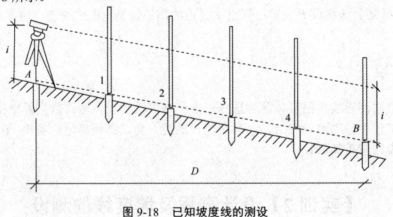

图 9-18　已知坡度线的测设

四、实训步骤

1. 已知高程的测设

在木桩 B 和水准点 A 之间安置水准仪，在 A 点上立尺，读数为 a 则水准仪视线高程为 $H_i = H_A + a$。根据视线高程和地坪设计高程可算出 B 点尺上应有的读数为 $b_应 = H_i - H_设$。然后将水准尺紧靠 B 点木桩侧面上下移动，直到水准尺读数为 $b_应$ 时，沿尺底在木桩侧面 B

处画一条线，此线就是测没的高程位置。

2．已知坡度线的测设

（1）先根据附近水准点，将设计坡度线两端 A、B 的设计高程 H_A、H_B 测设于地面上，并打入木桩。

（2）将水准仪安置于 A 点，并量取仪高 i，安置时使一个脚螺旋在 AB 方向上，另两个脚螺旋的连线大致垂直于 AB 方向线。

（3）瞄准 B 点上的水准尺，旋转 AB 方向上的脚螺旋或微倾螺旋，使视线在 B 标尺上的读数等于仪器高 i，此时水准仪的倾斜视线与设计坡度线平行。

（4）在 A、B 之间按一定距离打桩，当各桩点 P_1、P_2、P_3 上的水准尺读数都为仪器高 i 时，则各桩顶连线就是所需测设的设计坡度。

施工中有时需根据各地面点的实际高程和桩顶的位置关系决定填挖高度。由于水准仪望远镜纵向位移有限，若坡度较大，超出水准仪脚螺旋的调节范围时，可使用经纬仪测设。

五、实训数据记录与计算

六、实训结果分析

本章小结

本章主要介绍了建筑工程施工测量基本知识、测设的基本工作、点的平面位置的测设、建筑施工控制测量。

本章的主要内容包括建筑工程测量的原则；施工测量的精度；施工坐标系与测量坐标系的坐标转换；已知水平距离的测设；测设已知水平角；测设已知高程；已经坡度直线的测设；直角坐标法；极坐标法；角度交会法；距离交会法；全站仪坐标法；施工控制网的

分类；施工场地的平面高程控制测量；施工场地的高程控制测量。通过学习本章内容，读者可以了解建筑工程测量施工测量的原则和施测程序；了解地面点平面位置的测设方法；理解水平距离、角度、高程和坡度的测设方法；掌握建筑施工控制测量方案的制定及具体施测方法。

习题 9

1．施工测量遵循的基本原则是什么？

2．施工测量的内容及其特点是什么？

3．什么叫测设？测设的基本工作有哪些？

4．简述精密测设水平角的方法。

5．测设点的平面位置有哪几种方法？各适用于什么情况下？

6．试述测绘与测设的异同点。

7．试述测图精度与测设精度的差异。

8．AB 两点的水平距离为 22.500 m，若测设时温度为 25℃，施测时所用拉力与钢尺检定时的拉力相同，测得 A、B 两点的高差 $h=-0.60$ m，试计算测设时地面所需量出的长度。

9．设用一般方法测设出 $\angle ABC$ 后，精确测得 $\angle ABC$ 为 45°00′24″（设计值为 45°00′00″），BC 长度为 120 m，怎样移动 C 点才能使 $\angle ABC$ 等于设计值？试绘略图表示。

10．已知水准点 A 的高程为 $H_A=20.355$ m，若在 B 点处墙面上测设出高程分别为 21 000 m 和 23.000 m 的位置，设在 A、B 中间安置水准仪，后视 A 点水准尺的读数为 $a=1.452$ m，怎样测设才能在 B 处墙面得到设计标高？

第 10 章　民用建筑施工测量

【本章导读】

　　住宅楼、商店、学校、医院、食堂、办公楼等建筑物都属于民用建筑。民用建筑施工测量的目的是把设计的建筑物、构筑物的平面位置和高程，按设计要求以一定的精度测设在地面上，作为施工的依据。并在施工过程中进行一系列的测量工作，以衔接和指导各工序间的施工。

【学习目标】

> ➤ 了解民用建筑的类型、施工测量的方法和精度要求；
> ➤ 理解设计图纸是施工测量的主要依据；
> ➤ 能够根据建筑物施工放样的主要技术要求以及特点制定测设方案；
> ➤ 理解高层建筑施工测量特点及施工测量方法；
> ➤ 掌握施工测量中建筑物定位、细部轴线放样、基础施工测量和墙体工程施工测量；
> ➤ 掌握使用基础皮数杆和墙体轴线测设的方法。

10.1　民用建筑施工测量基本知识

　　民用建筑有单层、低层（2～3 层）、多层（4～8 层）和高层（9 层以上），由于建筑类型不同，其放样方法和精度也有所不同，但总的放样过程基本相同，即建筑物定位、放线、基础工程施工测量、墙体工程施工测量等。在建筑场地完成了施工控制测量工作之后，就可按照施工的各个工序开展施工放样工作，将建筑物的位置、基础、墙、柱、门、窗、楼板、顶盖等基本结构放样出来，设置标志，作为施工依据。建筑施工放样的主要技术要求见表 10-1。

表 10-1　建筑物施工放样的主要技术要求

建筑物结构特征	测距时相对中误差	测角中误差/mm	测站高差中误差/mm	施工水平面高程中误差/mm	竖向传递轴线中误差/mm
钢结构、装配式砼结构、建筑物高度 100m～120m 或跨度 30m～36m	1/20 000	5	1	6	4

（续表）

15层房屋或建筑物高度60 m～100 m或跨度18 m～30 m	1/10 000	10	2	5	3
5～15层房屋或建筑物高度15～60 m或跨度6 m～18 m	1/5 000	20	2.5	4	2.5
5层房屋或建筑物高度15 m或跨度6 m以下	1/3 000	30	3	3	2
木结构工业管线或公路铁路专线	1/2 000	30	5	—	—
土工竖向整平	1/1 000	45	10	—	—

在施工测量之前，应建立健全的测量组织和检查制度。并核对设计图纸，检查总尺寸和分尺寸是否一致，总平面图和大样详图尺寸是否一致，不符之处向设计单位提出，进行修正。然后对施工现场进行实地踏勘，根据实际情况编制测设详图，计算测设数据。对施工测量所使用的仪器，工具应进行检验、校正，否则不能使用。工作中必须注意人身和仪器的安全，特别是在高空和危险地区进行测量时，必须采取防护措施。

10.1.1 熟悉设计资料及图纸

设计资料及图纸是施工放样的依据，在放样前应熟悉设计资料图纸，了解施工的建筑物与相邻地物的相互关系，以及建筑物的尺寸和施工的要求等。

（1）建筑总平面图。根据建筑总平面图，了解施工建筑物与地面控制点及相邻地物的关系，从而确定放样平面位置的方案，如图 10-1 所示。

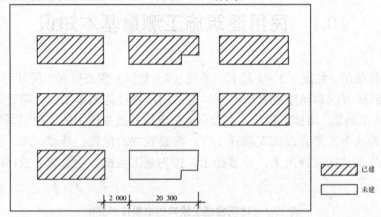

图 10-1　建筑总平面图

（2）建筑平面图。从建筑平面图中（包括底层平面及楼层），如图 10-2 所示，可以通过建筑平面图查取建筑物的总尺寸和内部各定位轴线之间的关系尺寸，它是放样的基础资料。

（3）基础平面图。基础平面图给出了建筑物的整个平面尺寸及细部结构与各定位轴线之间的关系，从而确定放样基础轴线的必要数据，如图 10-3 所示。

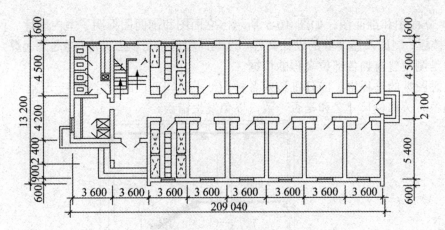

图 10-2　建筑平面图

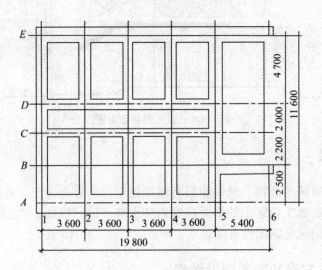

图 10-3　基础平面图

（4）基础剖面图。基础剖面图给出了基础剖面的尺寸（边线至中轴线的距离）及其设计标高（基础对设计地坪的高差），从而确定开挖边线和基坑底面的高程位置，如图 10-4 所示。还有其他各种立面图、剖面图等。

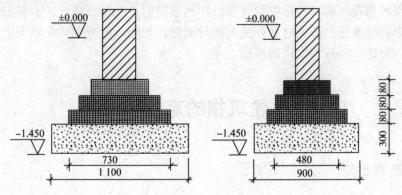

图 10-4　基础剖面图

（5）立面图和剖面图。如图 10-5 所示，立面图和剖面图标明了室内地坪、门窗、楼梯平台、楼板、屋面及屋架等的设计高程，这些高程通常是以±0.000 标高为起算点的相对高程，它是测设建筑物各部位高程的依据。

在熟悉图纸的过程中，应仔细核对各种图纸上相同部位的尺寸是否一致，同一图纸上总尺寸与各有关部位尺寸之和是否一致，以免发生错误。

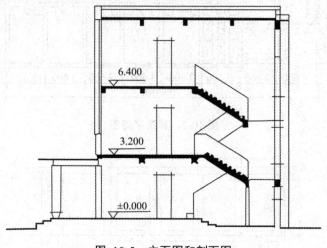

图 10-5 立面图和剖面图

10.1.2 现场踏勘

目的是为了了解现场的地物、地貌和原有测量控制点的分布情况，并调查与施工测量有关的问题。并对建筑施工现场上的平面控制点和水准点进行检核，以便获得正确的测量数据，然后根据实际情况考虑测设方案。

10.1.3 确定测设方案和准备测设数据

在熟悉设计图纸、掌握施工计划和施工进度的基础上，结合现场条件和实际情况，在满足工程测量规范（GB50026-93）技术要求的前提下，拟定测设方案。测设方案包括测设方法、测设步骤、采用的仪器工具、精度要求、时间安排等。

在每次现场测设之前，应根据设计图纸和测量控制点的分布情况，准备好相应的测设数据并对数据进行检核，需要时还可绘出测设略图，把测设数据标注在略图上，使现场测设时更方便、快速，并减少出错的可能。

10.2 建筑物的定位和放线

10.2.1 建筑物定位

建筑物的定位就是把建筑物外廓各轴线交点放样到地面上，作为放样基础和细部的依据。放样定点方法很多，有极坐标法、直角坐法等，除了上一节所介绍的根据控制点、建筑基线、建筑方格网放样外，还可以根据已有建筑物来放样。

1. 根据控制点定位

如果待定位建筑物的定位点设计坐标已知，且附近有高级控制点可供利用，可根据实际情况选用极坐标法、角度交会法或距离交会法来测设定位点。在这三种方法中，极坐标法是用得最多的一种定位方法。

2. 根据建筑方格网和建筑基线定位

如果待定位建筑物的定位点设计坐标已知，且建筑场地已设有建筑方格网或建筑基线，可利用直角坐标法测设定位点。

3. 根据与原有建筑物和道路的关系定位

如果设计图上只给出新建筑物与附近原有建筑物或道路的相互关系，而没有提供建筑物定位点的坐标，周围又没有测量控制点、建筑方格网和建筑基线可供利用，可根据原有建筑物的边线或道路中心线将新建筑物的定位点测设出来。

具体测设方法随实际情况的不同而不同，但基本过程是一致的。如图10-6所示，1号楼为已有建筑物，2号楼为待建建筑物（8层），A_1、E_1、E_6、A_6 点建筑物定位点的放样步骤如下：

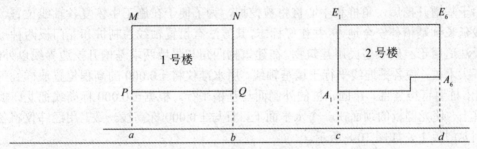

图 10-6 建筑物定位

（1）用钢卷尺紧贴于1号楼外墙边 MP、NQ 边各量出 2 m（距离大小根据实地地形而定，一般为 1～4 m），得 a、b 两点，打入桩，桩顶钉上铁钉标志，以下类同。

（2）把经纬仪安置于 a 点，瞄准 b 点，并从 b 点沿 ab 方向量出 Q～A_1 的距离，得 c 点，再继续量 A_1～A_6 的距离，得 d 点。、

（3）将经纬仪安置在 c 点，瞄准 a 点，水平度盘读数配置到 0°00′00″，顺时针转动照准部，当水平度盘读数为 90°00′00″时，锁定此方向，并按距离放样法沿该方向用钢尺量出 c～A_1 的距离得 A_1 点，再继续量出 A_1～E_1 的距离，得 E_1 点。

将经纬仪安置在 d 点，同法测出 A_6、E_6。则 A_1、E_1、E_6、A_6 四点为待建建筑物外墙轴线交点。检测各桩点间的距离，与设计值相比较，其相对误差不超过 1/5 000（见表 10-1），用经纬仪检测四个拐角是否为直角，其误差不超过 40″。

（4）放样建筑物其他轴线的交点桩（简称中心桩），如图 10-7 中，A_2、A_3、A_4、A_5、B_5、B_6 等各点为中心桩。其放样方法与角桩点相似，即以角桩为基础，用经纬仪和钢尺放样出来。

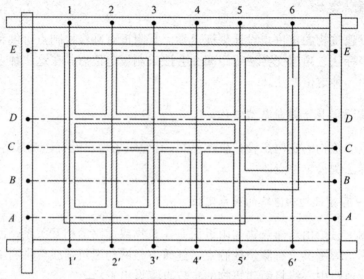

图 10-7　轴线控制点及龙门板布置图

11.2.2　轴线控制桩设置

由于基槽开挖后，角桩和中心桩将被挖掉，为了便于在施工中恢复各轴线位置，应把各轴线延长到基槽外安全地方，并作好标志，其方法有设置轴线控制桩和龙门板两种形式。龙门板法适用于一般小型民用建筑物。在建筑物四角与隔墙两端基槽开挖边界线以外约 2m 处打下大木桩，使各桩连线平行于墙基轴线，用水准仪将±0.000 的高程位置放样到每个龙门桩上，桩要钉得竖直、牢固，桩的外侧面与基槽平行。根据±0.000 标高线把龙门板钉在龙门桩上，使龙门板的顶面在一个水平面上，且与±0.000 标高线一致。用经纬仪将各轴线引测到龙门板上，如图 10-8 所示。

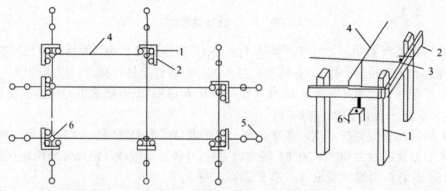

1-龙门桩；2-龙门板，3-轴线钉；4-拉线；5-轴线控制桩；6-轴线桩

图 10-8　龙门桩与龙门板

　　龙门板由于在挖槽施工时不易保存，目前已较少采用。现在多采用在基槽外各轴线的延长线上测设轴线控制桩的方法（见图 10-9），作为开槽后各阶段施工中确定轴线位置的依据。房屋轴线的控制桩又称引桩。在多层建筑物施工中，引桩是向上层投测轴线的依据。引桩一般钉在基槽开挖边线 2 m 以外的地方，在多层建筑物施工中，为便于向上投点，应在较远的地方测定，如附近有固定建筑物，最好把轴线投测在建筑物上。在一般小型建筑物放线中，引桩多根据轴线桩测设；在大型建筑物放线时，为了保证引桩的精度，一般都是先测引桩，再根据引桩测设轴线桩。

　　角桩和中心桩被引测到安全地点之后，根据轴线控制桩（或龙门板）的轴线位置和基础宽度，并顾及到基础挖深应放坡的尺寸，用细绳来标定开挖边界线，在地面上用白灰放出基槽边线。施工时按此线进行开挖。

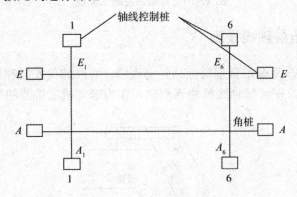

图 10-9　轴线控制桩

10.3　基础施工测量

10.3.1　基槽开挖深度的控制

　　开挖边线标定之后，就可进行基槽开挖。如果超挖基底，不得以土回填，因此，必须控制好基槽的开挖深度。如图 10-10 所示，当开挖接近槽底设计标高时，用水准仪在基槽壁上设置一些水平桩，使水平桩表面离槽底设计标高为整分米数（如 5 dm），用以控制开挖基槽的深度。各水平桩间距约 3～5 m，在转角处、深度变化处必须再加设一个，以此作为修平槽底和浇筑垫层的依据。水平桩上拉白线，线下 0.5 m 即为槽底设计高程。水平桩放样的允许误差为 ±10 mm。

　　如果是机械开挖，一般是一次挖到设计槽底或坑底的标高，因此要在施工现场安置水准仪，边挖边测，随时指挥挖土机调整挖土深度，使槽底或坑底的标高略高于设计标高（一般为 10cm，留给人工清土）。挖完后，为了给人工清底和打垫层提供标高依据，还应在槽壁或坑壁上打水平桩，水平桩的标高一般为垫面的标高。

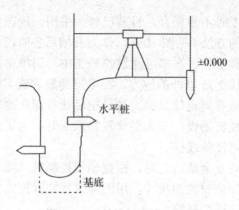

图 10-10　基槽深度施工测量

10.3.2　槽底口和垫层轴线投测

如图 10-11 所示，基槽挖至规定标高并清底后，将经纬仪安置在轴线控制桩上，瞄准轴线另一端的控制桩，即可把轴线投测到槽底，作为确定槽底边线的基准线。

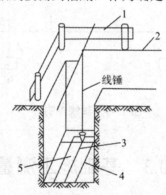

1-龙门板；2-拉线；3-垫层；4-基础边线；5-墙中线

图 10-11　基槽底口和垫层轴线投测

垫层打好以后，根据轴线控制桩或龙门板上的轴线钉，用经纬仪把轴线投测到垫层上，然后在垫层上用墨线弹出墙中心线和基础边线，以便砌筑基础。垫层高程可以在槽壁弹线，或者在槽底钉入小木桩进行控制，若垫层上支有模板，则可直接在模板上弹出高程控制线。

10.3.3　基础施工测量

浇筑垫层后，先将基础轴线投影到垫层上，再按照基础设计宽度定出基础边线，并弹墨线标明。

当基础墙砌筑到±0.000 m 位置下一层砖时，应用水准仪测设防水层的高程，其测量容许误差为±5 mm。防水层做好后，根据轴线控制桩或龙门板上的轴线钉进行投点，其投点容许误差为±5 mm。然后将墙轴线和墙边线用墨线弹到防水层面上，并延伸和标注到基础墙的立面上。

在垫层之上，±0.000 m 以下的砖墙称为基础墙。基础的高度利用基础皮数杆来控制。基础皮数杆是一根木制的杆子，如图 10-12 所示，在杆上预先按照设计尺寸将砖、灰缝厚度画出线条，标明±0.000 m、防潮层等标高位置。立皮数杆时，把皮数杆固定在某一空间位置上，使皮数杆上标高名副其实，即使皮数杆上的±0.000 m 位置与±0.000 桩上标定位置对齐，以此作为基础墙的施工依据。基础顶面标高容许误差为±10 mm。

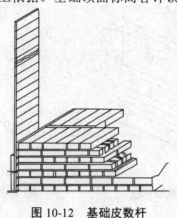

图 10-12　基础皮数杆

10.4　主体施工测量

10.4.1　轴线投测

基础工程结束后，应对龙门板或轴线控制桩进行检查复核，经复核无误后，可根据轴线控制桩或龙门板上的轴线钉，用经纬仪法或拉线法把首层楼房的墙体轴线测设到防潮层上，然后用钢尺检查墙体轴线的间距和总长是否等于设计值，用经纬仪检查外墙轴线四个主要交角是否等于 90°。符合要求后，把墙体轴线延长到基础外墙侧面上并弹出墨线及做出标志，作为向上投测各层楼房墙体轴线的依据。同时还应把门、窗和其他洞口的边线也在基础外墙侧面上做出标志。

墙体砌筑前，根据墙体轴线和墙体厚度弹出墙体边线，照此进行墙体砌筑，如图 10-13所示。砌筑到一定高度后，用吊锤线将基础外墙侧面上的轴线引测到地面以上的墙体上，以免基础覆土后看不见轴线标志。如果轴线处是钢筋混凝土柱，则在拆柱模后将轴线引测到桩身上。

在多层建筑墙身砌筑过程中，为了保证建筑物轴线位置正确，可用经纬仪把轴线投测到各层楼板边缘或柱顶上。每层楼板中心线应测设长线（列线）1～2 条，短线（行线）2～3 条，其投点容许误差为±5mm。然后根据由下层投测上来的轴线，在楼板上分间弹线。如图 11-14 所示，投测时，把经纬仪安置在轴线控制桩上，后视首层墙底部的轴线标志点，用正倒镜取中的方法，将轴线投到上层楼板边缘或柱顶上。当各轴线投到楼板上之后，要用钢尺实量其间距作为校核，其相对误差不得大于 1/3 000。经校核合格后，方可开始该层的施工。为了保证投测质量，使用的仪器一定要经检验校正，安置仪器时一定要严格对中、整平。为了防止投点时仰角过大，经纬仪距建筑物的水平距离要大于建筑物的高度，否则应采用正倒镜延长直线的方法将轴线向外延长到建筑物的总高度以外，或附近的多层或高层建筑屋顶面上，并可在轴线上安置经纬仪，以首层轴线为准，逐层向上投测。

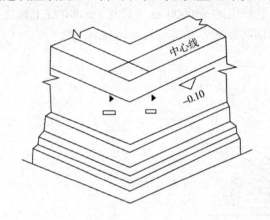

图 10-13 墙体轴线与标高线标注

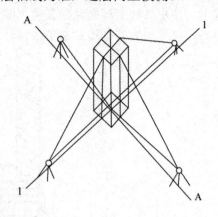

图 10-14 经纬仪轴线竖向投测

10.4.2 高程传递

在 ±0.000 m 以上的墙体称为主体墙。主体墙的标高利用墙身皮数杆来控制。墙身皮数杆根据设计尺寸按砖、灰缝从底部往上依次标明 ±0.000、门、窗、过梁、楼板预留孔等以及其他各种构件的位置。墙身皮数杆一般立在建筑物的拐角和内墙处，固定在木桩或基础墙上。为了便于施工，采用里脚手架时，皮数杆立在墙的外边；采用外脚手架时，皮数杆应立在墙里边。立皮数杆时，先用水准仪在立杆处的木桩或基础墙上测设出 ±0.000 标高线，测量误差在 ±3 mm 内，然后把皮数杆上的 ±0.000 线与该线对齐，用吊锤校正并用钉钉牢，必要时可在皮数杆上加两根钉斜撑，以保证皮数杆的稳定。

同一标准楼层各层皮数杆可以共用，不是同一标准楼层，则应根据具体情况分别制作皮数杆。砌墙时，可将皮数杆撑立在墙角处，使杆端 ±0.000 刻划线对准基础端标定的 ±0.000 位置。墙体顶面标高容许误差为 ±15 mm。

多层建筑物施工中，要由下层梯板向上层传递高程，满足室内抄平地面和装修的需要，将 ±0.000 标高引测到室内，在墙上弹墨划线标明，同时还要在墙上定出 +0.5m 的标高线。

高程传递一般可采用以下两种方法进行。

（1）利用钢尺直接丈量。在高程精度要求较高时，可用钢尺沿某一墙角自 ±0.000 起向上直接丈量，把高程传递上去。然后根据由下面传递上来的高程，作为该层墙身砌筑和安装门窗、过梁及室内装修、地坪抹灰时掌握高程的依据。

（2）吊钢尺法。在楼梯间悬吊钢尺（钢尺零点朝下），用水准仪读数，把下层高程传到上层。如图 10-15，二层楼面的高程 H_2 可根据一层楼面高程 H_1 计算求得

$$H_2 = h_1 + a + (c - b) - d \tag{10-1}$$

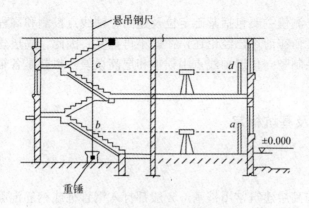

图 10-15　吊钢尺法传递高程

10.5　高层建筑施工测量

高层建筑施工测量跟多层建筑施工测量内容基本一致。但由于高层建筑层数多、高度高以及结构竖向偏差直接影响工程质量和受力情况，故高层建筑施工测量的主要问题是控制竖向偏差。另外，高层建筑物由于建筑结构复杂，设备和装修标准较高，特别是高速电梯的安装等，对施工测量精度要求亦高，各种限差在设计图纸中均有详细说明。高层建筑施工所选用的仪器和测量方案要适应结构类型、施工方法和场地情况。

10.5.1　高层建筑施工的精度要求

高层建筑施工测量还须执行严格复核、审核制度，如定位、放线等工作要进行自检、复检，合格后再由主管监理部门验收。高层建筑施工的有关精度要求如下：

（1）高层建筑物的平面控制网和主轴线，应根据复核后的红线桩或坐标点准确地测量。平面网中的控制线应包括高层建筑物的主要轴线，间距宜为 30 m～50 m，并组成封闭图形，其测距精度应高于 1/10 000，测角精度应高于 20″。

（2）测量竖向垂直度时，每隔 3～5 条轴线选取一条竖向控制轴线。各层均应由初始控制线向上投测。层间垂直度测量偏差不应超过 3 mm。高层建筑物全高垂直度测量偏差不应超过 $3H/10\ 000$（H 为建筑物总高度），30 m< H≤60 m 时，10 mm；60 m< H≤90 m 时，15 mm；90 m< H 时，20 mm。

（3）建筑物的高程控制网应根据复核后的水准点或已知高程点引测，引测高程可用附合测法或往返测法，闭合差不应超过 $\pm 5\sqrt{n}$ mm（n 为测站数）或 $\pm 20\sqrt{L}$ mm（L 为测线长度，以 km 为单位）。

（4）建筑物楼层高程由首层 ±0.000 高程控制。当建筑物高度超过 30m 或 50m 时，应另设高程控制线。层间测量偏差不应超过 ±3mm，建筑物总高测量偏差不应超过 $3H/10\ 000$（H 为建筑物总高度），30 m<H≤60 m 时，± 10 mm；60 m<H≤90 m 时，± 15 mm；90 m<H时，± 20 mm。

高层建筑的施工测量主要包括基础定位及建网、轴线点投测和高程传递等工作。基础定位及建网的放样工作在前述已经论述，在此不再重复。因此，高层建筑施工放样的主要问题是轴线投测时控制竖向传递轴线点中误差和层高误差，也就是各轴线如何精确向上引测的问题。

10.5.2 桩位放样及基坑标定

1. 桩位放样

在软土地基区的高层建筑常用桩基，一般都打入钢管桩或钢筋混凝土预制桩。由于高层建筑的上部荷重主要由钢管桩或钢筋混凝土预制桩承受，所以对桩位要求较高，其定位偏差不得超过有关规范的规定要求。为此在定桩位时必须按照建筑施工控制网，实地定出控制轴线，再按设计的桩位图中所示尺寸逐一定出桩位（如图 10-16），定出的桩位之间尺寸必须再进行一次校核，以防定错。

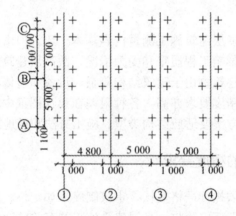

图 10-16　桩位放样图（单位 mm）

2. 建筑物基坑标定

高层建筑由于采用箱形基础和筏式基础较多，所以其基坑较深，有时深达 20 多米。在开挖基坑时，应当根据规范和设计所规定的（高程和平面）精度完成土方工程。对于基坑轮廓线的测定，常用的方法有以下几种：

（1）投线交会法。根据建筑物的轴线控制桩（图 10-16）利用经纬仪投线交会测设出建筑物所有外围的轴线桩，然后按设计图纸用钢尺定出其开挖基坑的边界线。

（2）主轴线法。建筑方格网一般都确定一条或两条主轴线。主轴线的形式有 L 形、T 字形或十字形等布置形式。这些主轴线是作为建筑物施工的主要控制依据。因此，当建筑物放样时，按照建筑物柱列线或轮廓线与主轴线的关系，在建筑场地上定出主轴线后，然后根据主轴线逐一定出建筑物的轮廓线。

（3）极坐标法。由于高层建筑物的造型格调从单一的方形向多面体形等复杂的几何图形发展，这样给建筑物的放样定位带来了一定的复杂性。极坐标法是比较灵活的放样定位方法。具体做法是：首先按设计要素如轮廓坐标与施工控制点的关系，计算其方位角及边长，在控制点上按其计算所得的方位角和边长，逐一测定点位。将建筑物的所有轮廓点位定出后，再行检查是否满足设计要求。

总之，根据施工场地的具体条件和建筑物几何图形的繁简情况，测量人员可选择最合适的方法进行放样定位，再根据测设出的建筑物外围轴线定出其开挖基坑的边界线。

10.5.3　基坑支护工程监测

高层建筑物大都设有地下室，施工时会出现深基坑工程。从地表开挖基坑的最简单办法是放坡大开挖，既经济又方便。在城市，由于施工场地狭窄，不可能采用放坡开挖施工，而常采用深基坑支护措施，其目的是保证在挖土时边壁的稳定。基坑支护结构的变形以及基坑对周围建筑物的影响，目前尚不能根据理论计算准确地得到定量的结果，因此，对基坑支护工程的现场监测就显得十分必要。现场监测所取得的数据，与预测值相比较，能可靠地反映工程施工所造成的影响，能较准确地以量的形式反映这种影响的程度。现场监测数据还能为基坑施工及周围环境保护的技术决策和采取应变措施提供有效的依据。基坑支护工程的沉降监测可参看"建筑物的变形观测"部分，这里仅介绍基坑支护工程水平位移监测方法。

1.　视准线法

水平位移观测方法有很多，诸如视准线法、全站仪观测法及前方交会法等。结合到施工工地的特点，对支护工程多采用视准线法。如图 10-17，建立一条基线 AB，利用精密经纬仪测定小角 $\Delta\beta$，从而可计算出 P 点的水平位移值 Δ，即

$$\Delta = \frac{\Delta\beta''}{\rho''}S \tag{10-2}$$

式中，S——测站点 A 到观测点 P 之间的水平距离：$\rho'' = 2\,062\,650$。

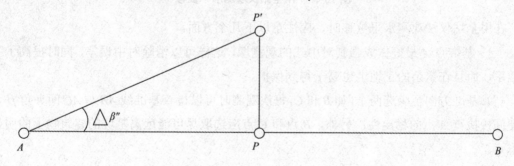

图 10-17　视准线法测定水平位移

在视准线测小角法中，平距 S 只需丈量一次，在以后的各期观测中，可认为其值不变，因此，这种方法简便易行，在施工场地被广泛采用。但此法也有缺点，对于一般的长方形

基坑需要布设四条基线进行观测。一方面，安置经纬仪的次数多，会大大降低工作效率；另一方面，在城市市区工地施工现场，要想布设四条基线比较困难。

2. 全站仪观测法

对任何形状的基坑现场，用全站仪来监测只需建立一条基准线 AB（图 10-18），其测量原理如下：对某测点 i，利用全站仪同时测定水平角 β_i 和水平距离 D_i，则可利用观测值（β_i，D_i）来计算出该点的施工坐标值（x_i，y_i），即

$$x_i = x_A + D_i \cos(\alpha_{AB} + \beta_i)$$
$$y_i = y_A + D_i \sin(\alpha_{AB} + \beta_i)$$

（10-3）

式中，x_A，y_A——基准点 A 的施工坐标值；

α_{AB}——基准线 AB 的方位角。

两期观测结果之差（Δx_i，Δy_i）即是该期间内 i 点的水平位移，其中 Δx_i 为南北轴线方向的位移值，Δy_i 为东西轴线方向的位移值。

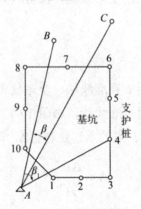

图 10-18　用全站仪观测水平位移

在用全站仪法观测水平位移时，应注意以下几个方面。

（1）基准点 A 最好做成强制对中式的观测墩，这样可以消除对中误差，同时提高了工作效率，而且在繁杂的工地上也易于得到保护。

（2）基准方向至少选两个，如 B 和 C，每次观测时可以检查基准线 AB 与 AC 间夹角 β，以便间接检查 A 点的稳定性；另外，B 点和 C 点应选取尽可能远离基坑的建筑物上的明显标志点。

（3）观测点应做在圈梁上，应稳固且尽可能明显；如用水泥把小直径钢筋（头部刻划十字）埋在圈梁上，可提高水平角 β_i 和平距 D_i 的测量精度，从而提高成果质量。

（4）监测成果应及时反馈，与建设单位、监理单位、施工单位及时沟通，及时解决施工中出现的问题。

10.5.4 基础放线及标高控制

1. 基础放线

基坑开挖完成后，有三种情况：一是直接打垫层，然后做箱形基础或筏板基础，这时要求在垫层上测设基础的各条边界线、梁轴线、墙宽线和柱位线等；二是在基坑底部打桩或挖孔，做桩基础，这时要求在坑底测设各条轴线和桩孔的定位线，桩做完后，还要测设桩承台和承重梁的中心线；三是先做桩，然后在桩上做箱基或筏基，组成复合基础，这时的测量工作是前两种情况的结合。

测设轴线时，有时为了通视和量距方便，不是测设真正的轴线，而是测设其平行线，这时一定要在现场标注清楚，以免用错。另外，一些基础桩、梁、柱、墙的中线不一定与建筑轴线重合，而是偏移某个尺寸，因此要认真按图施测，防止出错，如图 10-19 所示。

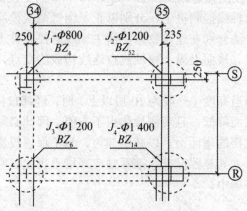

图 10-19 有偏心桩的基础平面图

如果是在垫层上放线，可把有关轴线和边线直接用墨线弹在垫层上，由于基础轴线的位置决定了整个高层建筑的平面位置和尺寸，因此施测时要严格检核，保证精度。如果是在基坑下做桩基，则测设轴线和桩位时，宜在基坑护壁上设立轴线控制桩，以便能保留较长时间，也便于施工时用来复核桩位和测设桩顶上的承台和基础梁等。

从地面往下投测轴线时，一般是用经纬仪投测法，由于俯角较大，为了减小误差，每个轴线点均应盘左、盘右各投测一次，然后取中数。

2. 基础标高测设

基坑完成后，应及时用水准仪根据地面上的±0.000 水平线将高程引测到坑底，并在基坑护坡的钢板或混凝土桩上做好标高为负的整米数的标高线。由于基坑较深，引测时可多设几站观测，也可用悬吊钢尺代替水准尺进行观测。

10.5.5 轴线的竖向投测

高层建筑物施工测量中的主要问题是控制垂直度，即将建筑物基础轴线准确地向高层引测，并保证各层相应的轴线位于同一竖直面内，控制竖向偏差，使轴线向上投测的偏差值不超限。

1. 外控法

外控法是在建筑物外部，利用经纬仪，根据建筑物的轴线控制桩来进行轴线的竖向投测。高层建筑物的基础工程完工后，经纬仪安置在轴线控制桩上，将建筑物主轴线精确地投测到建筑物底部，并设立标志，以供下一步施工与向上投测之用。另外，以主轴线为基准，重新把建筑物角点投测到基础顶面，并对原来作的柱列轴线进行复核。随着建筑物的升高，要逐步将轴线向上投测传递。外控法（见图 10-14）向上投测建筑物轴线时，是将经纬仪安置在远离建筑物的轴线控制桩上，分别以正、倒镜两次投测点的中点，得到投测在该层上的轴线点。按此方法分别在建筑物纵、横主轴线的控制桩上安置经纬仪，就可在同一层楼面上投测出轴线点。楼面上纵、横轴线点连线构成的交点，即是该层楼面的施工控制点。

当建筑物楼层增至相当高度（一般为 10 层以上）时，经纬仪向上投测的仰角增大，投点精度会随着仰角的增大而降低，且观测操作也不方便。因此必须将主轴线控制桩引测到远处的稳固地点或附近大楼的屋面上，以减小仰角。为了保证投测质量，使用的经纬仪必须经过严格的检验校正，尤其是照准部水准管轴应严格垂直仪器竖轴。安置经纬仪时必须使照准部水准管气泡严格居中。

2. 内控法

高层建筑物轴线的竖向投测目前大多使用重锤或铅垂仪等仪器，利用内控法来进行。根据使用仪器的不同，内控法有吊线坠法、准直仪法、激光经纬仪法等。

（1）吊线坠法。一般用于高度在 50 m～100 m 的高层建筑施工中。可用 10 kg～20 kg 重的特制线坠，用直径 0.5 m～0.8 mm 钢丝悬吊，在 ±0.000 首层地面上以靠近高层建筑结构四周的轴线点为准，逐层向上悬吊引测轴线和控制结构的竖向偏差。如南京市金陵饭店主楼（高 110.75 m）和北京市中央彩电播出楼（高 112 m）就是采用吊线坠法作为竖向偏差的检测方法，效果很好。在用此法施测时，要采取一些必要措施，如用铅直的塑料管套着坠线，以防风吹，并采用专用观测设备，以保证精度。

（2）准直仪法（天顶、天底准直仪）。准直仪又称垂准仪，置平仪器上的水准管气泡后，仪器的视准轴即处于铅垂位置，可以据此进行向上或向下投点。若采用内控法，首先应在建筑物底层平面轴线桩位置预埋标志，其次在施工时要在每层楼面相应位置处都预留孔洞，供铅垂仪照准及安放接收屏之用，如图 10-20 所示。

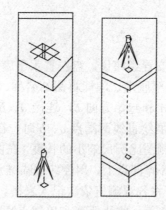

图 10-20　铅垂仪投点

（3）激光经纬仪法。激光经纬仪是利用配套的激光附件装配在经纬仪上组成的仪器。激光附件由激光目镜、光导管、氦氖激光器和激光光源组成。

使用激光经纬仪，是将仪器安置在地面控制点上，严格对中、整平，接通电源，即可发出激光，在楼板的预留孔上放一激光接收靶，看到激光后通过对讲机指挥仪器操作员调节激光光斑大小，旋转经纬仪一周，取光斑轨迹的中心即可。

另外，用经纬仪或全站仪加上弯管目镜亦可进行内投法投测。

【实训 1】一个测站上碎部测量

一、实训目的与要求

（1）了解经纬仪测绘法测绘地形图的方法和步骤。

（2）能合理选定地物、地貌的特征点。

（3）练习用地形图式和等高线表示地物、地貌。测图比例尺为 1∶500，等高距为 1 m。

二、计划与设备

（1）实验安排 2 学时，每组 4～5 人，分工为观测、记录、绘图和立尺。

（2）设备为每组 J_6 光学经纬仪 1 台、小平板 1 块、绘图纸 1 张、水准尺 1 根、花杆1 根、皮尺 1 把、比例尺 1 根、量角器 1 个、计算器 1 个、记录板 1 个、地形图图式 1 本、小三角板 1 副、小针 1 根、铅笔 1 支、橡皮 1 块。

（3）测图场地选择在校园内，在平坦地段选一直线，在直线的两个端点上安置仪器进行测图。

（4）实验结束，每组交整饰好的图纸一张和碎部测量记录一份。

三、实训方法与步骤

（1）以控制点 A 为测站点安置经纬仪，盘左置水平度盘读数为 0°00′，瞄准另一控制点 B 为起始方向，量取仪器高 I 至厘米，随即将测站名称、仪器高记入碎部测量记录本。

（2）在图纸上展出测站点 a 和起始方向 b，连接 a、b 为起始方向线，并用小针将量角器的圆心角固定在测站点 a。展绘直线两端点 a、b 时，在图板适当位置画一直线，先定一端点 a，然后将地面的直线按测图比例尺缩小的长度，在图板上以 a 为起点，定出 b 点。

（3）将视距尺立于选定的各碎部点上，用经纬仪瞄准水准尺，读取下丝、上丝、中丝数值，竖盘读数和水平角读数，将各观测值依次记入表格。

（4）计算视距、竖直角、高差、水平距离和碎部点高程。

（5）将计算的各碎部点数据，依水平角、水平距离，用量角器按比例尺展绘在图板上，并注出各点高程，描绘地物。

四、注意事项

（1）读取竖直角时，指标水准管气泡要居中，水准尺要立直。

（2）每测约 20 个点，要重新瞄准起始方向，以检查水平度盘是否变动。

五、经纬仪测绘法碎部测量

表 10-2　经纬仪碎部测量记录表

日期：＿＿＿＿＿＿　　班　　组：＿＿＿＿＿＿　　姓　名：＿＿＿＿＿＿

测站：＿＿＿＿＿＿　　测站高程：＿＿＿＿＿＿　　仪器高：＿＿＿＿＿＿

点号	视距（m）	中丝读数	竖盘读数	竖直角	水平角	水平距离	高程

【实训 2】测设点的平面位置和高程

一、实训目的与要求

（1）练习用一般方法测设水平角、水平距离和高程，以确定点的平面和高程位置。

（2）测设限差：水平角不大于 40″，水平距离的相对误差不大于 1/5 000，高程不大于 10 mm。

二、计划与设备

（1）实验安排 2 学时，每组 4~5 人。

（2）设备为每组 J_6 级光学经纬仪、DS3 水准仪各 1 台、钢卷尺 1 把、水准尺 1 根、记录板 1 块、斧头 1 把、木桩、小钉、测钎数个。

（3）布置场地。每组选择间距为 30 m 的 A、B 两点，在点位上打木桩，桩上钉小钉，以 A、B 两点的连线为测设角度的已知方向线，在其附近再布置一个临时水准点，作为测设高程的已知数据。

三、实训方法与步骤

（1）测设水平角和水平距离，以确定点的平面位置（极坐标法）。设欲测设的水平角为 β，水平距离为 D。在 A 点安置经纬仪，盘左置水平度盘为 0°00′00″，照准 B 点，然后转动照准部，使度盘读数为准确的 β 角；在此视线方向上，以 A 点为起点用钢卷尺量取预定的水平距离 D（在一个尺段以内），定出一点为 P_1。盘右，同样测设水平角 β 和水平距离，再定一点为 P_2；若 P_1、P_2 不重合，取其中点 P，并在点位上打木桩、钉小钉标出其位置，即为按规定角度和距离测设的点位。最后以点位 P 为准，检核所测角度和距离，若与规定的 β 和 D 之差在限差内，则符合要求。测设数据：假设控制边 AB 起点 A 的坐标为 X_A =56.56 m，Y_A=70.65 m，控制边方位角 α_{AB}=90°。已知建筑物轴线上点 P_1、P_2 设计坐标为：X_1=71.56 m，Y_1=70.65 m；X_2=71.56 m，Y_2=85.65 m。

（2）测设高程。设上述 P 点的设计高程 $H_1=H_水+a$；同时计算 P 点的尺上读数 b= H_i-H_p，即可在 P 点木桩上立尺进行前视读数。在 P 点上立尺时，标尺要紧贴木桩侧面，水准仪瞄准标尺时，要使其贴着木桩上下移动，当尺上读数正好等于 b 时，则沿尺底在木桩上画横线，即为设计高程的位置。在设计高程位置和水准点立尺，再前后视观测，以作检核。测设数据：假设点 1 和点 2 的设计高程为 H_1=50.000 m，H_2=50.100 m。

四、注意事项

（1）测设完毕要进行检测，测设误差超限时应重测，并做好记录。

（2）实验结束后，每人交"点的平面位置测设""高程的测设"记录表各一份。

五、测设点的平面位置和高程报告

日期　　　　　　　　　班组　　　　　　　　　姓名

（1）极坐标法测设数据计算

$\tan \alpha_{A1} =$　　　　　　　　　　　　　　　　$\alpha_{A1} =$

$\tan \alpha_{A2} =$　　　　　　　　　　　　　　　　$\alpha_{A2} =$

$d_{A1} =$　　　　　　　　　　　　　　　　　　$d_{A2} =$

$\beta_1 = \alpha_{AB} - \alpha_{A1} =$　　　　　　　　　　$\beta_2 = \alpha_{AB} - \alpha_{A2} =$

测设后经检查，点 1 与点 2 的距离：

$d_{12} =$

与已知值 15.000 m 相差：

$\Delta d =$

（2）高程放样数据计算

控制点 A 的高程 H_A，可结合放样场地情况，自己假设 $H_A =$ _____。

计算前视尺读数：

$b_1 = H_A + a_1 + H_1 =$

$b_2 = H_A + a_2 + H_2 =$

测设后经检查，1 点和 2 点高差：

$h_{12} =$

本章小结

　　本章主要介绍了民用建筑施工测量基本知识、建筑物的定位和放线、基础施工测量、主体施工测量和高层建筑施工测量。

　　本章的主要内容包括建筑物定位；轴线控制桩设置；基槽开挖深度的控制；槽底口和垫层轴线投测；基础施工测量；轴线投测；高程传递；高层建筑施工的精度要求；桩位放样及基坑标定；基坑支护工程监测；基础放线及标高控制和轴线的竖向投测。通过学习本章内容，读者可以了解民用建筑的类型、施工测量的方法和精度要求；能够根据建筑物施工放样的主要技术要求以及特点制定测设方案；熟悉高层建筑施工测量特点及施工测量方法；掌握施工测量中建筑物定位、细部轴线放样、基础施工测量和墙体工程施工测量等；掌握使用基础皮数杆和墙体轴线测设的方法。

习题 10

1. 如何根据建筑方格网进行建筑物的定位放线？为什么要设置龙门板或轴线桩？
2. 高层建筑施工测量中的主要问题是什么？目前常用哪些方法？
3. 建筑总平面图的作用是什么？
4. 一般民用建筑条形基础施工过程中要进行哪些施工测量工作？
5. 一般民用建筑墙体施工过程中如何投测轴线，如何传递高程？
6. 高层建筑施工中，如何控制建筑物的垂直度，如何传递高程？

第 11 章　工业建筑施工测量

【本章导读】

工业建筑以厂房为主体，一般工业厂房大多采用预制构件在现场装配的方法施工。厂房的预制构件有柱子（也有现场浇注的）、吊车梁、吊车车轨和屋架等。因此，工业建筑施工测量的工作主要是保证这些预制构件安装到位，其主要工作包括厂房矩形控制网放样、厂房柱列轴线放样、基础施工放样、厂房预制构件安装放样等。

【学习目标】

➤ 了解工业建筑的类型以及施工测量特点；
➤ 理解单层工业厂房以预制构件装配式施工的测量特点；
➤ 能够制定厂房矩形控制网的测设方案及计算测设数据，并绘制测设略图；
➤ 掌握简单矩形控制网的测设可用的方法；
➤ 掌握工业建筑施工测量中厂房矩形控制网的测设、厂房柱列轴线放样、杯形基础施工测量、厂房构件及设备安装测量等。

11.1　工业建筑控制网的测设

厂房与一般民用建筑相比，它的柱子多、轴线多，且施工精度要求高，因而对于每幢厂房还应在建筑方格网的基础上，再建立满足厂房特殊精度要求的厂房矩形控制网，作为厂房施工的基本控制网。

如图 11-1 所示，描述了建筑方格网、厂房矩形控制网以及厂房车间的相互位置关系。厂房矩形控制网是依据已有建筑方格网按直角坐标法来建立的，其边长误差小于 1/10 000，各角度误差小于 $\pm10''$。

厂房柱列轴线的测设工作是在厂房控制网的基础上进行的。如图 11-1 所示，P、Q、R、S 是厂房矩形控制网的四个控制点，A、B、C 和①、②…⑨等轴线均为柱列轴线。其，中定位轴线 B 轴和⑤轴为主轴线。

柱列轴线的测设可根据柱间距和跨间距用钢尺沿矩形网四边量出各轴线控制桩的位置，并打入大木桩，钉上小钉，作为测设基坑和施工安装的依据。为此，要先设计厂房控制网角点和主要轴线的坐标，根据建筑场地的控制测设这些点位，然后按照厂房跨距和柱列间距定出柱列轴线。测设后，检查轴线间距，其误差不得超过 1/2 000。

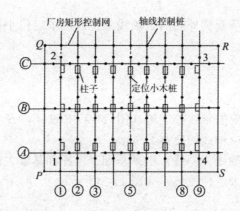

图 11-1　建筑方格网、厂房矩形控制网以及厂房车间的相互位置关系

　　最后,依据中心轴线用石灰在地面上撒出基槽开挖边线。由于施工时中心桩会被挖掉,因此,一般在基槽外各轴线的延长线上测设轴线(一般距 1.0~1.5 m)的列桩,作为开挖后各施工阶段各主轴线定位的依据。

11.2　厂房柱列轴线的测设和柱基施工测量

11.2.1　柱列轴线的测设

　　厂房矩形控制网建立并检查其精度符合要求后,即可根据厂房跨度和柱距用钢尺沿矩形控制网各边量出各轴线控制桩的位置,并打入大木桩,钉上小钉,作为测设基坑和施工安装的依据。如图 11-2 所示,作好标志。其放样方法是在矩形控制桩上安置经纬仪,如 R 端点安置经纬仪,照准另一端点 U,确定此方向线,根据设计距离,严格放样轴线控制桩。依次放样全部轴线控制桩,并逐桩检测。

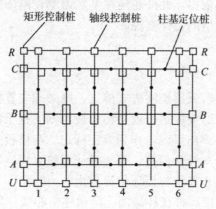

图 11-2　厂房柱列轴线放样

　　柱列轴线桩确定之后,在两条互相垂直的轴线上各安置一部经纬仪,沿轴线方向交会

出柱基的位置。然后在柱基基坑外的两条轴线上打入四个定位小桩，作为修坑和竖立模板的依据。

11.2.2 柱基的测设

安置两台经纬仪在相应的轴线控制桩（图 11-2 中的 A、B、C 和①、②…等点）上交出各柱基的位置（即定位轴线的交点）。

柱基测设就是以柱列轴线为基线，根据基础平面图和基础大样图的有关尺寸，把基坑开挖的边线用白灰标示出来以便挖坑，如图 11-3 所示。

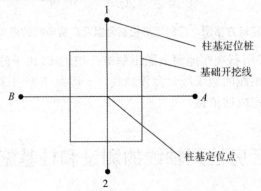

图 11-3 柱列轴线与柱基的测设

在进行柱基测设时，应注意定位轴线不一定都是基础中心线，有时一个厂房的柱基类型不一，尺寸各异，放样时应特别注意。

11.2.3 基坑的高程测设

当基坑挖到一定深度时，应在坑壁四周离坑底设计高程 0.3～0.5 m 处设置几个水平桩，作为基坑修坡和清底的高程依据。此外还应在基坑内测设出垫层的高程，即在坑底设置小木桩，使桩顶面恰好等于垫层的设计高程。

11.2.4 基础模板的定位

在柱子或基础施工时，若采用现浇方式施工，则必须安置模板。模板内模位置，将是柱子或基础的竣工位置。因此，模板定位就是将模板内侧安置于柱子或基础的设计位置上。在安置模板时，先在垫层上弹出墨线，作为施工标志。在模板安装定位之后，再检查平面位置和高程以及垂直度是否与设计相符。若与设计相差太大，以此误差来指导施工人员进行适当调整，直到平面位置和高程与设计相符为止。

拆模后，用经纬仪根据控制桩在杯口面上定出柱中心线，如图 11-4 所示，再用水准仪在杯口内壁定出±0 标高线，并画出"▽"标志，以此线控制杯底标高。

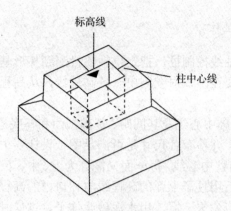

标高线

柱中心线

图 11-4　杯型基础施工测量

11.3　工业厂房构件的安装测量

装配式单层工业厂房主要由柱、吊车梁、屋架、天窗架和屋面板等主要构件组成。在吊装每个构件时，有绑扎、起吊、就位、临时固定、校正和最后固定等几道操作工序。下面着重介绍柱子、吊车梁及吊车轨道等构件在安装时的校正工作。厂房预制构件安装允许误差见表 11-1。

表 11-1　厂房预制构件安装容许误差

项　目			容许误差/mm
杯形基础	中心线对轴线偏移		±10
	杯底安装标高		±10
柱	中心线对轴线偏移		±5
	上下柱接口中心线偏移		±3
	垂直度	≤5 m	±5
		>5 m	±10
柱	垂直度	≥10 m 多节柱	1/1 000 柱高，且不大于
	牛腿面和柱高	≤5 m	±5
		>5 m	±8
梁或吊车梁	中心线对轴线偏移		±5
	梁上表面标高		±5

11.3.1　柱子安装测量

柱子安装测量主要程序包括柱子安装前的准备工作、柱身长度的检查及杯底找平。

1. 柱子安装前的准备工作

柱子吊装前，应根据轴线控制桩，把定位轴线投测到杯形基础的顶面上，并用红油漆画上"▲"标明。同时还要在杯口内壁测出一条高程线，从高程线起向下量取一整分米数即到杯底的设计高程。

在柱子吊装前，应对基础中心线及其间距、基础顶面和杯底标高等进行复核，再把每根柱子按轴线位置进行编号，并检查各尺寸是否满足图纸设计要求，检查无误后才可弹以墨线。在柱子的三个侧面弹出柱中心线，每一面又需分为上、中、下三点，并画小三角形"▲"标志，以便安装校正。然后用柱子上弹的高程线与杯口内的高程线比较，以确定每一杯口内的抄平层厚度。过高时应凿去一层，用水泥砂浆抹平，过低时用细石混凝土补平。最后再用水准仪进行检查，其容许误差为±3 mm。

2. 柱身长度的检查及杯底找平

柱身长度是指从柱子底面到牛腿面的距离，它等于牛腿面的设计标高与杯底标高之差。在预制柱子时，由于模板制作和模板变形等原因，实际尺寸不可能与设计尺寸一样。为了解决这个问题，往往在浇注基础时把杯形基础底面高程降低 2～5 cm。检查柱身长度时，应量出柱身 4 条棱线的长度，以最长的一条为准，同时用水准仪测定标高。如果所测杯底标高与所量柱身长度之和不等于牛腿面的设计标高，则必须用水泥沙浆修填杯底，使牛腿面符合设计高程。抄平时，应将靠柱身较短棱线一角填高，以保证牛腿面的标高满足设计要求。如果在施工过程中，将柱子水平摆置于地上，则可用钢卷尺直接测量其长度，并在柱身上画标志线作为安置的依据。

3. 柱子安装测量

柱子安装的要求是保证其平面和高程位置符合设计要求，柱身铅直。预制的钢筋混凝土柱子插入杯形基础的杯口后，应使柱子三面的中心线与杯口中心线对齐吻合，用木楔或钢楔作临时固定，如有偏差可用锤敲打楔子拨正，其容许偏差小于 $H/1000$（其中：H 为柱长，单位米）。然后用两台经纬仪安置在约 1.5 倍柱高距离的纵、横两条轴线附近，同时进行柱身的竖直校正，如图 12-5 所示。

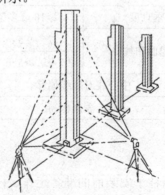

图 11-5　柱子的竖直校正

经过严格检验校正的经纬仪在整平后，其视准轴上、下转动成一竖直面。据此，可用经纬仪作柱子竖直校正，先用纵丝瞄准柱子根部的中心线，制动照准部，缓缓抬高望远镜，观察柱子中心线偏离纵丝的方向，指挥用钢丝绳拉直柱子，直至从两台经纬仪中观测到的柱子中心线从下而上都与十字丝纵丝重合为止。然后在杯口与柱子的隙缝中浇入混凝土，以固定柱子的位置。由于纵轴方向上柱距很小，通常把仪器安置在纵轴的一侧，在此方向上，安置一次仪器可校正数根柱子。柱子校正时应注意以下问题：

（1）校正用的经纬仪事前应经过严格检校，因为校正柱子竖直时，往往只用盘左或盘右观测，仪器误差影响很大，操作时还应注意使照准部水准管气泡严格居中。

（2）柱子在两个方向的垂直度都校正好后，应再复查平面位置，看柱子下部的中线是否仍对准基础的轴线。

（3）当校正变截面的柱子时，经纬仪必需放在轴线上校正，否则容易产生差错。

（4）在阳光照射下校正柱子垂直度时，要考虑温度影响，因为柱子受太阳照射后，柱子向阴面弯曲，使往顶有一个水平位移。为此应在早晨或阴天时校正。

（5）当安置一次仪器校正几根柱子时，仪器偏离轴线的角度最好不超过 15°。

11.3.2　吊车梁的安装测量

吊车梁的吊装测量主要是保证吊装后的吊车梁中心线位置和梁面标高满足设计要求。安装前先弹出吊车梁顶面中心线和吊车梁两端中心线，要将吊车轨道中心线投到牛腿面上。

1. 吊车梁安装时的中线测量

根据厂房控制网的控制桩或杯口柱列中心线，按设计数据在地面上定出吊车梁中心线的两端点（图 11-6 中 A、A' 和 B、B'），打大木桩标志。然后用经纬仪将吊车梁中心线投测到每个柱子的牛腿面的侧边上，并弹以墨线，投点容许误差为 ±3 mm，投点时如果与有些柱子的牛腿面不通视，可以从牛腿面向下吊垂球的方法解决中心线的投点问题。吊装时，应使吊车梁中心线与牛腿面上中心线对齐。

2. 吊车梁安装时的高程测量

吊车梁顶面的标高应符合设计要求。用水准仪根据水准点检查柱子上所画 ±0.000 标志的高程，其误差不得超过 ±5 mm。如果误差超限，则以检查结果作为修平牛腿面或加垫块的依据。并改正原 ±0.000 高程位置，重新画出该标志。

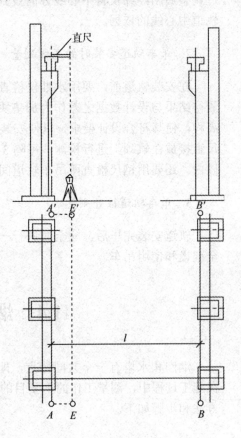

图 11-6　吊车梁及轨道安装测量

113.3 吊车轨道安装测量

吊车轨道安装测量的目的是保证轨道中心线、轨顶标高均符合设计要求。

1. 在吊车梁上测设轨道中心线

当吊车梁安装以后，再用经纬仪从地面把吊车梁中心线（亦即吊车轨道中心线）投到吊车梁顶上，如果与原来画的梁顶几何中心线不一致，则按新投的点用墨线重新弹出吊车轨道中心线作为安装轨道的依据。

由于安置在地面中心线上的经纬仪不可能与吊车梁顶面通视，因此一般采用中心线平移法，如图 11-6 所示，在地面平行于 AA' 轴线、间距为 1 m 处测设 EE' 轴线。然后安置经纬仪于 E 点，瞄准 E' 点进行定向。抬高望远镜，使从吊车梁顶面伸出的长度为 1 m 的直尺端正好与纵丝相切，则直尺的另一端即为吊车轨道中心线上的点。

然后用钢尺检查同跨两中心线之间的跨距 l，与其设计跨距之差不得大于 10 mm。经过调整后用经纬仪将中心线方向投到特设的角钢或屋架下弦上，作为安装时用经纬仪校直轨道中心线的依据。

2. 吊车轨道安装时的高程测量

在安装轨道前，要用水准仪检查梁顶的高程。每隔 3m 在放置轨道垫块处测一点，以测得结果与设计数据之差作为加垫块或抹灰的依据。在安装轨道垫块时，应重新测出垫块高程，使其符合设计要求，以便安装轨道。梁面垫块高程的测量容许误差为 ±2 mm。水准尺直接放在轨顶上进行检测，每隔 3 m 测一点高程，与设计高程相比较，误差应在 ±3 mm 以内。还要用钢尺检查两吊车轨道间跨距，与设计跨距相比较，误差不得超过 ±5 mm。

3. 吊车轨道检查测量

轨道安装完毕后，应全面进行一次轨道中心线、跨距及轨道高程的检查，以保证能安全架设和使用吊车。

11.4 烟囱、水塔施工放样

烟囱和水塔有一个共同特点，即基础小、主体高，其对称轴通过基础圆心的铅垂线。在施工过程中，测量工作的主要目的是严格控制它们的中心位置，保证主体竖直。其放样方法和步骤如下。

11.4.1 基础中心定位

首先按设计要求，利用与已有控制点或建筑物的尺寸关系，在实地定出基础中心 O 的位置。如图 11-7 所示，在 O 点安置经纬仪，定出两条相互垂直的直线 AB、CD，使 A、B、C、

D 各点至 O 点的距离为构筑物的 1.5 倍高度左右。另在离开基础开挖线外 2 m 左右标定 E、G、F、H 四个定位小桩，使它们分别位于相应的 AB、CD 直线上。

以中心点 O 为圆心，以基础设计半径 r 与基坑开挖时放坡宽度 b 之和为半径($R=r+b$)，在地面画圆，撒上灰线，作为开挖的边界线。

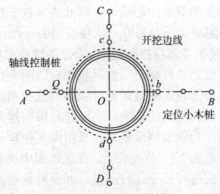

图 11-7　基础定位图

11.4.2　基础施工放样

当基础开挖到一定深度时，应在坑壁上放样整分米水平桩，控制开挖深度。当开挖到基底时，向基底投测中心点，检查基底大小是否符合设计要求。浇筑混凝土基础时，在中心面上埋设铁桩或钢板，然后根据轴线控制桩用经纬仪将中心点投设到铁桩顶面，用钢锯锯刻"＋"字形中心标记，作为施工时控制垂直度和半径的依据。

11.4.3　筒身施工放样

一般高度较低的烟囱、水塔大都是砖砌的。施工前要制作吊线尺和收坡尺。吊线尺用长约等于烟囱筒脚直径的木方子制成，以中间为零点，向两头刻注厘米分划，如图 11-8 所示。收坡尺的外形如图 11-9 所示，两侧的斜边是严格按设计的筒壁斜度制作的。使用时，把斜边贴靠在筒身外壁上，如垂球线恰好通过下端缺口，则说明筒壁的收坡符合设计要求。

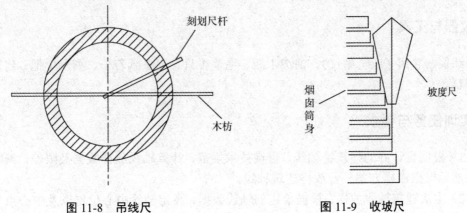

图 11-8　吊线尺　　　　　　　　　图 11-9　收坡尺

　　为了保证筒身竖直和收坡符合设计要求，筒身施工时需要随时将中心点引测到施工作业面上，筒身高度不大时采用垂球引测法。方法是在施工作业面上安置一根断面较大的木方，其上用钢丝悬吊一个质量为 8～12 kg 的大锤球，筒身越高锤球质量应越大。投测时，首先调整钢丝长度使锤球接近基础面，调整木方位置使锤球尖对准标志"＋"的交点，则木方钢丝悬吊点即为该工作面的筒身中心点，并以此点复核工作面的筒身半径。用砖砌筒身时每砌一步架引测一次；混凝土筒身每升一次模板引测一次；每升高 10 m 要用经纬仪复核一次。复核时把经纬仪放置在各轴线控制桩上，瞄准各轴线相应一侧的定位小木桩 a、b、c、d，将轴线投测到施工面边上并做标记，然后将相对的两个标记拉线，两线交点为筒身中心点。将该点与锤球引测点比较，超过限差时以经纬仪投测点为准，作为继续向上施工的依据。锤球引测法简单，但易受风的影响，高度越高影响越大。

　　对高度高的混凝土筒身，为保证精度要求，采用激光铅垂仪进行筒身的铅垂定位。定位时将激光铅垂仪安置在基础的"十"字交点上，在工作面中央处安放激光铅垂仪接收靶，每次提升工作平台前和后都应进行铅垂定位测量，并及时调整偏差。在筒身施工过程中激光铅垂仪要始终放置在基础的"＋"字交点上，为防止高空坠物对观测人员及仪器的危害，在仪器上方应设置安全网及交叉设置数层跳板，仅在中心铅垂线位置上留 100 mm 见方的孔洞，以便使激光束透过。每次投测完毕后应及时将小孔封闭。

　　筒身标高控制是先用水准仪在筒壁测设出＋50 cm 的标高线，以此位置用钢尺竖直量距，来控制筒身施工的高度。

【实训】建筑物轴线放样

一、实训目的

　　（1）熟悉相应规范对建筑轴线放样的技术要求。

　　（2）掌握建筑轴线放样数据的计算及放样方案的编制。

　　（3）掌握经纬仪＋卷尺（或全站仪）放样角度及距离的方法。

二、仪器与工具

　　经纬仪、卷尺（或全站仪）、油漆 1 瓶、毛笔 1 只、记录纸若干、测伞 1 把、建筑轴线设计资料。

三、实训任务与要求

　　（1）根据设计好的建筑物轴线，查询技术规范，计算轴线放样数据及限差，编制放样方案，然后根据放样方案外业放样建筑轴线。

　　（2）本次建筑轴线放样，根据给定的轴线数据，嘉定轴线中心位置以及中心点与任一轴线端点的起始方向，按二级建筑方格网的布设技术要求进行，如图 11-10 所示。

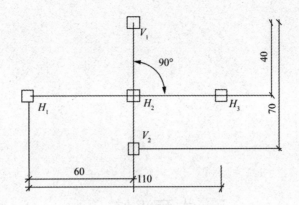

图 11-10 某建筑物轴网图

（3）技术要求见表 11-2 和表 11-3。

表 11-2 建筑方格网的主要技术要求

等级	边长	测角中误差/″	边长相对中误差
一级	100～300	5	≤1/30 000
二级	100～300	8	≤1/20 000

表 11-3 水平角观测主要技术要求

等级	仪器精度	测角中误差/″	测回数	半测回归零差/″	一测回 2C 互差/″	各测回方向较差/″
一级	1″级	5	2	≤6	≤9	≤6
	2″级	5	3	≤8	≤13	≤9
二级	2″级	8	2	≤12	≤18	≤12
	6″级	8	4	≤18	—	≤24

四、实训步骤

五、实训数据记录及计算

六、实训结果分析

本章小结

　　本章主要介绍了工业建筑控制网的测设、厂房柱列轴线的测设和柱基施工测量、工业厂房构件的安装测量、烟囱、水塔施工放样。

　　本章的主要内容包括柱列轴线的测设；柱基的测设；基坑的高程测设；基础模板的定位；柱子安装测量；吊车梁的安装测量；吊车轨道安装测量；基础中心定位；基础施工放样和筒身施工放样。通过学习本章内容，读者可以了解工业建筑的类型以及施工测量特点；理解单层工业厂房以预制构件装配式施工的测量特点；能够制定厂房矩形控制网的测设方案及计算测设数据，并绘制测设略图；掌握简单矩形控制网的测设可用的方法；掌握工业建筑施工测量中厂房矩形控制网的测设、厂房柱列轴线放样、杯形基础施工测量、厂房构件及设备安装测量等。

习题 11

　　1. 在工业厂房施工测量中，为什么要专门建立独立的厂房控制网？为什么在控制网中要设立距离指标桩？

　　2. 柱子吊装测量有哪些主要工作内容？

　　3. 如何进行厂房柱子的垂直度校正？应注意哪些问题？

　　4. 如何控制吊车梁吊装时的轴线位置及标高？吊装后应检查哪些项目？

　　5. 烟囱、水塔等构筑物的测量有何特点？在其筒身施工中应如何控制其垂直度？

参考文献

[1] 王国辉，魏德宏．土木工程测量[M]．北京：中国建筑工业出版社，2020．

[2] 黄炳龄．建筑工程测量[M]．南京：南京大学出版社，2017．

[3] 李伟，魏秋晨．建筑工程测量与实训[M]．北京：科学出版社，2020．

[4] 唐保华．工程测量技术[M]．3 版．北京：中国电力出版社，2017．

[5] 杜玉柱，赵喜云．建筑工程测量实训[M]．武汉：武汉大学出版社，2017．

[6] 杜文举，陈俊宏．建筑工程测量[M]．武汉：华中科技大学出版社，2020．

[7] 苏军德，李国霞，丁兆栋．建筑工程测量[M]．武汉：华中科技大学出版社，2020．

[9] 姜树辉，宗琴．建筑施工测量[M]．重庆：重庆大学出版社，2020．

[8] 郭秦，文静．建筑工程测量[M]．天津：南开大学出版社，2016．

[9] 李仲．建筑施工测量[M]．北京：高等教育出版社，2020．

[10] 杨丹丹．建筑工程测量[M]．郑州：河南大学出版社，2016．

[11] 李金生．工程测量[M]．武汉：武汉大学出版社，2020．